高等院校水利水电类规划教材

水利水电工程概论

主编　李宗坤　孙明权
　　　郝红科　吴泽宁

主审　赵中极

黄河水利出版社

内 容 提 要

本书共分十章,内容包括:中国水资源概况,水利工程及水工建筑物,挡水建筑物,泄水建筑物,取水输水建筑物,水电站及水电站建筑物,防洪治河工程,农业水利工程,水利水电工程施工和水利水电工程管理。本书是为高等学校非水利水电类本科专业编写的大学公共课教材,也是水利水电类本科入门教材。本书还可作为从事水利水电工程管理人员的参考书。

图书在版编目(CIP)数据

水利水电工程概论/李宗坤,孙明权,郝红科等主编.
郑州:黄河水利出版社,2005.10
高等院校水利水电类规划教材
ISBN 7-80621-939-0

Ⅰ.水… Ⅱ.①李…②孙…③郝… Ⅲ.①水利工程-概论-高等学校:技术学校-教材②水力发电工程-概论-高等学校:技术学校-教材 Ⅳ.TV

中国版本图书馆 CIP 数据核字(2005)第 095614 号

出 版 社:黄河水利出版社
地址:河南省郑州市金水路 11 号 邮政编码:450003
发行单位:黄河水利出版社
发行部电话:0371-66026940 传真:0371-66022620
E-mail:yrcp@public.zz.ha.cn
承印单位:河南承创印务有限公司
开本:787 mm×1 092 mm 1/16
印张:11.75
字数:271 千字 印数:1—3 000
版次:2005 年 10 月第 1 版 印次:2005 年 10 月第 1 次印刷

书号:ISBN 7-80621-939-0/TV·410 定价:20.00 元

前　　言

水是基础性自然资源和战略性经济资源，是人类和一切生物赖以生存的基本物质条件。由于地理条件和气候条件特殊，我国自古以来就是一个水旱灾害频繁的国家，除水害、兴水利，历来是治国安邦的大事。新中国成立以来，党和政府高度重视水利工作，领导人民进行了大规模水利建设，初步形成了防洪、排涝、灌溉、供水、发电等水利工程体系，在抗御水旱灾害、保障经济社会安全、促进工农业生产持续稳定发展、保护水土资源和改善生态环境等方面取得很大成就。水电作为一项可重复利用的清洁能源，对人类生活发挥着越来越大的作用，尤其是随着小浪底、三峡、二滩等一批大型水利水电工程项目的建设，需要越来越多不同类型的人才，如外语、商贸、管理、机电、信息等专业人才，投身于水利水电事业。本教材编写的目的就是为了让非水利水电类学生和水利水电类专业刚入学的学生学习和了解水利水电工程建设相关知识，使学生通过本课程的学习，能够更好地在水利水电工程建设中发挥更大的作用。

本书力求在内容上理论联系实际，在叙述上浅显易懂，着重阐明水利水电工程的基本特点、作用、类型、构造和布置方式，并适度反映学科的新进展和最新的水利水电工程建设成果，以使学生较为全面、系统地获得水利水电工程方面的知识。本书为非水利水电类专业（文、理、工科）本科生教材，也可作为从事水利水电工程管理人员的培训教材和参考书，或作为水利水电专业人员的入门教材。

本书由李宗坤、孙明权、郝红科、吴泽宁主编，王广印参加了部分内容的编写工作，具体分工如下：第1章由吴泽宁编写，第2章、第3章由孙明权编写，第4章、第5章由李宗坤编写，第6章、第7章、第8章由郝红科编写，第9章、第10章由李宗坤、王广印编写。全书由李宗坤统稿。

赵中极教授担任本书主审，对送审稿提出了许多建设性意见和具体修改意见。在本书编写过程中，编者参阅了有关大专院校和科研、生产、管理单位编写的教材、专著或论文，在此对文献的撰写者表示衷心感谢。

由于编者水平有限，书中难免存在缺点、错误和不足之处，诚恳地希望读者给予批评指正。

编　者

2005年8月

前 言

目　录

前　言
第1章　中国水资源概况 ……（1）
§1.1　水与水资源 ……（1）
§1.2　河流水系与湖泊 ……（3）
§1.3　中国的水资源特点及存在问题 ……（8）
§1.4　中国的水能资源 ……（17）
第2章　水利工程及水工建筑物 ……（20）
§2.1　水利工程 ……（20）
§2.2　水利枢纽及水工建筑物 ……（24）
§2.3　水利枢纽的分等和水工建筑物的分级 ……（29）
§2.4　水利水电工程的建设程序 ……（31）
§2.5　水　库 ……（33）
第3章　挡水建筑物 ……（36）
§3.1　重力坝 ……（36）
§3.2　拱　坝 ……（45）
§3.3　土石坝 ……（53）
第4章　泄水建筑物 ……（65）
§4.1　泄水建筑物的分类与作用 ……（65）
§4.2　溢流坝 ……（66）
§4.3　坝身泄水孔 ……（73）
§4.4　岸边溢洪道 ……（77）
§4.5　水　闸 ……（82）
第5章　取水输水建筑物 ……（88）
§5.1　水工隧洞 ……（88）
§5.2　渠　首 ……（98）
§5.3　渠系建筑物 ……（99）
第6章　水电站及水电站建筑物 ……（107）
§6.1　水能开发方式及水电站类型 ……（107）
§6.2　水电站的主要机电设备 ……（109）
§6.3　水电站建筑物 ……（110）
§6.4　水电站厂区布置 ……（120）
第7章　防洪治河工程 ……（129）
§7.1　洪水及防洪措施 ……（129）

§7.2 河道整治工程 …………………………………………………………………… (131)
§7.3 堤防工程 …………………………………………………………………………… (135)
§7.4 分(蓄、滞)洪工程……………………………………………………………… (136)
§7.5 防汛抢险 …………………………………………………………………………… (137)
第 8 章 农业水利工程…………………………………………………………………… (148)
§8.1 灌排制度与灌水技术 ……………………………………………………………… (148)
§8.2 灌排渠系的布置 …………………………………………………………………… (150)
§8.3 渠道工作制度 ……………………………………………………………………… (151)
§8.4 节水灌溉 …………………………………………………………………………… (152)
第 9 章 水利水电工程施工……………………………………………………………… (155)
§9.1 概 述 ……………………………………………………………………………… (155)
§9.2 施工导流 …………………………………………………………………………… (157)
§9.3 施工截流 …………………………………………………………………………… (166)
第 10 章 水利水电工程管理 …………………………………………………………… (169)
§10.1 概 述……………………………………………………………………………… (169)
§10.2 水工建筑物监测………………………………………………………………… (170)
参考文献………………………………………………………………………………… (181)

第 1 章 中国水资源概况

§1.1 水与水资源

1.1.1 世界水资源概况

人类社会需要多种资源,水是其中最重要的自然资源。水资源以气态、固态和液态三种基本形态存在于自然界之中,分布极其广泛。表 1-1 是地球水资源在自然界中的分布情况。

表 1-1 地球水资源在自然界中的分布情况

水体种类	水量		咸水量		淡水量	
	万亿 m^3	%	万亿 m^3	%	万亿 m^3	%
海水	1 338 000.00	96.54	1 338 000	99.04	0	0
地表水	24 254.10	1.75	85.4	0.006	24 168.7	69
冰川与冰盖	24 064.10	1.736	0	0	24 064.1	68.7
湖泊水	176.40	0.013	85.4	0.006	91	0.26
沼泽水	11.47	0.000 8	0	0	11.47	0.033
河流水	2.12	0.000 2	0	0	2.12	0.006
地下水	23 700.00	1.71	12 870	0.953	10 830	30.92
重力水	23 400.00	1.688	12 870	0.953	10 530	30.06
地下冰	300.00	0.022	0	0	300	0.86
土壤水	16.50	0.001	0	0	16.5	0.05
大气水	12.90	0.000 9	0	0	12.9	0.04
生物水	1.12	0.000 1	0	0	1.12	0.003
全球总储量	1 385 984.60	100	1 350 955.40	100	35 029.2	100

从表 1-1 可以看出,地球上的水量是极其丰富的,其总储水量约为 13.86 亿 km^3,但地球水圈内水量的分布是极其不均匀的,地球上约有 96.5%的水是海水。宽广的海洋覆盖了地球表面积的 70%以上,但海水是含有大量矿物盐类的"咸水",不易被人类直接使用。人类生命活动和生产活动所必需的淡水水量有限,只占总水量的不足 3%,其中,还有约 3/4 的淡水以冰川、冰帽的形式存在于南、北极地和人类难以生存的高山上,人类很

难使用。与人类关系最密切、又较易开发利用的淡水储量约为400万 km^3，仅占地球上总水量的0.3%，而且在时空上的分布又很不均衡。

1988年，联合国教科文组织(UNESCO)和世界气象组织(WMO)共同制定了《水资源评价活动——国家评价手册》，将水资源定义为“可以利用或有可能被利用的资源，具有足够的数量和可用的质量，并在某一地点为满足某种用途可被利用”。由此可见，对人类生产和生活有利用意义的水是河川总径流，包括地表河川径流和地下水径流，全球这部分水量约为38.83万亿 m^3。水不仅是维持地球上一切生命的必需资源，而且还是人类社会发展的至关因素。

1.1.2 水资源的特点

水资源是在水循环背景上、随时空变化的动态自然资源，它有与其他自然资源不同的特点。

1.1.2.1 可恢复性与有限性

地球上存在着复杂的、大体以年为周期的水循环，当年水资源的耗用或流逝可被来年的大气降水补给。这种资源消耗和补给间的循环性，使得水资源不同于矿产资源，因此水资源具有可恢复性，是一种再生性自然资源。

就特定区域一定时段(年)而言，年降水量有或大或小的变化，但这种变化总是有个限值。因而，这就决定了区域年水资源量的有限性。水资源的超量开发消耗，或动用区域地表、地下水的静态储量，必然造成超量部分难于恢复，甚至不可恢复，从而破坏自然生态环境的平衡。就多年均衡意义讲，水资源的平均年耗用量不得超过区域的多年平均资源量。无限的水循环和有限的大气降水补给，决定了区域水资源量的可恢复性和有限性。

1.1.2.2 时空变化的不均匀性

水资源时间变化上的不均匀性，表现为水资源量年际、年内变化幅度很大。区域年降水量因水气条件、气团运行等多种因素影响，呈随机性变化，使得丰、枯年水资源量相差悬殊，丰、枯年交替出现，或连旱、连涝持续出现都是可能的。水资源的年内变化也很不均匀，汛期水量集中，不便利用；枯季水量锐减，又满足不了需水要求，而且各年年内变化的情况也各不相同。水资源量的时程变化与需水量的时程变化的不一致性，是另一种意义上的时间变化不均匀性。

水资源空间变化的不均匀性，表现为水资源量和地表蒸发量因地带性变化而分布不均匀。水资源的补给来源为大气降水，多年平均年降水量的地带性变化，基本上决定了水资源量在地区分布上的不均匀性。水资源地区分布的不均匀，使得各地区在水资源开发利用条件上存在巨大的差别。水资源的地区分布与人口、土地资源的地区分布的不一致，是另一种意义上的空间变化不均匀性。

水资源时空变化的不均匀性，使得水资源利用要采取各种工程的和非工程的措施，或跨地区调水，或调节水量的时程分配，或抬高天然水位，或制定水量调度方案，等等，以满足人类生活、生产和生态环境的需求。

1.1.2.3 水资源开发利用的两面性和多功能特点

水资源随时间变化不均匀，汛期水量过度集中造成洪涝灾害，枯期水量枯竭造成旱灾。因此,水资源的开发利用不仅在于增加供水量,满足需水要求,而且还有治理洪涝、旱灾、渍害问题,即包括兴水利和除水害两个方面。

水可用于灌溉、发电、供水、航运、养殖、旅游、净化水环境等各个方面,水的广泛用途决定了水资源开发利用的多功能特点。这种多功能特点表现在水资源利用上,就是一水多用和综合利用。

§1.2　河流水系与湖泊

1.2.1　河流水系

中国江河众多,河流总长达 43 万 km。流域面积在 $100km^2$ 以上的河流有 5 万多条;在 1 $000km^2$ 以上的有 1 580 多条;超过 1 万 km^2 的大江大河有 79 条。长度在 1 000km 以上的河流有 20 多条。长江、黄河分别为中国的第一、第二大河。中国的河流有以下特点:

(1)除西南部有几条河流向南流以外,多数河流由西向东流入太平洋。

(2)流域面积广袤,但分布不均。绝大部分河流分布在东南的外流流域,总面积占国土面积的 2/3;少数分布在内流流域,总面积占国土面积的 1/3。

(3)江河上游多奔流于高山峡谷中,落差大,水流急,蕴藏着丰富的水力资源;中下游多穿插在广阔平原,河宽水缓,利于灌溉、渔业和通航。

(4)北方河流尤其是黄河含沙量大,流域水土流失严重。

(5)中国的河流大多数由降雨直接补给,有的河流是融雪、地下水及雨水混合补给。

由河流的干流、支流、人工水道、水库、湖泊、沼泽、地下暗河等组成的彼此连通的系统称为水系。中国的水系常指流域,并通常以干流或一级支流的河名作为水系的名称。中国河流中最重要的河流有七大江河,即松花江、辽河、海河、黄河、淮河、长江和珠江。中国的河流是最主要的淡水水源,也提供了丰富的水能资源和航运条件。中国七大河流水系简况见表 1-2。

表 1-2　中国七大河流水系简况

项 目	松花江	辽 河	海 河	黄 河	淮 河	长 江	珠 江
流域面积(万 km^2)	55.7	22.9	26.4	75.2	26.9	180.9	45.4
河长(km)	2 308	1 390	1 090	5 464	1 000	6 300	2 214
年均降水深(mm)	527	473	560	475	880	1 070	1 470
年均径流量(亿 m^3)	762	148	228	658	622	9 513	3 338

注:资料来源于 http://www.ewater.net.cn,略有改动。

在山区,河流常常在峡谷和川地间穿行,急弯卡口众多,如黄河上游河段、长江三峡河段均以此闻名。在平原区,河流有 4 种类型:顺直型,但其主流仍然是弯曲流动;蜿蜒型,如长江的荆江河段;分汊型,如长江城陵矶至江阴段;游荡型,如黄河下游花园口河段。

秦岭和淮河以北河流冬季有冰情发生,多数北方河流还有封河现象。淮河以南至长江以北，冬季河流有冰花，但基本不封河。长江以南河流则基本无冰情。中国河流中最重要的七大江河，河流长，流域面积大，年径流量也大，在中国的河流中占有非常重要的地位。

1.2.1.1 长江

长江发源于青海唐古拉山脉青藏高原唐古拉山脉的各拉丹东峰西南侧，其干流流经青海、西藏、云南、四川、湖北、湖南、江西、安徽、江苏、上海等省（市、区），流域面积为180.9万km^2，干流总长度为6 300km，是国内最长的河流，在世界上其长度仅次于尼罗河和亚马逊河，居世界第三位。长江流域周围，除东临东海外，北以昆仑山、巴颜喀拉山、秦岭、伏牛山、桐柏山、大别山为与黄河、淮河流域的分水岭；南以南岭、黔中高原、武夷山、天目山为与珠江流域、浙水系的分水岭；西以横断山脉的芒康山、宁静山为与澜沧江流域的分水岭。长江干流宜昌以上为上游，长4 500多公里，落差大，峡谷深，水流湍急，蕴藏着丰富的水力资源。宜昌到江西湖口为中游段，长900多公里，地势低洼，江道弯曲，湖泊众多，江湖相通，如鄱阳湖和洞庭湖。江西湖口以下为下游段，长800多公里，江宽水深，比降平缓，水流流速缓慢，形成多处江心沙洲。因此，宜昌以下12.6万km^2受两岸堤防保护的平原区，一旦堤防溃决，遭受水灾，则洪水退水很慢，受灾持续时间较长，会给人民的生命财产造成很大威胁。长江流域地处亚热带，气候温暖，雨量充沛，全流域平均年降水量1 070mm，平均年径流量9 513亿m^3，干流和支流总水能蕴藏量26 800万kW，可开发的水能资源为19 700万kW。

新中国成立以来，流域内兴建了大量水资源开发工程，共有各类水库4.8万座，总库容1 222亿m^3；举世瞩目的长江三峡水利枢纽已经开工兴建，该工程建成后将提供大量的电能；还兴建了东线南水北调的南段工程等。这些工程提高了防御洪涝灾害的能力，发挥了农业灌溉、水力发电、工业及城镇供水、航运、旅游及水生物养殖等综合效益；但开发标准不高，地区分布不平衡，速度不快，还远不能适应国民经济发展对水资源的要求。

1.2.1.2 黄河

黄河是中华民族古代文明的摇篮，以多沙而闻名于世。黄河发源于青海巴颜喀拉山北麓，流经青海、四川、甘肃、宁夏、内蒙古、山西、陕西、河南、山东等9省（区），在山东垦利县注入渤海。黄河干流全长5 464km，流域面积75.2万km^2，为国内第二大河。黄河干流内蒙古托克托县河口镇以上为上游，长3 400多公里，区间总落差3 464m，蕴藏着丰富的水力资源，且地形地质条件较好，具有修建水电站的良好条件，共规划了15个梯级水电站，是中国十大水电基地之一。从河口镇到郑州桃花峪为黄河中游，长1 222km，落差893 m，其水能资源也比较丰富，水电开发条件比较好，共规划了10～12个梯级水电站，包括万家寨、龙口、天桥、碛口、龙门、三门峡、小浪底、西霞院等工程，这些工程可有效地提高下游的防洪能力，同时具有发电、减淤、灌溉、供水等多种功能。黄河中游途经黄土高原，它是黄河洪水泥沙的主要来源地。郑州桃花峪以下为黄河下游，长780余公里，区间流域面积2.2万km^2，落差95m，河道平缓，河面宽阔，河床淤积严重，形成了著名的“地上悬河”，河道防洪是下游的重要任务。黄河流域水旱灾害频繁，据记载，历史上曾发生26次较大的改道，附近地区深受其害。中国历代都非常重视黄河的治理与开发，尤其是新中国成立后,先后 3 次对下游大堤进行加高加固,并修建了三门峡、小浪底、陆浑、故县等干支流水库,初步形成了黄河下游的防洪工程体系,取得了人民治理黄河 50 多年安澜的辉煌成就。

1.2.1.3　松花江

松花江是黑龙江的最大支流。松花江有南北两源,南源为第二松花江,发源于长白山主峰白头山天池,在扶余县三岔河口与嫩江汇合;北源为嫩江,发源于大兴安岭山脉的伊勒呼里山南麓,在三岔河口与第二松花江汇合后称为松花江,在同江市附近注入黑龙江。松花江自南源计,全长 2 308km,流域总面积 55.7 万 km^2。松花江流域西为大兴安岭山脉,北为小兴安岭山脉,东南为完达山脉、长白山脉和龙岗山脉,南与西南为丘陵岗地。流域内多沼泽湿地,并在松花江干流北岸地区形成广阔的松嫩平原。松花江流域冬季严寒漫长,年平均气温 -3～5℃ ,最低气温 -50℃,多年平均年降水量 527mm,长白山、小兴安岭南侧年降水量 700～800mm,松嫩平原及西南部年降水量 350～400mm。可开发的水能资源 641 万 kW,主要分布在第二松花江、牡丹江和嫩江。流域内森林资源丰富,盛产石油、煤炭,是中国主要的商品粮生产基地。流域内年降水有明显的丰水和枯水周期,常连续发生洪涝和干旱。新中国成立以后,对松花江流域进行了综合治理和开发。

1.2.1.4　珠江

珠江又称粤江,由西江、北江、东江及珠江三角洲组成。以西江为源,全长 2 214km,流域总面积 45.4 万 km^2,中国境内 44.2 万 km^2。珠江流域水系复杂,共有 8 个口门注入南海。西江是珠江的主要支流,发源于云南省沾益县马雄山,在珠海的磨刀门企人石注入南海。北江上源称浈水,发源于江西省信丰县石碣大茅坑,到广东省韶关市与武水汇合后称为北江。东江上源称寻乌水,发源于江西省寻乌县桠髻钵,进入广东省境内称东江,至广东省东莞石龙镇注入珠江三角洲。珠江三角洲为冲积平原,总面积 2.68 万 km^2,地势平坦,河汊密集,相互贯通;西、北江三角洲主要水道近百条,总长达 1 600km;东江三角洲主要水道 5 条,总长 138km,这些水道构成一个网状水系,具有“诸河汇集,八口分流”的水系特征。

珠江流域处于亚热带季风区,终年温暖多雨,多年平均降水量 1 470mm,多年平均入海年径流量 3 338 亿 m^3。水能蕴藏量 3 348 万 kW,可开发量为 2 485 万 kW。珠江水量充沛,含沙量小,河道稳定,具有良好的航运条件,通航总里程 14 000 余公里,其中有 5 000km可通航轮驳船,水运量居中国第二位。流域内木材蓄积量丰富,耕地 483.2 万 hm^2。流域内有广州市和深圳、珠海两特区,毗邻香港、澳门,在发展工业、贸易和开发旅游方面具有优越条件。流域内洪水频繁,经过治理和建设,已基本形成统一的防洪工程体系。

1.2.1.5　辽河

辽河古称句骊河,历史上汉称大辽河,五代以后称辽河,清时称巨流河。辽河发源于河北平泉县七老图山脉,全长 1 390km,流经河北、内蒙古、吉林、辽宁等省(区),有多条支流汇入,在辽宁盘山县注入辽东湾,流域面积 22.9 万 km^2。辽河流域分为辽河水系和太子河水系。流域内平均年降水量 473mm,年平均气温 4～9℃ ,各种资源丰富,是中国重要的工业基地之一。辽河中下游地势低洼,洪涝灾害频繁,平均六七年发生一次较大范围的旱灾。可开发的水能资源有 48.3 万 kW。

1.2.1.6 海河

海河是中国华北地区最重要的河流，由众多河网组成。海河西起太行山脉，北临内蒙古高原，东北是滦河流域，东面是渤海湾，南面与黄河流域相接。水系内包括河北大部、北京、天津及内蒙古、山东、陕西、河南的部分地区，流域面积26.4万km^2。海河流域西部为黄土丘陵，植被差，易受冲刷，洪水的含沙量很高。海河平原由黄河与海河各支流冲积而成，受这些河流改道的影响，平原地形起伏不平，分布着大大小小的岗、坡、洼、淀，低洼地易涝易碱。海河水系包括漳卫河、子牙河、大清河、永定河、潮白河、北运河、蓟运河等河流，其中多数河流在天津市附近汇入海河。海河水系平均年降水量为560mm。流域内工农业发达，并有北京、天津两大城市。海河流域内水旱灾害频繁，因此防汛抗旱是海河流域的中心任务。新中国成立后，根据毛泽东主席"一定要根治海河"的指示，对海河流域进行了大规模的系统治理，修建了一些大中型水库，加固了堤防，整治、疏浚了河道，并开辟了新的入海通道，初步形成了海河流域的防洪工程体系。

1.2.1.7 淮河

淮河流域位于长江、黄河之间，东临黄海，西部是伏牛山区，南部为桐柏山和大别山区，北部为沂蒙山区，中间为淮河平原，是中国重要的商品粮、棉、油和煤、电等能源的基地。

历史上，黄河曾夺淮河入黄海700余年，至1855年才改道北去，留下了一条高于地面的废旧黄河故道。流域内以废黄河故道为界，将淮河流域分为淮河和沂沭泗(沂河、沭河、泗河，下同)两个水系。

淮河发源于河南省桐柏山，流经豫、皖、苏三省，在三江营入长江，全长1 000km，总落差200m，流域面积26.9万km^2。洪河口以上为上游，长360km，地面落差178m，流域面积3.06万km^2；洪河口以下到洪泽湖出口的中渡为中游，长490km，地面落差16m，中渡以上流域面积15.8万km^2；中渡以下到三江营为下游水道，长150km，地面落差约7m，三江营以上流域面积16.46万km^2，里运河以东沿海地区称为里下河地区，面积为2.54万km^2。淮河上中游支流众多，南岸支流主要发源于大别山和江淮丘陵区，源短流急，容易产生山洪，洪水下泄迅猛。

沂沭泗水系位于淮河流域东北部，由沂河、沭河、泗河组成，均发源于沂蒙山区。泗河流经南四湖，汇集沂蒙山西部及湖西平原各支流后，经过韩庄运河、中运河、骆马湖、新沂河入黄海。沂河、沭河从沂蒙山区平行南下，沂河流经骆马湖由新沂河入海；沭河在大官庄处分为新、老沭河，老沭河继续南流在江苏省新沂市邵店入新沭河，新沭河向东流经石梁河水库至临洪口入黄海。

沂沭泗水系流域面积8万km^2，南四湖韩庄闸以上流域面积3.17万km^2，湖东为山丘区，面积0.86万km^2，湖西平原面积2.18万km^2，湖区面积0.13万km^2。沂河、沭河在大官庄以上流域面积分别为1.0万km^2和0.45万km^2，主要为山丘区。临沂河、大官庄和韩庄以下到骆马湖间为邳苍地区，面积为1.0万km^2。骆马湖和大官庄以下的平原面积为2.3万km^2。

淮河流域地处中国南北气候过渡带，属于暖温带半湿润季风区，多年平均降水量为880mm，时空分布极不均匀，冬春季常干旱少雨，夏秋季6～9月份降雨量占年降水量的

70%～80%。过渡地带复杂的气候造成淮河流域水旱灾害频繁。汛期受西风带、副热带和热带的环流影响，流域内易形成低涡，切变和地面江淮静止锋的天气系统易产生暴雨，且降雨范围大、历时长，如1931年、1954年、1991年的淮河特大洪、涝水，造成严重的洪涝灾害。有时8、9月份因台风影响，也会出现台风暴雨。如1968年淮河上游的暴雨、1974年沂沭河的暴雨和1975年洪汝河的特大暴雨均属台风暴雨，造成较小范围、短历时、大强度的洪水灾害，损失严重。

1950年，中华人民共和国政务院做出了《关于治理淮河的决定》，河南、安徽、江苏、山东四省修建了大批水利工程，共修建大、中型水库185座，大、中型水闸564座，修整主要堤防1.1万km，修建行、蓄洪区28个，使流域内洪涝灾害频繁的情况基本上得到了控制。

1.2.2　湖泊

中国水面面积在1km^{2}以上的湖泊共约2 300个(不包括时令湖)，其中面积在1 000 km^{2}以上的大湖有12个。湖泊总水面面积约71 787km^2，约占全国总面积的0.8%；湖泊储水总量约7 088亿m^3，其中淡水储量2 261亿m^3，约占其总量的32%。

根据湖泊地理分布的特点，全国可划分为5个主要湖区。

1.2.2.1　青藏高原湖区

该区湖泊面积占全国湖泊面积的一半以上，但多数为内陆咸水湖泊，较大的湖泊有青海湖、鄂陵湖、扎陵湖、纳木错、奇林错、班公错和羊卓雍错等。其中，青海湖水面面积4 635km^2，最大水深达28.7m，为中国第一大湖；羌塘高原上的喀顺错，是中国境内海拔最高的湖泊，水面高程达5 556m。

1.2.2.2　东部平原湖区

该区湖泊分布于长江和淮河中下游、黄河和海河下游，多为外流型淡水湖。这些湖泊约占全国湖泊面积的30%，中国著名的五大淡水湖——鄱阳湖、洞庭湖、太湖、洪泽湖和巢湖均在这个区内。

1.2.2.3　蒙新高原湖区

该区湖泊多为内陆咸水湖，这个区内的湖泊面积约占全国湖泊面积的13%，较大湖泊有呼伦湖、博斯腾湖等。位于吐鲁番盆地的艾丁湖，水面高程为-154m，是中国境内海拔最低的湖。

1.2.2.4　东北平原及山地湖区

该区湖泊面积约占全国的3%，多为外流淡水湖泊。著名的湖泊有兴凯湖、镜泊湖、五大连池、天池等，其中兴凯湖为中俄界湖，天池为中朝界湖。

1.2.2.5　云贵高原湖区

该区湖泊面积约占全国湖泊面积的1.5%，滇池、洱海、抚仙湖、泸沽湖、草海均在此区，其中滇池、洱海以风景秀丽而闻名遐迩。

全国主要湖泊的形态特征见表1-3。

表 1-3　中国主要湖泊形态特征

类别	湖名	湖面高程(m)	水面面积(km^2)	最大水深(m)	容积(亿 m^3)	所在地
咸水湖泊	青海湖	3 196.0	4 635.0	28.7	854.4	青海
	呼伦湖	545.5	2 315.0	8.0	131.3	内蒙古
	纳木错	4 718.0	1 940.0	35.0	768.0	西藏
	奇林错	4 530.0	1 640.0	33.0	492.0	西藏
	艾比湖	189.0	1 070.0			新疆
	博斯腾湖	1 048.0	1 019.0	15.7	99.0	新疆
	扎日南木错	4 613.0	1 000.0		60.0	西藏
	赛里木湖	2 071.0	464.0		232.0	新疆
	玛旁雍错	4 587.0	412.0		202.7	西藏
	喀顺湖	5 556.0				西藏
	艾丁湖	−154.0	124.0			新疆
淡水湖泊	兴凯湖	69.0	4 380.0		27.1	中俄界湖
	鄱阳湖	21.0	3 583.0	16.0	248.9	江西
	洞庭湖	33.5	2 740.0	30.8	178.0	湖南
	太湖	3.0	2 420.0	4.8	48.7	江苏、浙江、上海
	洪泽湖	12.5	2 069.0	5.5	31.3	江苏
	南四湖	33.5～34.5	1 268.0	6.0	25.3	山东
	巢湖	10.0	820.0	5.0	36.0	安徽
	鄂陵湖	4 268.7	610.7	30.7	107.6	青海
	扎陵湖	4 293.2	526.0	13.1	46.7	青海
	滇池	1 885.0	330.0	8.0	15.7	云南
	抚仙湖	1 875.0	217.0		173.5	云南
	白头山天池	2 194.0	9.8	373.0	20.0	吉林
	日月潭	760.0	7.7		1.4	台湾

§1.3　中国的水资源特点及存在问题

1.3.1　水资源量及其特点

中国水资源总量约 28 124 亿 m^3，但人均占有量很低、居世界第 108 位，是水资源十分紧缺的国家之一。中国水资源在时间和空间上的分布很不均匀，它与土地资源在地区组合上不相匹配,水的供需矛盾十分突出。中国水资源具有以下几个特点。

1.3.1.1　水资源总量较丰富,人均水量较少

中国的国土面积约 960 万 km^2,多年平均降水量为 648mm,降水总量为 61 900 亿 m^3。降雨量中约有 56% 消耗于陆面蒸发,44% 转化为地表和地下水资源。根据水利部 1986 年完成的全国水资源调查评价成果,中国平均年径流量为 27 115 亿 m^3,年均地下水资源量为 8 288 亿 m^3,扣除重复计算量,中国多年平均水资源总量为 28 124 亿 m^3。河川径流是水资源的主要组成部分,占中国水资源总量的 94.4%。表 1-4 为中国分区年降水、年河川径流、年地下水、年水资源总量的统计结果。

表 1-4　中国分区年降水、年河川径流、年地下水、年水资源总量统计

分区	计算面积 (km^2)	年降水量		年河川径流		年地下水 (亿 m^3)	年水资源总量 (亿 m^3)
		总量 (亿 m^3)	深 (mm)	总量 (亿 m^3)	深 (mm)		
黑龙江流域片 (中国境内)	903 418	4 476	496	1 166	129	431	1 352
辽河流域片	345 027	1 901	551	487	141	194	577
海滦河流域片	318 161	1 781	560	288	91	265	421
黄河流域片	794 712	3 691	464	661	83	406	744
淮河流域片	329 211	2 803	360	741	225	393	961
长江流域片	1 808 500	19 360	1 071	9 513	526	2 464	9 613
珠江流域片	58 041	8 967	1 544	4 685	807	1 115	4 708
浙闽台诸河流域片	239 803	4 216	1 758	2 557	1 046	613	2 592
西南诸河流域片	851 406	9 346	1 098	5 853	688	1 544	5 853
内陆诸河流域片	3 321 713	5 113	154	1 064	32	820	1 200
额尔齐斯河流域片	52 730	208	395	100	190	43	103
全国	9 545 322	61 889	648	27 115	284	8 288	28 124

世界各国都将河川径流量作为动态水资源,近似地代表水资源。中国河川径流量为 27 115 亿 m^3,在世界主要国家中仅次于巴西、前苏联、加拿大,居世界第四位,约占全球河川径流量的 5.8%;平均径流深度为 284mm;单位国土面积产水量 28.4 万 m^3/km^2,为世界平均值的 90%,详见表 1-5。因此,从世界范围来看,中国河川径流总量比较丰富。

但是,中国幅员辽阔,人口众多,以占世界陆地面积 7% 的土地养育着占世界 22% 的人口,因此,人均和耕地平均占有的水量大大低于世界平均水平。

由表 1-5 可以看出,中国人均占有水量为 2 350m^3,仅占世界平均值的约 1/4。耕地平均占有水量 27 867m^3/hm^2,仅为世界平均值的 79%。由此可见,中国按人口和耕地平均占有的水资源量是十分紧缺的。因此,水资源是中国十分珍贵的自然资源。

表 1-5 世界各主要国家年径流量、人均和单位面积水量

国家	年径流量（亿 m^3）	单位国土面积产水量（万 m^3/km^2）	人口（亿）	人均占有水量（m^3/人）	耕地（亿 m^2）	单位耕地面积水量（m^3/hm^2）
巴西	695.00	81.5	1.49	466.44	32.3	215 170
前苏联	546.6	24.5	2.80	195.21	226.7	24 111
加拿大	290.10	29.3	0.28	1 036.07	43.6	66 536
中国	271.15	28.4	11.54	235.0	97.3	27 867
印度尼西亚	253.00	132.8	1.83	138.25	14.2	178 169
美国	247.80	26.4	2.50	99.12	189.3	13 090
印度	208.50	60.2	8.50	24.64	164.7	12 662
日本	54.70	147.0	1.24	44.11	4.33	126 328
全世界	4 680.00	31.4	52.94	88.40	1 326.0	35 294

1.3.1.2 水资源时空分布极不均匀

中国地域辽阔、地形复杂，跨越了从寒温带到热带等 9 个气候带，从东南到西北，呈现出由湿润、半湿润到半干旱、干旱乃至极端干旱的变化趋势，各地水文循环情势有明显差异，表现出很强的地域性。因此，中国的降水具有年内、年际变化大，区域分布不均匀的特点。中国分区年降水、年河川径流的分布情况表明（见表 1-4），中国水资源的地区分布很不均匀，北方水资源贫乏，南方水资源丰富，南北相差悬殊。长江及其以南诸河的流域面积占全国总面积的 36.5%，却拥有全国 80.9% 的水资源量；而长江以北的河流的流域面积占全国总面积的 63.5%，却只占有 19.1% 的水资源量，远远低于全国平均水平。

水资源年际年内变化很大。最大与最小年径流的比值，长江以南的河流小于 5；北方河流多在 10 以上。径流量的逐年变化存在明显的丰平枯交替出现及连续数年为丰水段或枯水段的现象。径流量年际变化大与连续丰枯水段的出现，使中国经常发生旱、涝或连旱、连涝现象，加大了水资源开发利用的难度。

1.3.1.3 水资源与人口、耕地分布不相匹配

水资源是人类生存的命脉。在人类产生和发展过程中，人都是择水而居，人类最初建立的文明都是沿着大河的冲积平原发展起来的。水与耕地的合理匹配，给人类的生存和发展提供了良好的空间和条件。古巴比伦、古埃及、古中国、古印度、古罗马帝国等的建立与发展都说明了这一点。随着人口的增加和工业社会的到来，水土资源的匹配显得更为重要。

中国水资源空间上分布的不均衡性与全国人口、耕地分布上的差异性，构成了中国水资源与人口、耕地不相匹配的特点，大大增加了中国水资源开发利用的难度和成本。表 1-6为中国各省（区）水资源与人口、耕地资源组合状况。它表明中国水资源分布同人口、耕地分布极不协调。北方片人口占全国总人口的 2/5，耕地占全国耕地总面积的 3/5，而水资源总量仅为全国的 1/5，人均水资源拥有量为 1 127m^3，每公顷耕地拥有水资源量为9 465m^3（亩均 631m^3）。南方片人口占全国的 3/5，耕地占全国耕地的 2/5，却拥有全国水资源总量的 4/5。在全国人均水量不足 1 000m^3 的 10 个省（区）中，北方占了 8 个，主要

集中在华北区。在全国耕地每公顷水量不足 15 000m³ 的 15 个省(区)中,北方片占了 13 个。另外,中国有 1 333 万 hm² 可耕后备荒地,主要集中在北方片的西北区和东北区。如果考虑开发这些后备荒地的用水量,那么北方片每公顷耕地拥有的可用水量仅为 7 687 m³(亩均 512 m³),为南方片的 2/15。由此可见,中国北方地区耕地丰富,人口稠密,而水资源占有量低,这是制约当地经济社会发展的主要限制因素。今后,我们应站在全国共同发展的高度上,深入开展区域水资源优化调配的研究工作,确保满足各地经济发展对水资源的需求。

表 1-6　全国水资源与人口、耕地资源组合状况

<table>
<tr><th rowspan="2">片名</th><th rowspan="2">区名</th><th rowspan="2">省、市(区)</th><th rowspan="2">水资源总量(亿 m³)</th><th colspan="2">人口</th><th colspan="2">耕地</th><th rowspan="2">工农业产值(亿元)</th></tr>
<tr><th>数量(万)</th><th>人均水量(m³/人)</th><th>面积(万 hm²)</th><th>耕地每公顷水量(m³/hm²)</th></tr>
<tr><td rowspan="22">北方片</td><td rowspan="4">东北区</td><td>黑龙江</td><td>775.8</td><td>3 543</td><td>2 189.7</td><td>883.1</td><td>8 785.5</td><td>1 388.3</td></tr>
<tr><td>吉林</td><td>390.0</td><td>2 483</td><td>1 570.7</td><td>393.9</td><td>9 900.0</td><td>972.1</td></tr>
<tr><td>辽宁</td><td>363.2</td><td>3 967</td><td>915.6</td><td>346.7</td><td>10 476.0</td><td>2 678.6</td></tr>
<tr><td>小计</td><td>1 529.0</td><td>9 993</td><td>1 530</td><td>1 623.7</td><td>9 417.0</td><td>5 039.0</td></tr>
<tr><td colspan="2">占全国比例(%)</td><td>5.56</td><td>8.76</td><td>—</td><td>16.97</td><td>—</td><td>10.92</td></tr>
<tr><td rowspan="8">华北区</td><td>北京</td><td>40.8</td><td>1 086</td><td>375.7</td><td>41.3</td><td>9 885.0</td><td>1 170.3</td></tr>
<tr><td>天津</td><td>14.6</td><td>884</td><td>165.2</td><td>43.1</td><td>3 384.0</td><td>1 060.1</td></tr>
<tr><td>河北</td><td>236.9</td><td>6 159</td><td>384.6</td><td>655.6</td><td>3 613.5</td><td>2 153.4</td></tr>
<tr><td>内蒙古</td><td>506.7</td><td>2 163</td><td>2 342.6</td><td>496.6</td><td>10 204.5</td><td>542.0</td></tr>
<tr><td>山西</td><td>143.5</td><td>2 899</td><td>495.0</td><td>369.3</td><td>3 886.5</td><td>875.5</td></tr>
<tr><td>山东</td><td>335.0</td><td>8 493</td><td>394.4</td><td>685.3</td><td>4 884.0</td><td>4 394.4</td></tr>
<tr><td>河南</td><td>407.7</td><td>8 649</td><td>471.4</td><td>693.3</td><td>5 880.0</td><td>2 202.3</td></tr>
<tr><td>小计</td><td>1 685.2</td><td>30 333</td><td>555.6</td><td>2 984.4</td><td>5 646.0</td><td>12 398.0</td></tr>
<tr><td colspan="2">占全国比例(%)</td><td>6.14</td><td>26.01</td><td>—</td><td>31.19</td><td>—</td><td>26.86</td></tr>
<tr><td rowspan="6">西北区</td><td>陕西</td><td>441.9</td><td>3 316</td><td>1 332.6</td><td>353.3</td><td>12 508.5</td><td>804.9</td></tr>
<tr><td>甘肃</td><td>274.3</td><td>2 255</td><td>1 216.4</td><td>347.6</td><td>7 890.0</td><td>489.8</td></tr>
<tr><td>宁夏</td><td>9.9</td><td>470</td><td>210.6</td><td>79.6</td><td>1 243.5</td><td>117.7</td></tr>
<tr><td>新疆</td><td>882.8</td><td>1 529</td><td>5 773.7</td><td>308.7</td><td>28 600.5</td><td>489.6</td></tr>
<tr><td>青海</td><td>626.2</td><td>448</td><td>13 977.7</td><td>57.8</td><td>108 414.0</td><td>95.5</td></tr>
<tr><td>小计</td><td>2 235.1</td><td>8 018</td><td>2 787.6</td><td>1 147.0</td><td>19 486.5</td><td>1 997.5</td></tr>
<tr><td colspan="2">占全国比例(%)</td><td>8.14</td><td>7.03</td><td>—</td><td>11.99</td><td>—</td><td>4.33</td></tr>
</table>

续表 1-6

片名	区名	省、市(区)	水资源总量(亿 m³)	人口		耕地		工农业产值(亿元)
				数量(万)	人均水量(m³/人)	面积(万 hm²)	耕地每公顷水量(m³/hm²)	
南方片	西南区	四川	3 133.8	10 804	2 900.6	629.9	49 752.0	2 594.6
		贵州	1 035.0	3 268	3 167.1	185.4	55 819.5	479.0
		云南	2 221.0	3 731	5 952.8	284.5	78 055.5	727.4
		广西	1 880.0	4 261	4 414.5	259.6	72 421.5	915.9
		西藏	4 482.0	222	201 892	22.2	2 016 496.5	26.4
		小计	12 751.8	22 286	5 721.9	1 381.6	92 292.0	4 743.3
	占全国比例(%)		46.44	19.55	—	14.44	—	10.28
	东南区	上海	26.9	1 337	201.2	32.3	8 320.5	2 509.3
		江苏	325.4	6 767	480.9	455.8	7 140.0	5 347.0
		安徽	676.8	5 675	1 192.6	436.6	15 504.0	1 385.9
		湖北	981.2	5 439	1 804	347.7	28 221.0	1 809.1
		湖南	1 626.6	6 128	2 654.4	331.2	49 110.0	1 478.0
		江西	1 422.4	3 810	3 733.3	235.0	60 540.0	944.5
		浙江	897.1	4 168	2 152.4	172.3	52 054.5	2 903.0
		福建	1 168.7	3 037	3 848.2	123.6	94 519.5	1 216.2
		广东、海南	2 134.1	7 009	3 044.8	296.0	72 106.5	4 279.4
		小计	9 259.2	43 370	2 134.9	2 430.5	38 097.0	21 972.4
	占全国比例(%)		33.72	38.04	—	25.4	—	47.61
全国			27 460.3	114 000	2 408.8	9 567.3	28 702.2	46 150.2
北方片			5 449.3	48 344	1 127.2	5 755.2	9 468.5	19 434.5
北方片占全国比例(%)			19.84	42.41	—	60.15	—	42.11
南方片			22 011.0	65 656	3 352.5	3 812.2	57 741.3	26 715.7
南方片占全国比例(%)			80.16	57.59	—	39.85	—	57.89

1.3.2 中国水资源开发利用中存在的问题

新中国成立 50 多年来,中国水利事业取得了举世瞩目的成就,以仅占全球约 6%的可更新水资源和 9%的耕地,养活了占世界 22%的人口。但是由于种种原因,水利发展的模式基本属于粗放型,存在的主要问题有:不少水利工程的安全标准不高,建设质量较差,工程老化失修,配套设施不全,管理工作薄弱,用水浪费很大,水质污染严重等。近年来,水资源在开发利用中也出现了一些新的矛盾。概括起来,中国水资源开发利用中存在的问题主要包括以下几个方面。

1.3.2.1　防洪安全缺乏保障

中国江河的防洪工程系统大多还没有达到已经审批的规划标准。长江荆江河段和黄河主要堤防在三峡和小浪底水利枢纽及相应的配套工程完成后,可以达到防御 100 年一遇以上洪水的标准;淮河、海河、辽河、松花江、珠江等江河,除少数重点城市外,大部分堤防都还只能防御 20 年一遇左右的常遇洪水。一些大江大河的堤防工程普遍存在堤顶高程不足、堤身断面单薄、堤基渗漏严重等问题,以致洪水期间有的地段临时抢修子堤挡水,不少堤段产生管涌等渗透变形(破坏),甚至发生溃堤等事故。据 1999 年水利部组织编制的《全国病险水库、水闸除险加固专项规划》统计,目前全国三类坝病险水库中有大型 143 座,占大型水库的 43%;中型 1 092 座,占中型水库的 41%;小型 29 146 座,占小型水库的 36%。尚有 40%的重点堤防未能达标,80%的灌区未能配套,绝大部分蓄滞洪区安全建设尚未完成。中国大江大河干堤的险工险段情况严重,以长江为例,1998 年洪水期间,仅中下游干堤就出现险情 6 100 处,高水位时,每天险情 300 余处。中国大江大河的防洪标准仅能防御 10～20 年一遇洪水,中小河流的防洪标准更低,基本上为 5～10 年一遇。洪水灾害所造成的损失极其严重,据统计,1993～1998 年,全国洪灾造成的直接经济损失高达 10 500 亿元。崩岸是中国大江大河两岸的主要灾害之一,1998 年在长江、嫩江、松花江发生全流域洪水的情况下,崩岸险情就高达 500 多处,不仅造成两岸大片土地流失,而且还造成堤防开裂,严重危及防洪大堤的安全,同时破坏了河床的稳定。中国已建各类水库大坝 86 000 余座,其中绝大多数都是在 20 世纪 70 年代以前建造的,已经运行三四十年,随着运行期的增长,建筑物不可避免地会出现老化和损伤,加之有的大坝先天不足,形成病险或隐患。据初步统计,目前,中国大、中、小型病险水库均占 40%左右。这些病险水库有的降低水位,甚至空库运行,严重影响其效益的发挥;有的带病运行,对下游人民的生命财产构成严重威胁,一旦失事,将会造成惨重损失。

1.3.2.2　资源紧缺与浪费并存

目前,中国干旱缺水的地区涉及 20 多个省、市、自治区(其中 18 个省、市、自治区接近或处于严重缺水边缘,有 10 个省、市、自治区在起码的要求以下),其面积约 500 万 km^2,占中国陆地面积的 52%;耕地面积占全国的 64%;人口占全国的 45%。

当前中国农业正常用水缺 300 亿 m^3,受旱面积达 3 亿～ 4 亿亩。其中昆仑山、秦岭、淮河沿线以北的旱作农业区,跨越 15 个省、市、自治区的 965 个县,耕地约 7.3 亿亩;南方无灌溉的旱地也近 2 亿亩。中国每年因旱灾减产粮食达几百亿公斤。

在全国 600 多座建制市中,有近 400 座城市缺水,其中缺水严重的城市达 130 多个,全国城市每年缺水 60 亿 m^3,日缺水量已超过 1 600 万 m^3。不少城市采取定时供水,居民与职工不得不半夜起床接水;有的城市甚至出现"理发不洗头,麻雀喝柴油"的奇特现象。缺水已成为制约中国经济社会进一步发展和人民生活不断改善的重要因素。

据分析估计,全国按目前的正常需要和不超采地下水,年缺水总量为 300 亿～400 亿 m^3。与此同时,用水效率不高、用水严重浪费的现象也普遍存在。人均 GDP(GNP)是以国内生产总值(或国民生产总值)与人口的比值表示的一个指标,一般用来反应所评价区域的经济发达程度和人民生活水平,是直观判断综合实力的指标。中国的用水总量和美国相当,但 GNP 仅为美国的 1/8。

中国用水大户是农业,这是农业发展及其生产特性决定的,但是农业用水浪费是巨大的。根据主要作物对气候条件要求,冬小麦总生长期一般为 180～250d,生育期需水量为 450～650mm;水稻生长期为 90～150d,需水量为 400～800mm;玉米生长期为 100～140d,需水量为 500～800mm;棉花生长期为 150～180d,需水量为 700～1 300mm。按 1995 年供水能力为 5 200 亿 m^3 计,灌溉用水约占 82%,共用水为 4 200 亿 m^3,当年灌溉面积约 0.47 亿 hm^2,折算每公顷平均灌溉用水约 9 000m^3,每公顷灌溉用水比小麦、玉米、水稻等需水量高出 4 500～1 500m^3,以平均每公顷多用 3 000m^3 计,则浪费用水 1 400 亿 m^3,约占当年总供水能力的 27%。此外,中国目前灌溉水的利用率很低,据统计,全国大、中型灌区面积达不到设计灌溉面积的比例很大,全国的农业灌溉水利用系数约为 0.45,内蒙古河套区为中国第三大灌区,但其大部分干渠的渠系水利用系数仅为 0.4,而先进国家为 0.7 甚至达到 0.8。

工业工艺水平低,水的重复利用率低,单位产品的耗水量高等也是水资源浪费的原因。据统计,20 世纪 80 年代起,中国工业用水的重复利用率为 30%～40%,实际可能更低,而发达国家为 75%～85%。1997 年,全国工业万元产值用水量为 136m^3,是发达国家的 5～10 倍。产品单位耗水量普遍偏高,例如生产每吨钢平均耗水量为 70～100m^3,即使比较先进的首钢和宝钢,每吨钢耗水量也分别为 25m^3 和 7m^3,而法国、美国、日本每吨钢耗水量分别为 3.75m^3、4.0m^3 和 2.1m^3,仅为中国平均吨钢耗水量的 1/50～1/18。

1.3.2.3 水质污染严重

水资源是水资源数量与质量的高度统一,在特定的区域内,可用水资源的多少并不完全取决于水资源数量,而且取决于水资源质量。21 世纪中国面临着水量的危机,同时,水质危机更严重,甚至因水质问题所导致的水资源危机大于水量危机。

水利部门于 2000 年对全国约 700 条大、中河流近 10 万 km 河长检测的结果表明:中国现有河流近 1/2 的河段受到污染,1/10 的河长污染严重,水已失去使用价值,这使前述缺水状况雪上加霜。淮河流域自 1979 年以来,共发生水污染事故 160 多起,其中特大事故就有 6 起,使淮河上游一半支流的河水完全失去利用价值。安徽省北部的一些地方,淮河水为惟一的水源,1989 年 2 月和 1992 年 2 月,正是春节前后,淮河两度发生大面积污染事故,人们只好上山背水煮饭。1994 年,淮河又发生一起震惊中外的恶性水污染事件,7 月上旬,淮河上游河南境内突降暴雨,颍上闸超过防洪水位而开闸,将积蓄于上游的 2 亿 m^3的污水放了下来,所经之处,鱼虾丧生,工厂被迫停产,自来水厂停止供水 54 天,百万淮河儿女告急。水资源占全国总量 12%的珠江由于污染也出现缺水,不少河道发黑发臭;广州市区河段水质已劣于Ⅴ类标准,江水中含有毒物质超过了 20 余种,为此,广州市被迫花巨资改向几十公里以外的西江和东江去取水。进入 20 世纪 90 年代,长江流域的污水排放量与日俱增,每年平均约达 142 亿 m^3,占全国平均排污总量的 40%,上海市的取水口已由昔日的黄浦江伸向了长江干流中心。海河流域是全国七大江河中水资源最匮乏和水污染最严重的地区,除引滦专线未受到严重污染外,河系中完全不能利用的河长达 1 821km。20 世纪 60 年代末至 70 年代,松花江发生了震惊中外的甲级汞污染,虽经 20 多年的综合治理,沉积汞还近 60t,水质仍呈恶化趋势。

据水利部组织的全国六大流域的入河排污口抽样调查推算：目前，全国年排放污水量已达560亿～600亿t，污水排放没有得到有效控制，治理速度远远落后于污水排放的增长速度。20世纪80年代初期，全国年度污水排放量达260亿t，1997年水利部门的调查表明，污水排放量比20世纪80年代初翻了一番以上。其中，80%以上的污水未经处理直接排入水域，90%以上的城市水域污染严重，给居民生活用水和当地经济社会发展带来严重影响。

目前，中国以水库作为供水水源的能力为每年5 400亿t，虽然多数供水水源的水质良好，但已有1/3的水库水质受到不同程度的污染。中国湖泊水质的主要问题是富营养化，据对50个代表性湖泊的综合评价指标来看，75%的湖泊已受到不同程度的污染。目前，水污染呈现出从支流向干流延伸、从城市向农村蔓延、从地表向地下渗透、从区域向流域扩展的特点。

由于地表水和地下水的转化率在30%以上，地表水的污染严重危害地下水水质。目前，无论是地表水还是地下水，中国的水质污染都非常严重，不仅中国地表水资源污染严重，地下水资源污染也不容乐观。“八五”期间，水利部组织有关部门完成了《中国水资源质量评价》，其结果表明，中国北方五省(区)和海河流域地下水资源，无论是农村(包括牧区)还是城市，浅层水或深层水均遭到不同程度的污染，局部地区(主要城市周围、排污河两侧及污水灌区)和部分城市的地下水污染比较严重，污染呈上升趋势。具体而言，根据北方五省(区)(新疆、甘肃、青海、宁夏、内蒙古)1 995眼地下水监测井点的水质资料，按照《地下水质量标准》GB/T14848—93进行评价，结果表明，在69个城市中，Ⅰ类水质的城市不存在；Ⅱ类水质的城市只有10个，只占被评价城市总数的14.5%；Ⅲ类水质城市有22个，占被评价城市总数的31.9%；Ⅳ、Ⅴ类水质的城市有37个，占被评价城市总数的53.6%，即有1/2以上城市地下水污染严重。至于海河流域，地下水污染更是令人触目惊心，2 015眼地下水监测井点的水质监测资料表明，符合Ⅰ～Ⅲ类水质标准的仅有443眼，占被评价总数的22.0%；符合Ⅳ、Ⅴ类水质标准的有880眼和692眼，分别占被评价总井数的43.7%和34.3%，即有78%的地下水井遭到污染；如果用饮用水卫生标准进行评价，在被评价的总井数中，仅有328眼井水质符合生活标准，只占被评价总数的31.2%，另外2/3以上被监测的井点水质不符合生活饮用水卫生标准。

1.3.2.4　水资源开采过度，环境问题严重

由于缺乏统筹规划，水资源和土地资源都有过度开发的现象。全国水资源的开发利用率1997年为19.9%，不算很高，但地区间很不平衡，北方黄河、淮河、海河流域的开发利用率都超过50%，其中海河流域已近90%。有些内陆河流域的开发利用率超过了40%这一国际公认的合理限度。在土地利用方面，山区毁林开荒，草原过牧、滥垦，湖泊湿地被围垦，江河行洪滩地被侵占，这些都破坏了生态环境，加重了水旱灾害。

水资源的过度开发利用，随之而来的是河川断流、湖泊干涸。连中华民族的摇篮——黄河，近年来每到灌溉季节也要断流，且断流时间不断提前、不断加长，黄河首次断流是1972年，在1972～1997年的26年中有19年出现断流，断流次数、历时、河长不断增加。以利津站为例，1979年断流21天，1981年断流36天；进入20世纪90年代断流愈加严重，1995年断流122天，1996年断流136天，1997年竟在汛期也断流，全年断流226天，

断流长度达600多公里,1999年甚至黄河中游也出现了历史上罕见的断流现象。地表水不足就向地下索取,这使得许多地区地下水处于超采状态,华北平原地下水累计超采量超过300亿 m^3,北京的西部、河北的石家庄,地下水几近疏干状态,更严重的是深层地下水水位迅速下降,由十几米、几十米甚至达上百米。地下水位下降随之带来的是地面下沉。天津、上海、西安、北京等多个大中城市发生了地面沉降。天津自有观测记录以来,累计最大地面下沉量已达2.65m,地处滨海的塘沽、汉沽、大港三区地面也在下沉。地面下沉,带来了一系列经济、环境问题。在古城西安,由于地下水超采,黄土地在断裂,地面在下沉,大雁塔在倾斜,现已探明了10条斜穿市区的大裂缝。在沿海地区,由于地面下沉,加重了洪涝灾害和强潮的威胁。流经天津市区的海河干流1963年大洪水泄流量曾达1 600 m^3/s,加上分洪等措施,保证了天津市的安全;而今天,由于地面下沉,加之入海河口淤积,其泄洪能力已不足200 m^3/s。为了满足天津市防洪需要,作为一期工程,1996～1997年,天津市政府和水利部共同投资3亿元,也只能使海河行洪能力恢复到400 m^3/s;要恢复到800 m^3/s,则要投资9亿元;若恢复到1963年的行洪能力,并加上面上排水工程的投资,则将是巨大的数字。

1.3.2.5 人口、经济增长,供需矛盾突出

中国经济快速发展,已经进入全面建设有中国特色的社会主义的新阶段,正向第三步战略目标迈进。经济和社会的高速发展,对水资源提出了更高的要求。人口增长,城市化进程加快,生活用水随之大幅度增加。预计2050年,中国人口达到高峰接近16亿,城市化水平达到40%,生活用水比例将进一步提高,预测届时生活用水定额为:城镇218L/(人·d),农村114 L/(人·d),城乡生活用水量约1 000亿 m^3。产业结构调整,工业用水将适度增长。预计2050年,三种产业的结构调整为7.9:48.5:43.6。21世纪上半叶,中国工业化进程明显加快,2050年前后第二产业占GDP的比例将达到最高值,中国将逐步成为工业化国家(冯尚友,2000)。工业中心逐渐由南向北、由东向中西部转移,加重本已十分紧张的北方水资源形势,考虑产业结构的调整和节水因素,届时工业需水量达到2 000亿 m^3 左右。农业用水将逐步趋于稳定。在粮食立足自给的基本国策下,按人均占有粮食450kg计算,人口高峰时的粮食产量要达到7 000亿kg,通过节水措施提高农业用水有效利用率,力争农业灌溉用水维持在现状水平,即每年4 000亿 m^3 左右。生态环境用水逐步提高,随着社会的进步和人民生活水平的提高,人们迫切需要改善和恢复生态环境。估计全国生态环境用水量800亿～1 000亿 m^3,其中,约600亿 m^3 由各河流目前尚未控制利用的地表水和地下水供给,约200亿 m^3 由工农业和生活用水的退水量供给,尚有110亿 m^3 的缺口。

综上所述,预计中国将在2050年达到16亿人口的极限值,用水也将达到高峰,在充分考虑节水的情况下,估计用水总量为7 000亿～8 000亿 m^3,要求供水能力比现在增长1 300亿～2 300亿 m^3。扣除必需的生态环境需水后,全国实际可能利用的水资源量约为8 000亿～9 000亿 m^3,预计的用水量已经接近合理利用水量的上限,水资源进一步开发的难度极大。如果不采取有力措施,中国有可能在未来出现严重的水危机。目前,中国干旱缺水地区水资源供不应求的矛盾已构成了制约国民经济和社会发展的瓶颈,尤其在北方地区,水资源短缺已成为当地经济社会发展的最大制约因素。面对21世纪中国经济社

会发展的战略目标，水资源问题已成为中国实施可持续发展战略过程中必须认真解决的重大问题。

由此可见，中国水资源面临的形势非常严峻，如果在水资源开发利用上没有大的突破，在管理上不能适应这种残酷的现实，水资源将很难满足国民经济迅速发展的需求，水资源危机将成为所有资源问题中最为严重的问题。因此，必须对水资源实行精打细算，实现水资源的可持续利用与管理。

§1.4　中国的水能资源

1.4.1　世界水能资源概况

世界各河流，从发源地流至海洋，或从支流发源地流汇至干流，全河段都具有一定的落差。将全河段的多年平均流量与其天然落差相乘，再乘以单位换算系数9.81，便得出该河段的理论平均出力，以kW计。全河各河段平均出力之和，便是全河蕴藏的水能资源，以装机容量kW计。将装机容量乘以一年8 760h，便得全河蕴藏的年发电量，以kW·h计。

但蕴藏的水能资源被开发利用时会受到自然、技术条件和经济条件的制约，不是所有落差和流量都能得到利用，也不是在所有时间内都能发电。其中可能被利用的部分，一般只占40%～60%，称为可能开发的装机容量和可能开发的年发电量。世界各大洲的水能资源见表1-7。

表1-7　世界各大洲的水能资源

地区	理论水能蕴藏量		技术上可开发水能资源		经济上可开发水能资源	
	电量 (10^{12}kW·h)	平均出力 (10^4MW)	电量 (10^{12}kW·h)	装机容量 (10^4MW)	电量 (10^{12}kW·h)	装机容量 (10^4MW)
亚洲	16.486	188.2	5.34	106.8	2.67	61.01
非洲	10.118	115.5	3.14	62.8	1.57	35.83
拉丁美洲	5.67	64.7	3.78	75.6	1.89	43.19
北美洲	6.15	70.2	3.12	62.4	1.56	35.64
大洋洲	1.5	17.1	0.39	7.8	0.197	4.5
欧洲	8.3	94.8	3.62	72.4	1.807	41.3
全球合计	48.224	550.5	19.39	387.8	9.70	221.5

1.4.2　中国各大河流的水能资源

中国水能资源极为丰富，新中国成立后曾在全国进行过比较详细的勘测，得出各河川蕴藏水能资源的理论出力为6.76亿kW，年发电量为59 221亿kW·h，居世界第一位。但以国土面积平均，每平方公里的可能开发容量，中国仅居第十一位，瑞士居第一位；如以人口平均，中国的位次更低，挪威居世界第一位。

中国地形极为复杂，西南地区的青藏高原是世界最高的地区，此处产生了大量自西向东流向的河流，这些河流因而具有巨大的落差与水能资源。全国可能开发的装机容量为3.79亿kW，年发电量为19 233亿kW·h。中国各大江河流域可能开发的装机容量及年发电量见表1-8。从该表可看出，长江流域水能资源最丰富，装机容量可达19 724万kW。但到1990年，中国已经开发的水电装机容量仅为3 530万kW，只占可能装机容量的9.3%，还有待于21世纪的大力开发。这里要注意到，水能资源是可再生的能源，是用之不竭的。河流中水能如不加以开发利用，便每年顺河自流入海，其能源白白地流失掉。

表1-8　中国主要河流的水能资源

水　系	水能蕴藏量		可开发水能资源全国的比重(%)		蕴藏量占全国的比重(%)
	蕴藏量(MW)	年发电量(亿kW·h)	装机容量(MW)	年发电量(亿kW·h)	
长江	268 017.7	23 478.4	197 243.3	10 275.0	39.6
黄河	40 548	3 552.0	28 003.9	1 169.9	6.0
珠江	33 483.7	2 933.2	24 850.2	1 124.8	5.0
海河、滦河	2 944.0	257.9	2 134.8	51.7	0.4
淮河	1 449.6	127.0	660.1	18.9	0.4
东北诸河	15 306	1 340.8	13 707.5	439.4	2.3
东南沿海诸河	20 667.8	1 810.5	13 896.8	547.4	3.1
西南国际诸河	96 901.5	8 488.6	37 684.1	2 098.7	14.3
雅鲁藏布江及西藏其他河流	159 743.3	13 993.5	50 382.3	2 968.6	23.6
北方内陆及新疆诸河	36 985.5	3 239.9	9 969.4	538.7	5.5
全国	676 047.1	59 221.8	378 532.4	19 233.1	100.0

由于理论蕴藏量中没有考虑河流分段长短、水文数据选择、地形地质资料及淹没损失条件等因素的影响，也没有考虑水能转变为电能的各种效率和损失。理论蕴藏量是按全年平均出力计算，平均出力乘以8 760h，即为理论的年发电量。技术上可开发的水能资源是根据河流的地形地质条件，进行河流的梯级开发规划，将各个技术上可能开发的水电站装机容量和年发电量总计而得。技术上可能开发的水能资源，或由于造价过高、淹没损失太大，或由于输电距离太远等原因，在经济上不合算而不能被开发利用。

中国水能资源丰富，但资源分布不均匀，以西南地区最多，仅川、云、贵三省就占全国的50.7%。表1-8为按地区统计的中国可能开发的水能资源。由于用电负荷主要集中在东部沿海地区，这种水能资源分布和电力负荷分布的不均衡，客观上限制了中国水能资源的开发利用。

中国水能资源开发利用水平低，至1997年底，按水电装机总容量计算，开发率仅为14.7%，不但低于世界平均的开发率(22%)，而且远低于发达国家的开发率(美国63%，日本66%，加拿大大于53%，挪威87%）。按水能资源开发的年发电量计算，中国只有9.7%，也低于目前世界平均水平的15.5%。

中国水电在一次能源生产消费中的比例更低，到1996年底，按水电年发电量计算，中国尚不足总量的6%，也远低于发达国家的水平（加拿大大于25%，挪威50%，日本40%）。

由于水电工程项目一般都是综合开发利用项目，除发电外，兼有防洪、灌溉、供水、航运、养殖、旅游等社会效益，因此，优先开发水能资源仍是中国乃至世界能源政策的主要目标。中国近期的目标是：到2010年，水电装机总容量达1.5亿kW，使水电比例由现在的23.5%提高到30%。

第 2 章　水利工程及水工建筑物

§2.1　水利工程

2.1.1　水利工程的作用

水是人类赖以生存和社会生产不可缺少而又无法替代的物质资源。由于自然界的水能够循环,并逐年得到补充和恢复,因此,水资源是一种不仅可以再生而且可以重复利用的资源,是大自然赋予人类的宝贵财富,哺育着人类社会的发展,人们也习惯上把不断供给其水资源的江河称之为母亲河。然而,地球上的水资源总量是有限的,而且在时间上和空间上分布也很不均匀,天然来水和用水之间存在供需不相适应的矛盾非常突出。根据国民经济各用水部门的需要,合理的开发、利用和保护水资源,保证水资源的可持续利用和国民经济的可持续发展,是水利工作者的历史责任。

多年的生产和生活实践经验证明,解决水资源在时间上和空间上的分配不均匀,以及来水和用水不相适应的矛盾,最根本的措施就是兴建水利工程。所谓水利工程,是指对自然界的地表水和地下水进行控制和调配,以达到除害兴利目的而修建的工程。水利工程的根本任务是除水害和兴水利,前者主要是防止洪水泛滥和渍涝成灾;后者则是从多方面利用水资源为人民造福,包括灌溉、发电、供水、排水、航运、养殖、旅游、改善环境等。

水利工程按其承担的任务可分为防洪工程、农田水利工程、水力发电工程、供水与排水工程、航运及港口工程、环境水利工程等,一项工程同时兼有几种任务时称为综合利用水利工程。水利工程也可按其对水的作用分类,如蓄水工程、排水工程、取水工程、输水工程、提水(扬水)工程、水质净化和污水处理工程等。

水利工程建设涉及面十分广泛,而作为在同一流域内重新分配径流,调节洪水、枯水流量的主要手段就是兴建水库,把部分洪水或多余的水存蓄起来,一则控制了下泄流量,减轻洪水对下游的威胁;再则可以做到蓄洪补枯,以丰补缺,为发展灌溉和水力发电等兴利事业创造必要的条件。当然,从丰水地区向干旱缺水地区引水的跨流域调水工程,则是一种更艰巨、更宏伟的工程措施。

2.1.2　中国水利工程建设的成就

中国是世界上历史悠久的文明古国。我们勤劳智慧的祖先在水利工程建设方面的光辉成就,是全世界人民熟知和敬仰的。几千年来,中国人民在治理水患、开发和利用水资源方面进行了长期斗争,创造了极为丰富的经验和业绩。例如:从传说中四千年前的大禹治水开始到至今仍在使用的长达 1 800km 的黄河大堤,就是中国历代劳动人民防治洪水的生动记录;公元前 485 年开始兴建,至公元 1292 年完成的纵贯祖国南北、全长 1 794km

的京杭大运河，将海河、黄河、淮河、长江和钱塘江等五大天然河流联系起来，是世界上最早、最长的大运河；公元前 600 年左右的芍坡大型蓄水灌溉工程；公元前 390 年建有十二级低坝引水的引漳十二渠工程；公元前 251 年在四川灌县修建的世界闻名的都江堰分洪引水灌溉工程，一直是成都平原农业稳产高产的保障，至今运行良好。这些水利工程都堪称中华民族的骄傲。

但是，由于旧中国长期处于封建社会，特别是新中国成立之前的近百年来，中国遭受帝国主义、封建主义和官僚资本主义的统治和压迫，社会生产力受到极大摧残。已有的一些水利设施，大多年久失修，甚至遭到破坏；有的地区水旱交替，灾患频繁，使广大劳动人民饱受旱涝之苦。以黄河为例，在公元前 602 年至公元 1938 年的 2 500 多年内，共决口 1 590余次，其中大的改道 26 次；1938 年黄河大堤被人为决口，直至 1947 年才堵上，淹没良田 133.3 万 hm^2，灾民达 1 250 万人，有 89 万人死亡。

新中国成立以来，在中国共产党和人民政府的正确领导下，中国水利建设事业得到了迅速发展。人们对水利在国民经济中的重要性的认识不断得到加强，从“水利是农业的命脉”到“水利是国民经济的基础产业”进一步发展到“水利是国民经济基础产业的首位”，水利事业的地位越来越高。从 20 世纪 50 年代初开始，中国对淮河和黄河全流域进行规划和治理，修建了许多山区水库和洼地蓄水工程。1958 年治理后的黄河，遇到与 1933 年造成大灾的同样洪水（22 300m^3/s），没有发生事故，经受住了考验；对淮河的规划和治理则改变了淮河“大雨大灾，小雨小灾，无雨旱灾”的悲惨景象。1963 年开始治理海河，在海河中下游初步建立起防洪除涝系统，排水不畅的情况得到了改善。经过 50 年的建设，全国已建成水库 8.6 万座，其中库容大于 1 亿 m^3 的水库 412 座，库容在 1 000 万～1 亿 m^3 的中型水库 2 634 座，总库容达 4 500 多亿 m^3，水库数量为世界之首，这些水库在防洪、灌溉、供水等方面发挥了巨大作用。水力发电得到了迅速发展，初步改变了中国的能源结构，节约了大量的煤、石油等不能再生的自然资源。机电排灌动力由 9.6 万马力（1 马力 = 0.735kW）发展到 7 876 万马力，灌溉面积由 2.4 万亩增加到 7 亿多亩，为农业稳产、高产做出了突出的贡献；建成通航建筑物 800 多座，10 万 t 以上的港口 800 多处，提高了内河航道与渠化航道的通航质量，航运能力显著提高；还完成了引滦入津、引黄济青、引碧入连等供水工程。这些成就都为中国的国民经济建设和社会发展提供了必要的基础条件，对工农业生产的发展、交通运输条件的改善和人民生活水平的提高等方面起了巨大的促进作用。

随着水利工程建设的发展，中国的水利科学技术也迅速提高。流体力学、岩土力学、结构理论、工程材料、地基处理、施工技术以及计算机技术的发展，为水利工程的建设和发展创造了有利的条件。以坝工建设为例，中国在 20 世纪 50 年代就依靠自己的力量，设计施工并建成坝高 105m、库容 220 亿 m^3、装机容量 66 万 kW 的新安江水电站宽缝重力坝，同期还建成了永定河官厅水库（黏土心墙坝）、安徽省佛子岭水库（混凝土支墩坝）、梅山水库（混凝土连拱坝）、广东流溪河水电站（混凝土拱坝）、四川狮子滩水电站（堆石坝）等多座各种类型的大坝，为中国大型水利工程建设开创了良好的开端。60 年代又以较优的工程质量和较快的施工速度建成了装机 116 万 kW、坝高 147m 的刘家峡水电站（重力坝），以及装机 90 万 kW、坝高 97m 的丹江口水电站（宽缝重力坝）；另外，在高坝技术、抗震设计、解决高速水流问题等方面,也都取得了较大的进展。70 年代在石灰岩岩溶地区建成了坝高 165m 的乌江渡拱型重力坝,成功地进行了岩溶地区的地基处理;在深覆盖层地基上建成坝高 101.8m 的碧口心墙土石坝,混凝土防渗墙最大深度达 65.4m,成功地解决了深层透水地基的防渗问题,为复杂地基的处理积累了宝贵的经验。80 年代在黄河上游建成了坝高 178m 的龙羊峡重力拱坝,成功地解决了坝肩稳定、泄洪消能布置等一系列结构与水流问题;同时,还在长江干流上建成了葛洲坝水利枢纽工程,总装机容量达 271.5 万 kW,成功地解决了大江截流、大单宽流量泄水闸消能、防冲及大型船闸建设等一系列复杂的技术问题;这一时期还在福建坑口建成了第一座坝高 56.7m 的碾压混凝土重力坝,在湖北西北口建成了坝高 95m 的混凝土面板堆石坝,为这两种新坝型在中国的建设与发展开创了道路。进入 90 年代,中国在四川又建成了装机 330 万 kW、坝高 240m 的二滩水电站(双曲拱坝);在广西红水河建成了坝高 178m 的天生桥一级水电站(混凝土面板堆石坝);在四川建成了坝高 132m 的宝珠寺碾压混凝土重力坝;坝高 154m 的黄河小浪底土石坝业已完工;举世瞩目的三峡水利枢纽于 1994 年 12 月 14 日正式开工,1997 年实现大江截流,并于 2003 年首批机组发电,2009 年将全部竣工。三峡水利枢纽工程水电站总装机容量达 1 820 万 kW,单机容量 75 万 kW;双线五级船闸,总水头 113m,可通过万吨级船队;垂直升船机总重 11 800t,过船吨位 3 000t,均位居世界之首,这些成就标志着中国坝工技术包括勘测、设计、施工、科研等已跨入世界先进水平。即将开始建设的清江水布垭水电站、澜沧江小湾水电站大坝均在 250～300m;跨世纪的南水北调东线、中线、西线工程,都是世界上少有的巨型工程。由此可见,中国的水利水电建设事业方兴未艾,面临着新的机遇,有着广阔的发展前景,广大的水利工作者任重道远。因此,可以说没有哪个行业可以像水利事业这样可以改变地球的面貌。

2.1.3 现代水利工程建设与发展

现代水利工程建设主要表现在两个方面:一是水利工程建设观念上的转变;二是水利工程建设科学技术水平的提高。虽然经过几十年的努力,我们在水利水电工程建设方面取得了辉煌的成就,水利工程和水电设施在国民经济中发挥着巨大的作用。但是,从"四化"建设和可持续发展的目标来说,水利工程建设的差距还很大。第一,中国大江大河的防洪问题还没有真正解决,堤坝和城市防洪标准还比较低,随着河流两岸经济建设的发展,一旦发生洪灾,造成的损失越来越大。据资料,1994 年因洪水造成的直接经济损失达 1 700 亿元,1995 年损失 1 600 亿元,1996 年损失 2 200 亿元,1998 年损失 2 000 亿元。第二,目前中国农业仍在很大程度上受制于自然地理和气候条件,抗御自然灾害能力很低,1997 年因大旱农业损失达 900 亿元。城市供水需求迅速增长,缺水问题日益严重,已经影响到人民生活,制约了工业生产发展。第三,水污染问题日益严重,七大江河都不同程度地受到污染,使有限的水资源达不到生活和工农业用水的要求,水资源短缺问题更为加剧。第四,水土流失严重,水生态失衡,使水资源难以对土壤、草原和森林资源起到保护作用,造成森林和草原退化、土壤沙化、植被破坏、水土流失、河道淤积、江河断流、湖泊萎缩、湿地干涸等一系列主要由水引起的生态蜕变。第五,水资源利用率低下,中国丰富的水能资源已开发量占可开发量的比例还相当低,与世界发达国家相比差距很大,农业用水效率仅为0.3～0.4,工业用水重复利用率仅为0.3左右,各行各业用水浪费现象相当严重。

解决以上问题是关系到整个国民经济可持续发展的系统工程,仅靠"头痛医头,脚疼治脚"的局部的、单一的工程水利的建设思想是难以实现的,必须从宏观上、战略思想上实现工程水利向资源水利的转变。所谓资源水利就是从宏观上、战略思想上实现工程水利向资源水利的转变,是从水资源开发、利用、治理、配置、节约、保护等六个方面系统分析综合考虑,实现水资源的可持续利用。正如水利部汪恕诚部长在1999年中国水利学会第七次代表大会上提出的:"由工程水利转向资源水利,是一个生产力发展的过程。当前生产力发展了,更需要我们更宏观地看问题,需要我们在原有水利工作的基础上更进一步、更上一个台阶,做好水利工作。从另一个角度讲,由于科学技术的发展,现在已经具备这样做的条件。资源水利有两层意义,一层是实践意义,在实践中要把水利搞得更好,就要从水资源管理的角度来做好我们的工作;另一层意义是理论意义,全世界都提出了可持续发展问题,水资源作为环境的重要组成,也一定要高举可持续发展的旗帜,通过资源水利的思路,实现水资源的可持续利用。"制定人水和谐的大水利战略,保护母亲河健康生命等新思想、新理念是现代水利的具体体现。

随着生产的不断发展和人口的增长,水和电的需求量都在逐年增加,而科学技术和设计理论的提高,又为水利工程特别是大型水利水电工程建设提供了有利条件。从国内外水利事业的发展看,水利工程建设的各个方面通过深入研究都在不断提高,并取得可喜的研究成果,积累了宝贵的实践经验,主要表现在以下几个方面:

(1)大水库、大水电站和高坝建设逐年增多。据统计,全世界库容在1 000亿m^3以上的大水库有7座,其中最大的是乌干达的欧文瀑布,总库容为2 084亿m^3;已建成的设计装机在450万kW以上的水电站有11座,其中最大的是巴西与巴拉圭合建的伊泰普水电站,设计装机容量为1 260万kW;100m以上的高坝,1950年前仅42座,现在已建和在建的有400多座。在100m以上的高坝中,土石坝的数量接近混凝土重力坝和拱坝的总和。目前,世界上最高的土石坝是塔吉克斯坦的罗贡坝,坝高335m;最高的重力坝是瑞士的大狄克桑斯坝,坝高285m;最高的拱坝是格鲁吉亚的英古力坝,坝高272m;最高的堆石坝是印度的特里坝,坝高261m。在中国,龙羊峡水电站的库容为247亿m^3,是目前国内最大的水库;二滩拱坝坝高240m,是中国目前最高的坝。正在建设的三峡水电站总装机容量为1 820万kW,将是世界上最大的水电站。

(2)新坝型、新材料研究不断取得可喜成果。将土石坝施工中的碾压技术应用于混凝土坝的碾压混凝土筑坝新技术,不仅成功地用于重力坝,而且已开始在拱坝上采用。随着大型碾压施工机械的出现,混凝土面板堆石坝已在许多国家广为采用。中国的天生桥面板堆石坝,最大坝高178m;设计中的龙滩碾压混凝土重力坝,第一期工程最大坝高192m,均居世界前列。超贫胶结材料坝试验研究在国内外已经展开,并开始建筑了一些试验坝,预计在中、低坝建设中有广阔的发展前景。

(3)随着对高速水流问题研究的不断深入,在体型设计、掺气减蚀等方面技术日益成熟,泄水建筑物的过流能力不断提高。国外采用的单宽流量已超过300m^3/(s·m),如美国胡佛坝的泄洪洞为372m^3/(s·m)、葡萄牙的卡斯特罗·让·博得拱坝坝面泄槽为364m^3/(s·m)、伊朗的瑞萨·夏·卡比尔岸边溢洪道为355m^3/(s·m)。中国乌江渡水电站溢洪道采用的单宽流量为 201m^3/(s·m)，泄洪中孔为 144m^3/(s·m)，而泄洪洞为 240m^3/(s·m)；从总泄量看，葛洲坝水利枢纽达 110 000m^3/s，居全国首位；在拱坝中，以凤滩水电站的泄流量为最大，总泄量达 32 600m^3/s，也是世界上拱坝泄量最大的工程。

(4)地基处理和加固技术不断发展，使得处理效果更加可靠，造价进一步降低。例如深覆盖层地基防渗处理，广泛采用混凝土防渗墙技术。加拿大马尼克 3 级坝的混凝土防渗墙，深达 131m，是目前世界上最深的防渗墙。中国渔子溪、密云、碧口水库等工程采用的混凝土防渗墙，深度从 32m 到 68.5m，防渗效果良好。此外，利用水泥或水泥黏土进行帷幕灌浆也是处理深厚覆盖层的一项有效措施，如法国的谢尔蓬松坝，高 129m，帷幕深 110m，从蓄水后的观测资料看，阻水效果较好。20 世纪 70 年代初出现的利用水气射流切割掺搅地层，同时将胶凝材料(如水泥浆)灌注到被掺搅的地层中去的高压喷射灌浆，也已成功地应用于地基防渗和加固处理，使工程造价显著降低。

(5)随着高速度、大容量计算机的出现和数值分析方法的不断发展，水工结构、水工水力学和水利施工中的许多复杂问题都可以通过电算得到解决。例如：结构抗震分析已从拟静力法分析进入到动力分析阶段，同时考虑结构与库水、结构与地基的动力相互作用；三维结构分析、渗流分析、温度应力分析、高边坡稳定分析、结构优化设计等已广泛应用于工程实践中。

(6)由于大型试验设备和现场量测设备的发展，使得水工建筑物的模型试验和原型观测也得到相应的发展，并且与电算分析方法相结合，相互校核、相互验证，还可通过反演分析进行安全评价和安全预测。这些研究成果再反馈到工程设计中，使得设计更加安全、可靠，也更加经济、合理。

§2.2 水利枢纽及水工建筑物

2.2.1 水利枢纽

为了综合利用水资源，最大限度地满足各用水部门的需要，实现除水害、兴水利的目标，必须对整个河流和河段进行全面综合开发、利用和治理规划，并根据国民经济发展的需要分阶段分步骤地建设实施。为了满足防洪要求和获得灌溉、发电、供水等方面的效益，需要在河流适宜地段修建各种不同类型的建筑物，用来控制和支配水流，这些建筑物统称为水工建筑物。集中建造的几种水工建筑物配合使用，形成一个有机的综合体，称为水利枢纽。

一个水利枢纽的功能可以是单一的，如防洪、灌溉、发电、引水等，但多数是同时兼有几种功能，称为综合利用水利枢纽。如果水工建筑物所组成的综合体覆盖相当大的一个区域，其中不仅包括一个水利枢纽，而且包括几个水利枢纽，形成一个总的系统，那么这一综合体便称为水利系统。例如，以苏北灌溉总渠为骨干的苏北灌溉系统、京杭南北大运河航运系统，等等。

即将开始建设的南水北调中线工程，计划从汉江丹江口水库引水，沿伏牛山及太行山东侧开渠，自流输水到河南、河北、北京和天津，输水总干线长达 1 200km。二期工程还要引江补汉(从长江引水补汉江因调水而水量不足),是大规模的跨流域的调水工程系统。

2.2.2　水利枢纽的组成建筑物

一个水利枢纽究竟要包括哪些组成建筑物,应由河流综合利用规划中对该枢纽提出的任务来确定。例如,为满足防洪、发电及灌溉的要求,需要在河流适宜地点修建拦河坝,用以抬高水位形成水库,调节河道的天然流量,把河道丰水期的水储蓄在水库中供枯水期引用,即把洪水期河道不能容纳的部分洪水,存蓄在水库里,以便削减河道的洪水流量,防止洪水灾害的发生。另外,在运行过程中还可能会遇到水库容纳不下的洪水,这就需要建造一个宣泄洪水的通道,叫做溢洪道或泄洪隧洞。当用拦河坝的一段兼作溢洪道时称为溢流坝。为了引用库中蓄水以供农田灌溉和城市供水或进行水力发电等,还要建造通过坝身的引水管道或穿过岸边山体的引水隧洞;为了发电、供电,还要建水电站、开关站等。下面结合工程实例加以说明。

图 2-1 所示为湖北省汉江丹江口水库水利枢纽工程,其组成建筑物包括:河床为混凝土宽缝重力坝、实体重力坝,坝长 1 141m,最大坝高 97m;两岸为土石坝,右岸长 130m,左岸长 1 223m;由大坝挡水形成水库,总库容 209 亿 m^3。在重力坝上设置了溢流坝段和深孔坝段,共同担负宣泄水库多余洪水的任务,以保证大坝安全。水电站位于河床部位的左侧,厂房坝段长 174m,为坝后式厂房,装机容量为 6×15 万 kW=90 万 kW。110kV 和 220kV 的开关站各一座,设于左岸山坡之上。通航建筑物位于右岸,由垂直升船机、斜面升船机及中间渠道建筑物组成。引水建筑物位于丹江库区,距坝址处 30km,引水渠首两座,河南陶岔进水闸设计引水流量 500m^3/s,湖北清泉沟进水闸设计引水流量 100m^3/s。后期加高大坝,又将成为南水北调(中线)的首部工程。

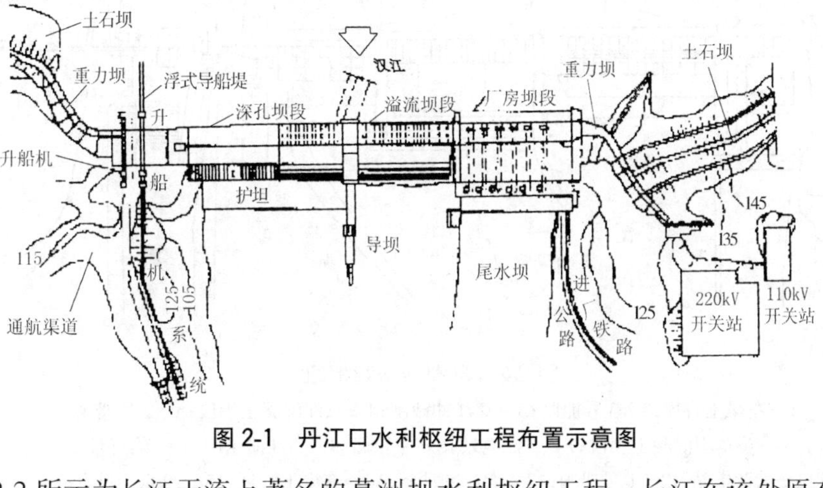

图 2-1　丹江口水利枢纽工程布置示意图

图 2-2 所示为长江干流上著名的葛洲坝水利枢纽工程。长江在该处原有两个江心洲(葛洲坝和西坝),分江流为三,从右到左依次称大江、二江、三江,枢纽横跨长江及其两洲,施工比较方便,这是一座低水头大流量的水利枢纽,兼有径流发电、航运和为上游三峡水利枢纽进行反调节的综合效益。其组成建筑物包括:二江泄水闸,枢纽中控制水流的主要建筑物,共 27 孔,每孔净宽 12m、高 24m。弧形闸门控制,闭门时拦截江流,稳定上游水

位，开门时泄水，排沙防淤，满足防洪要求，最大泄流量 83 900m^3/s。河床式水电站，设计水头 18.6m，分设于泄水闸两侧，其中，二江电厂装有单机容量 17 万 kW 的水轮发电机组 2 台和单机容量 12.5 万 kW 的机组 5 台；大江电厂装有单机容量 12.5 万 kW 的机组 14 台；水电站总装机容量 271.5kW，是中国最大的水电站之一。船闸共有 3 座，以保证长江航运，1 号船闸位于大江，2、3 号船闸位于三江。1、2 号船闸的闸室有效长度均为 280m，净宽 34m，槛上最小水深 5m，是中国已建工程中最大的船闸。3 号船闸的闸室有效长度为 120m，净宽 18m，槛上最小水深 3.5m。1、2 号船闸可通过 12 000～16 000t 级船队，一次过闸时间 51～57min；3 号船闸可通过 3 000t 级以下船队，一次过闸时间 40min。冲沙闸，分设于两条独立人工航道上，其中，三江航道设 6 孔，大江航道设 9 孔，采用“静水通航，动水冲沙”的运行方式，以防航道淤积。此外，在两个电厂的进水口前均设置了导沙坎，在厂房底部还设置了排沙底孔，进一步加强了防沙、排沙效果。

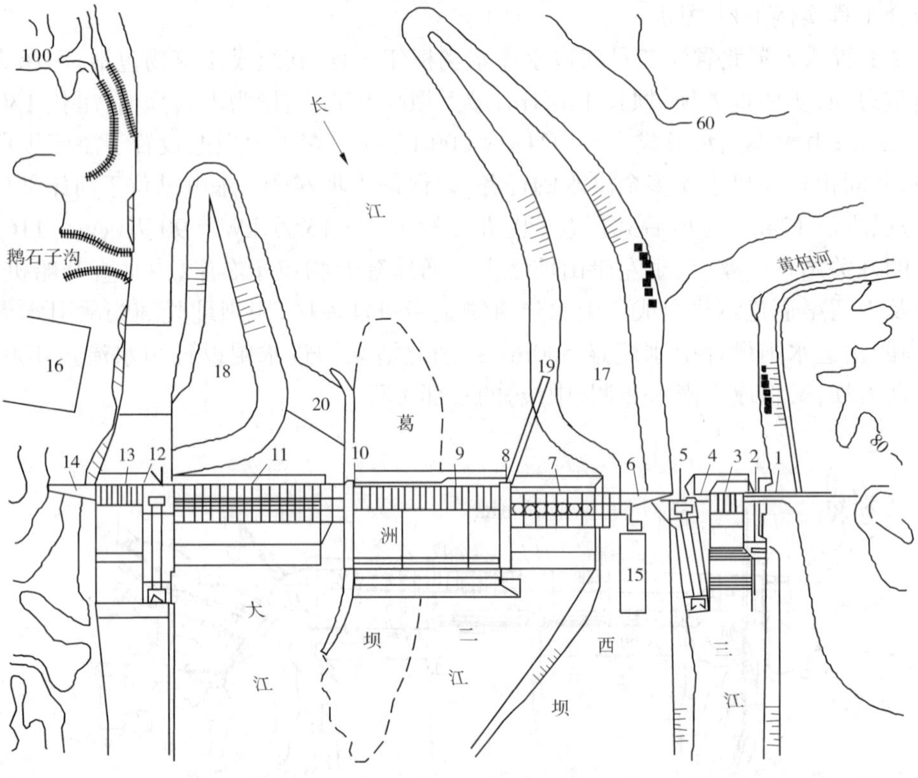

图 2-2　葛洲坝水利枢纽

1—左岸土石坝；2—3 号船闸；3—三江冲沙闸；4—三江混凝土坝段；5—2 号船闸；
6—黄草坝混凝土坝段；7—二江电站；8—左导墙；9—二江泄洪闸；10—右导墙；
11—大江电站；12—1 号船闸；13—大江冲沙闸；14—右岸土石坝；15—220kV 开关站；
16—500kV 开关站；17—三江防淤堤；18—大江防淤堤；19、20—导沙坝

通过以上水利枢纽的工程实例可以看出，由于水利枢纽承担的任务不同，其组成建筑物的规模、类型和数目也会有很大的差异，枢纽中建筑物的种类、尺寸、相互位置与当地的地形、地质、水文及施工等条件也有着密切关系。另外需要说明的是，防洪、发电、灌溉

等各部门对水的要求不尽相同,如:城市供水和航运部门要求均匀供水,而灌溉和发电需要按指定时间放水;工农业及生活用水需要消耗水量,而发电则只是利用了水的能量。又如:防洪部门希望尽量加大防洪库容,以便能够拦蓄更多的洪水;而用水部门则希望扩大兴利库容,以提高供水能力;等等。为了协调上述各部门之间的矛盾,在进行水利枢纽规划时,应当在流域规划的基础上,根据枢纽工程所在地区的自然条件、社会经济特点以及近期与远期国民经济发展的需要等,统筹安排,合理开发利用水资源,做到以最小的投资来最大限度地满足国民经济各个部门的需要,充分发挥水利枢纽的综合效益。

2.2.3　水工建筑物的分类

水工建筑物的种类繁多,形式各异,按其在枢纽中所起的作用可以分为以下几种类型:

(1)挡水建筑物。挡水建筑物用以拦截江河,形成水库或壅高水位。例如:各种材料和类型的坝和水闸;为防御洪水或阻挡海潮,沿江河海岸修建的堤防、海塘等。

(2)泄水建筑物。泄水建筑物用以宣泄多余水量,排放泥沙和冰凌,或为人防、检修而放空水库等,以保证坝和其他建筑物的安全。水库枢纽中的泄水建筑物可以与坝体结合在一起,如各种溢流坝、坝身泄水孔;也可设在坝体以外,如各式岸边溢洪道和泄水隧洞等。

(3)输水建筑物。输水建筑物为灌溉、发电和供水的需要,从上游向下游输水用的建筑物,如引水隧洞、引水涵管、渠道、渡槽、倒虹吸等。

(4)取(进)水建筑物。取(进)水建筑物是输水建筑物的首部建筑,如引水隧洞的进口段、灌溉渠首和供水用的进水闸、扬水站等。

(5)整治建筑物。整治建筑物用以改善河流的水流条件,调整水流对河床及河岸的作用,以及为防护水库、湖泊中的波浪和水流对岸坡的冲刷。如丁坝、顺坝、导流堤、护底和护岸等。

(6)专门建筑物。专门建筑物是为灌溉、发电、过坝需要而兴建的建筑物。例如:专为发电用的压力前池、调压室、电站厂房;专为渠道或航道设置的沉沙池、冲沙闸;以及专为过坝用的船闸、升船机、鱼道、过木道等。

应当指出的是:有些水工建筑物的功能并非单一,难以严格区分其类型,如各种溢流坝,既是挡水建筑物,又是泄水建筑物;水闸既可挡水,又能泄水,有时还作为灌溉渠首或供水工程的取水建筑物,等等。

2.2.4　水工建筑物的特点

水利工程的水工建筑物与一般土木工程的工业与民用建筑物相比,除了具有工程量大、投资多、工期长等特点之外,还具有以下几方面的特点。

2.2.4.1　工作条件的复杂性

由于水的作用和影响,水工建筑物的工作条件比一般工业与民用建筑物复杂得多。首先,天然来水量的大小是由水文分析确定的,水文条件对工程规划、枢纽布置、建筑物设计和施工都有重要影响,要在有代表性、一致性和可靠性资料的基础上,进行合理的分析与计算,做出正确的估计。其次,水对建筑物产生作用力,包括静水压力、动水压力、浮托力、浪压力、冰压力及地震动力水压力等。因此,建筑物需要有足够的强度和抗滑稳定能力,以保证工程安全运行。水工建筑物上、下游存在水位差时,将在建筑物内部及地基中产生渗透水流,导致对建筑物稳定不利的渗透压力,还可能引起渗透变形破坏;过大的渗流还会造成水库严重漏水,影响工程效益和正常运行。因此,水工建筑物一般都要认真解决防渗问题。泄水建筑物的过水部分,水流的流速往往比较高,高速水流可能对建筑物产生空蚀、振动以及对河床产生冲刷。因此,在进行泄水建筑物设计时,需要选择合理的体形和妥善解决消能防冲等问题。

水流往往挟带泥沙带来许多问题,造成水库淤积,减少有效库容;产生泥沙压力,加大建筑物荷载;闸门淤堵,影响正常启闭;河道淤积影响行洪、航运;渠道淤积减小输水能力等。含有泥沙的高速水流,还会对过水建筑物和水力机械产生磨损造成破坏。因此,水工建筑物的设计必须认真研究泥沙问题。除了上述水的机械作用外,还要注意水的其他物理化学作用。例如:水对建筑物钢结构部分的腐蚀(氧化、生锈);渗透水可能对混凝土或浆砌石结构中的石灰质的溶滤作用;以及混凝土中孔隙水的周期性冻结和融化的破坏作用等。

水工建筑物的型式、构造和尺寸,与建筑物所在地的地形、地质、水文、建筑材料储量等条件密切相关。但是几乎没有两个工程的地形条件完全相同,地质条件更是不尽相同。在岩石地基中经常遇到节理、裂隙、断层、破碎带、软弱夹层等地质构造;在土基中也可能遇到压缩性大、强度低的土层或流动性强的细砂层。为此,必须周密勘测、正确判断,提出合理、可靠的处理措施。由于水工建筑物工程量大,当地建筑材料储备情况对建筑物的型式选择有重大影响,主要建筑材料应就地取材,以降低工程造价。由于自然条件的千差万别,每一个工程都有其自身的特定条件,因而水工建筑物设计选型总是只能各自独特进行,以适应不同的自然条件,除非小型工程的建筑物,一般不能采用定型设计。当然,水工建筑物中某些结构部件的标准化则是可能而且必要的。

2.2.4.2 受自然条件约束施工的难度大

在河道中建造水工建筑物,比在陆地上的土木工程施工难度大得多。首先,要解决复杂的施工导流问题,也就是迫使原河道水流按特定通道下泄,以创造并维持工程建设的施工空间,这是水工建筑物设计和施工中的一个重要课题;其次,工程进度紧迫,截流、度汛需要抢时间、争进度、与洪水“赛跑”,有时需要在特定的时间内完成巨大的工程量,否则就要拖延工期,甚至造成损失;第三,施工技术复杂,如大体积混凝土的温控措施和复杂地基的处理等;第四,地下、水下工程多,施工难度大;第五,机械设备部件大,建筑材料用量大,交通运输比较困难,特别是高山峡谷地区更为突出;第六,大中型水利工程的施工场面大,工种多,因而场地布置、组织管理工作也十分复杂。

2.2.4.3 工程效益大,对周围的影响大

水工建筑物,特别是大型水利枢纽的兴建,将会给国民经济带来显著的经济效益和社会效益。例如:丹江口水利枢纽建成后,防洪、发电、灌溉、航运和养殖等效益十分显著。在防洪方面,大大减轻了汉江中、下游的洪水灾害;在发电方面从 1968 年 10 月到 1983 年底就发电 524 亿 kW·h,经济效益达 34 亿元,相当于工程造价的 4 倍,还为河南、湖北灌

溉农田 1 100 万亩,为南水北调创造了条件。小浪底工程建成后,将在防洪、防凌、减淤、供水、发电等方面发挥重要作用,产生重大的社会效益和经济效益。据估计,除得到符合社会折现率 12%的社会盈余外,还可为国家创造 78 亿元的超额盈余。举世瞩目的长江三峡建成后,将在防洪、发电、航运、旅游等各方面产生巨大效益,并对中国的国民经济建设产生深远的影响。

2.2.4.4　失事后果的严重性

作为蓄水工程主体的坝或江河的堤防,一旦失事决口,将会给下游人民的生命财产和国家建设带来巨大的损失。据统计,近年来全世界每年的垮坝率虽较过去有所降低,但仍在 0.2%左右。1975 年 8 月,中国河南省遭遇特大洪水,加之板桥、石漫滩两座水库垮坝,使下游 1 100 万亩农田受淹,京广铁路中断,死亡人数达 9 万人,损失十分惨重。据统计,大坝失事主要原因,一是洪水漫顶,二是坝基或结构出现问题,两者各占失事总数的 1/3 左右。应当指出,有些水工建筑物的失事与某些难以预见的自然因素或人们当时认识能力和技术水平限制有关,也有些是对勘测、试验、研究工作重视不够或施工质量欠缺所致,后者必须加以杜绝。鉴于水利工程和水工建筑物的失事会给下游人民的生命财产和工农业生产带来巨大损失,因此从事勘测、规划、设计、施工、管理等方面的工程技术人员,必须要有高度负责的精神和责任感,既要解放思想敢于创新,又要实事求是按科学规律办事,从而确保工程安全和充分发挥工程效益。

§2.3　水利枢纽的分等和水工建筑物的分级

水利工程是改造自然、开发利用水资源的重要举措,所建设的水利枢纽工程成功与失败,将对国民经济和人民生活产生直接影响,成功能为社会带来巨大的经济效益和社会效益;一旦失败,轻者影响经济效益,重者给社会带来巨大的财产损失甚至造成人员伤亡。所以,水利工程建设应高度重视工程安全问题。但是,工程规模不同,对国民经济和人民生活的影响程度也不同。过分地强调工程的安全,势必加大工程投资,造成不必要的浪费,因此必须妥善解决工程安全和经济之间的矛盾。为使工程的安全可靠性与其造价的经济合理性恰当地统一起来,水利枢纽及其组成的建筑物要进行分等分级,即首先按水利枢纽工程的规模、效益及其在国民经济中的作用进行分等,然后再对各组成建筑物按其所属枢纽的等别、建筑物在枢纽中所起的作用和重要性进行分级。水利枢纽及水工建筑物的等级不同,对其规划、设计、施工、运行管理等的要求也不同,等级越高者要求也就越高。这种分等分级区别对待的方法,也是国家经济政策和技术要求相统一的重要体现。

根据中国水利部颁发的现行规范《水利水电枢纽工程等级划分及设计标准》,水利水电枢纽工程按其规模、效益和在国民经济中的重要性分为 5 等,枢纽分等指标见表 2-1。

表 2-1 中总库容系指校核洪水位以下的水库库容,灌溉面积等均指设计面积。对于综合利用的工程,如按表中指标分属几个不同等别时,整个枢纽的等别应以其中最高等别为准。挡潮工程的等别可参照防洪工程的规定,在潮灾特别严重地区,其工程等别可适当提高。供水工程的重要性,应根据城市及工矿区和生活区供水规模、经济效益和社会效益分析决定。分等指标中有关防洪、灌溉两项系指防洪或灌溉工程系统中的重要骨干工程。

表 2-1　水利水电枢纽工程分等指标

工程等别	工程规模	分等指标					
		水库总库容（亿 m^3）	防洪		灌溉面积（万亩）	水电站装机容量（万 kW）
			保护城镇及工矿区	保护农田面积（万亩）		
一	大(1)型	＞10	特别重要城市、工矿区	＞500	＞150	＞120
二	大(2)型	10～1.0	重要城市、工矿区	500～100	150～50	120～30
三	中 型	1.0～0.1	中等城市、工城区	100～30	50～5	30～5
四	小(1)型	0.1～0.01	一般城镇、工矿区	＜30	5～0.5	5～1
五	小(2)型	0.01～0.001			＜0.5	＜1

枢纽中的水工建筑物按其所属枢纽工程的等别及其在工程中的作用和重要性分为 5 级，见表 2-2。

表 2-2　水工建筑物级别的划分

工程级别	永久性建筑物级别		临时性建筑物级别
	主要建筑物	次要建筑物	
一	1	3	4
二	2	3	4
三	3	4	5
四	4	5	5
五	5	5	

表 2-2 中永久性建筑物系指枢纽工程运行期间使用的建筑物，根据其重要性程度，又可分为主要建筑物和次要建筑物。

主要建筑物系指失事后将造成下游灾害或严重影响工程效益的建筑物，例如坝、泄水建筑物、输水建筑物及电站厂房等。次要建筑物系指失事后不至于造成下游灾害，或对工程效益影响不大、易于恢复的建筑物，例如失事后不影响主要建筑物和设备运行的挡土墙、导流墙、工作桥及护岸等。

临时性建筑物系指枢纽工程施工期间使用的建筑物，例如导流建筑物等。

按表 2-2 确定水工建筑物级别时，如该建筑物同时具有几种用途，应按最高级考虑，仅有一种用途时则按该项用途所属级别考虑。

对于二至五等工程，在下述情况下经过论证可提高其主要建筑物级别：一是水库大坝高度超过表 2-3 数值者提高一级，但洪水标准不予提高；二是建筑物的工程地质特别复杂，或采用缺少实践经验的新坝型、新结构时提高一级；三是综合利用工程如按库容和不同用途的分等指标有两项接近同一等别的上限时,其共用的主要建筑物提高一级;四是对于临时性水工建筑物,如其失事后将对下游城镇、工矿区或其他国民经济部门造成严重灾害或严重影响工程施工时,视其重要性或影响程度,应提高一级或两级。

表 2-3 需要提高级别的坝高界限

坝的原级别		2	3	4	5
坝高(m)	土坝、堆石坝、干砌石坝	90	70	50	30
	混凝土坝、浆砌石坝	130	100	70	40

对于低水头工程或失事后损失不大的工程,其水工建筑物级别经论证可适当降低。

对不同级别的水工建筑物,在设计过程中应有不同要求。对不同级别的水工建筑物的不同要求主要体现在以下方面:

(1)抵御洪水能力。如洪水标准、坝顶安全超高等。

(2)强度和稳定性。如建筑物的强度和抗滑稳定安全度,防止裂缝发生或限制裂缝开展的要求及限制变形要求等。

(3)建筑材料。如选用材料的品种、质量、标号及耐久性等。

(4)运行可靠性。如建筑物各部分尺寸裕度和是否设置专门设备等。

§2.4 水利水电工程的建设程序

水利是国民经济的基础设施和基础产业。水利工程建设要严格按建设程序进行。水利工程建设程序一般分为项目建议书、可行性研究报告、初步设计、施工准备(包括招标设计)、建设实施、生产准备、竣工验收、后评价等阶段。

2.4.1 项目建议书阶段

项目建议书应根据国民经济和社会发展长远规划、流域综合规划、区域综合规划、专业规划,按照国家产业政策和国家有关投资建设方针进行编制,是对拟建项目的初步说明。项目建议书编制一般由政府委托有相应资格的设计单位承担,并按国家现行规定权限向主管部门申报审批。

2.4.2 可行性研究报告阶段

可行性研究报告应对项目进行方案比较,在技术上是否可行和经济上是否合理进行科学的分析和论证。经过批准的可行性研究报告,是项目决策和进行初步设计的依据。可行性研究报告由项目法人(或筹备机构)组织编制。

申报项目可行性研究报告,必须同时提出项目法人组建方案及运行机制、资金筹措方案、资金结构及回收资金的办法,并依照有关规定,附具有管辖权的水行政主管部门或流域机构签署的规划同意书,对取水许可预申请的书面审查意见。审批部门要委托有项目相应资格的工程咨询机构对可行性研究报告进行评估,并综合行业归口主管部门、投资机构(公司)、项目法人(或项目法人筹备机构)等方面的意见进行审批。

2.4.3 初步设计阶段

初步设计是根据批准的可行性研究报告和必要而准确的设计资料,对设计对象进行通盘研究,阐明拟建工程在技术上的可行性和经济上的合理性,规定项目的各项基本技术参数,编制项目的总概算。初步设计任务应择优选择有项目相应资格的设计单位承担,依照有关初步设计编制规定进行编制。

初步设计由项目法人组织审查后,按国家现行规定权限向主管部门申报审批。如有重要修改、变更,必须经原审批机关复审同意。

2.4.4 施工准备阶段

2.4.4.1 准备工作

项目在主体工程开工之前,必须完成各项施工准备工作,其主要内容包括:①施工现场的征地、拆迁;②完成施工用水、电、通信、路和场地平整等工程;③必需的生产、生活临时建筑工程;④组织招标设计、咨询、设备和物资采购等服务;⑤组织建设监理和主体工程招标投标,并择优选定建设监理单位和施工承包队伍。

2.4.4.2 必备条件

水利工程项目必须满足如下条件,施工准备方可进行:①初步设计已经批准;②项目法人已经建立;③项目已列入国家或地方水利建设投资计划,筹资方案已经确定;④有关土地使用权已经批准;⑤已办理报建手续。

2.4.5 建设实施阶段

建设实施阶段是指主体工程的建设实施,项目法人按照批准的建设文件组织工程建设,保证项目建设目标的实现;项目法人或其代理机构必须按审批权限,向主管部门提出主体工程开工申请报告,经批准后,主体工程方能正式开工。工程建设要按照“政府监督、项目法人负责、社会监理、企业保证”的要求,建立健全质量管理体系。重要建设项目,必须设立质量监督项目站,由其行使政府对项目建设的监督职能。

2.4.6 生产准备阶段

生产准备是项目投产前所要进行的一项重要工作,是建设阶段转入生产经营的必要条件。项目法人应按照建管结合和项目法人责任制的要求,适时做好有关生产准备工作。

生产准备阶段的内容应根据不同类型的工程要求确定,一般应包括以下几个主要方面:

(1) 生产组织准备。即建立生产经营的管理机构及相应管理制度。

(2) 招收和培训人员。按照生产运营的要求,配备生产管理人员,并通过多种形式的培训,提高人员素质,使之能满足运营要求。生产管理人员要尽早介入工程的施工建设,参加设备的安装调试,熟悉情况,掌握好生产技术和工艺流程,为顺利衔接基本建设和生产经营阶段做好准备。

(3) 生产技术准备。主要包括技术资料的汇总、运行技术方案的制定、岗位操作规程制定和新技术准备。

(4) 生产的物资准备。主要是落实投产运营所需要的原材料、协作产品、工器具、备品备件和其他协作配合条件的准备。

(5) 正常的生活福利设施准备。

2.4.7　竣工验收阶段

竣工验收是工程完成建设目标的标志,是全面考核基本建设成果、检验设计和工程质量的重要步骤。竣工验收合格的项目即从基本建设转入生产或使用。

当建设项目的建设内容全部完成,经过单位工程验收符合设计要求并按要求完成了档案资料的整理工作,而且完成竣工报告、竣工决算等必需文件的编制后,项目法人向验收主管部门提出申请,根据国家和部颁验收规程组织验收。工程规模较大、技术较复杂的建设项目可先进行初步验收。不合格的工程不予验收;有遗留问题的项目,对遗留问题必须有具体处理意见,且有限期处理的明确要求并落实责任人。

2.4.8　后评价阶段

建设项目竣工投产后,一般在经过1～2年生产运营后,要进行一次系统的项目后评价,后评价主要内容包括:

(1)影响评价。项目投产后对各方面的影响进行评价。

(2)经济效益评价。对项目投资、国民经济效益、财务效益、技术进步和规模效益、可行性研究深度等进行评价。

(3)过程评价。对项目的立项、设计施工、建设管理、竣工投产、生产运营等全过程进行评价。

项目后评价一般按三个层次组织实施,即项目法人的自我评价、项目行业的评价、计划部门(或主要投资方)的评价。通过建设项目的后评价,以达到肯定成绩、总结经验、研究问题、吸取教训、提出建议、改进工作,进而不断提高项目决策水平和投资效果的目的。

凡违反工程建设程序管理规定的,按照有关法律、法规、规章的规定,由项目行业主管部门根据情节轻重对责任者进行处理。

§2.5　水　库

2.5.1　水库的作用

天然河道的来水量在各年间及一年内都有较大的变化,它与人们在相应时间的用水量往往存在着矛盾，来水量少用水量多时发生旱灾；来水量多而河道不能容纳时则发生洪涝灾害，解决这一矛盾的主要措施是兴建水库。水库在水多时把水蓄起来，然后根据用水需求适时适量地供水，同时在汛期还可以起到削减洪峰、减除灾害的作用。这种把来水按用水要求在时间和数量上重新分配的作用，叫做水库的调节作用。根据调节周期的长短，水库可分为日调节水库、月调节水库、年调节水库和多年调节水库。水库不仅可以使水量在季节间重新分配，满足灌溉、供水和防洪要求；同时，还可以利用大量的蓄水抬高水位，满足发电、航运及水产养殖等用水部门的需求。因此，兴建水库是综合利用水利资源的有效措施。

2.5.2 水库的特征水位和库容

2.5.2.1 水库的特征水位

水库在运行的过程中，其库中的水位是经常变化的。但是，有几个水位具有特殊意义，水库蓄水超过了这些水位，标志着水库运行状态的改变。

1）正常高水位

正常高水位（亦称设计蓄水位或兴利水位）是水库在正常运用情况下允许经常保持的最高水位，即为了保证兴利部门枯水期正常用水，水库在丰水期后期需要达到的水位。它是确定水工建筑物的尺寸、库区淹没及水电站出力等指标的重要数据。

2）设计洪水位和校核洪水位

在水库正常运用情况时，当发生设计洪水时，水库达到的最高水位称设计洪水位。当发生校核洪水时，水库达到的最高水位称校核洪水位。水工建筑物必须对这两种水位进行设计和校核。

3）汛前限制水位

在汛期到来之前，预先把水库放空一部分，以便留出库容，在洪水到来时能够多蓄洪水，从而更大程度地削减洪峰，这个消落下来的水位称汛前限制水位，亦称为汛期限制水位或防洪限制水位。

4）死水位

在水库正常运用情况下允许消落的最低水位。即为满足淤沙或灌溉、发电、航运、供水、养鱼以及旅游等需要，水库必须保持的最低水位。通常死水位是由水库淤积年限、发电最小水头和灌溉最低水位等因素确定。

2.5.2.2 水库的库容

水库死水位以下的库容称为死库容，它不能起水量调节作用，但可以淤积泥沙。死水位和正常高水位之间的库容称为兴利库容，兴利库容起水量调节作用。设计洪水位和汛前限制水位之间的库容称为设计调洪库容。校核洪水位和汛前限制水位之间的库容称为校核调洪库容。正常高水位和汛前限制水位之间的库容称为共用库容，汛前限制蓄水，腾出库容以利防汛，汛后蓄水用于兴利。校核洪水位以下至库底的所有库容称为总库容。

水库的各特征水位与特征库容的对应关系见图 2-3。

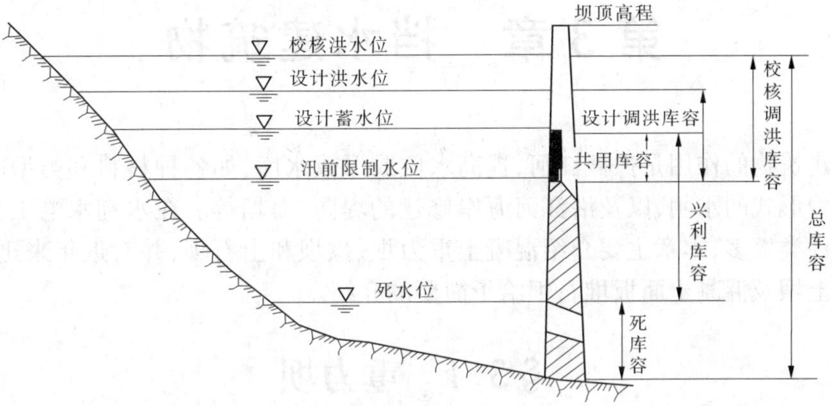

图 2-3　水库的特征水位及相应库容

第 3 章 挡水建筑物

挡水建筑物的作用是拦截江河,提高水位或形成水库,如各种材料和类型的坝,各种用途和结构形式的水闸,以及沿江河海岸修建的堤防、海塘等。在水利水电工程中,挡水建筑物的种类繁多,本章主要介绍混凝土重力坝、拱坝和土石坝,并对近年来迅速发展的碾压混凝土坝及混凝土面板堆石坝给予简要的介绍。

§3.1 重力坝

重力坝是一种古老而且应用广泛的坝型,它因主要依靠坝体自重产生的抗滑力维持稳定而得名。19 世纪以前,重力坝基本上都采用浆砌毛石修建;19 世纪后期,逐渐采用混凝土筑坝;进入 20 世纪,逐渐形成了现代的混凝土重力坝。目前,世界上最高的重力坝是瑞士的大狄克桑斯坝,坝高 285m。由于重力坝的结构简单,施工方便,抗御洪水能力强,抵抗战争破坏等意外事故的能力也较强,工作安全可靠,至今仍被广泛采用。其中,浆砌石重力坝的设计计算方法与混凝土重力坝基本相同,所以本节仅介绍混凝土重力坝。

3.1.1 重力坝的工作原理及特点

3.1.1.1 工作原理

重力坝的工作原理是,在水压力及其他荷载的作用下,主要依靠坝体自身重量在滑动面上产生的抗滑力来抵消坝前水压力,以满足稳定的要求;同时,也依靠坝体自重在水平截面上产生的压应力来抵消由于水压力所引起的拉应力,以满足强度的要求。其基本剖面为上游面近于垂直的三角形剖面,且沿垂直轴线方向常设有永久伸缩缝,将坝体分成若干独立工作的坝段(如图 3-1 所示),坝体剖面较大。与其他坝型比较,重力坝具有以下主要特点。

3.1.1.2 特点

1)泄洪和施工导流容易解决

由于重力坝的断面大,筑坝材料抗冲刷能力强,适用于在坝顶溢流和坝身设置泄水孔。在施工期可以利用坝体或底孔导流,一般不需要另设河岸溢洪道或泄洪隧洞。在偶然的情况下,即使从坝顶少量过水,一般也不会招致坝体失事,不像土坝那样一旦洪水漫顶很快就会溃坝成灾,这是重力坝的一个最大优点。在坝址河谷较窄而洪水流量又大的情况下,重力坝可以较好地适应这种自然条件。

2)安全可靠,结构简单,施工技术容易掌握

重力坝的坝体放样、立模和混凝土浇筑、振捣都比较方便,有利于机械化施工。而且由于剖面尺寸大,筑坝材料强度高,耐久性好,因而抵抗水的渗透、冲刷以及地震和战争破坏能力都比较强,安全性较高。据统计,重力坝在各种坝型中,失事率是较低的。但是,从

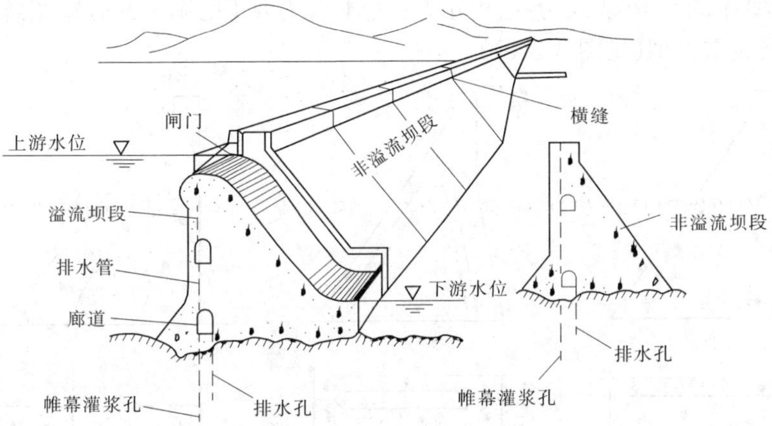

图 3-1 混凝土重力坝示意图

另一方面看,由于剖面尺寸大,坝体内部应力一般比较小,坝体材料强度不能充分发挥。

3)对地形、地质条件适应性强

地形条件对重力坝的影响不大,几乎任何形状的河谷均可修建重力坝。因为坝体作用于地基面上的压应力不高,所以对地质条件的要求也较低。重力坝对地基的要求虽比土石坝高,但低于拱坝及支墩坝,对于无重大缺陷的一般强度的岩基均可满足要求,较低的重力坝可建在软基上。另外,由于重力坝沿坝轴线方向被横缝分成若干个独立的坝段,适应不均匀沉陷能力强,因此能较好地适应各种非均质地基。

4)受扬压力影响大

坝体和坝基在某种程度上都是透水的,渗透水流将对坝体产生扬压力。由于坝体和坝基接触面较大,受扬压力影响也大。扬压力的作用方向与坝体自重的方向相反,会抵消部分坝体的有效重量,对坝体的稳定和应力情况不利,应该采取有效的防渗排水措施,减小扬压力的作用,以节省坝体工程量。

5)坝体体积大,水泥用量多,温度控制要求严格

由于混凝土重力坝体积大,水泥用量多,施工期混凝土的水化热和硬化收缩将会产生不利的温度应力和收缩应力,一般均需采取温控散热措施。许多工程因温度控制不当而出现裂缝,有的甚至形成危害性裂缝,从而削弱坝体的整体性能。

3.1.2 重力坝的类型

(1)按坝的高度分类可分为:高坝、中坝、低坝。坝高大于 70m 的为高坝;坝高在 30~70m 之间的为中坝;小于 30m 的为低坝。坝高指的是坝体最低面(不包括局部深槽或井、洞)至坝顶路面的高度。

(2)按照筑坝材料分类可分为:混凝土重力坝和浆砌石重力坝。一般情况下,较高的坝和重要的工程经常采用混凝土重力坝,中、低坝则可以采用浆砌石重力坝。

(3)按照坝体是否过水可分为:溢流坝和非溢流坝。坝体内设有泄水底孔的坝段和溢流坝段统称为泄水坝段,非溢流坝段也可称做挡水坝段,见图 3-1。

(4)按照施工方法分类可分为:浇筑式混凝土重力坝和碾压式混凝土重力坝。

(5)按照坝体的结构型式分类可分为:实体重力坝(见图3-2(a))、宽缝重力坝(见图 3-2(b))、空腹重力坝(见图 3-2(c))。

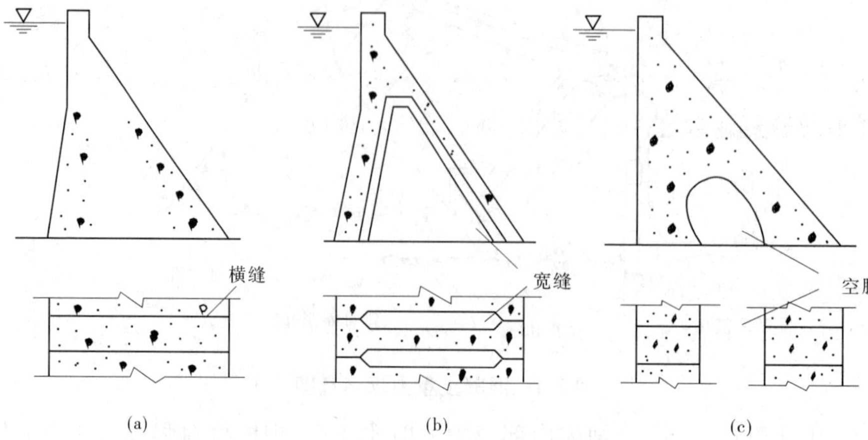

图 3-2　重力坝的型式

(a)实体重力坝;(b)宽缝重力坝;(c)空腹重力坝

实体重力坝的结构型式简单,设计施工比较方便,但其缺点是扬压力大,工程量较大,而且混凝土材料抗压强度不能充分发挥。空腹重力坝、宽缝重力坝则可以利用空腹和宽缝排除坝基的渗透水流,有效地减小扬压力,较好地利用材料的抗压强度,从而可减少工程量 10%～30%。空腹重力坝还可以将水电站厂房设置在空腹内,减少了电站厂房的开挖工程量,也可从厂房顶部泄水,解决狭窄河谷中布置电站厂房和泄水建筑物的困难。20 世纪 70 年代以前,宽缝重力坝在中国应用的比较多。在坝高 50m 以上的重力坝中大约有 40%以上的是宽缝重力坝,其中,新安江、丹江口、潘家口均为宽缝重力坝,坝高分别为 105m、97m 和 107m。石泉水电站为空腹重力坝,坝高 65m。空腹重力坝、宽缝重力坝与实体重力坝相比,缺点是施工比较复杂,模板用量大,不适合大型机械化施工。

3.1.3　重力坝的设计内容

重力坝的设计包括以下几方面的内容:

(1)总体布置。首先选择坝址、坝轴线和坝的结构型式,确定坝体与两岸及交叉建筑物连接方式,最终确定坝体在枢纽中的布置。

(2)剖面设计。可参照已建的类似工程,初拟剖面尺寸。

(3)稳定分析。用单一安全系数法和可靠度理论法,核算坝体沿坝基面或沿地基深层软弱结构面抗滑稳定安全性能。

(4)应力分析。用材料力学法和可靠度理论法,对坝体材料进行强度校核。

(5)构造设计。根据施工和运行要求,确定坝体细部构造(混凝土分区、廊道、排水、分缝、止水设计等)。

(6)地基处理。地基的防渗(帷幕灌浆)、排水、断层、破碎带处理等。

(7)溢流重力坝和泄水孔的孔口设计。

(8)监测设计。包括坝体内部和外部的观测设计,制定大坝的运行、维护和监测条例。

3.1.4　重力坝的荷载及其组合

重力坝上的主要荷载有坝体自重、上下游坝面上的水压力、扬压力、浪压力或冰压力、泥沙压力以及地震荷载等。设计重力坝时应根据具体的运用条件确定各种荷载及其数值,并选择不同的荷载组合,用以验算坝体的稳定和强度。

作用在重力坝上的各种荷载,除坝体自重外,都有一定的变化范围。例如,在正常运行、放空水库、设计或校核洪水等情况下,其上下游水位就不相同。当水位发生变化时,相应的水压力、扬压力亦随之变化。又如,在短期宣泄最大洪水时,就不一定会同时发生强烈地震。再如,当水库水面封冻,坝面受静冰压力作用时,波浪压力就不存在。因此,在进行坝的设计时,应该把各种荷载根据它们同时出现的概率,合理地组合成不同的设计情况,然后用不同的安全系数进行核算,以妥善解决安全和经济的矛盾。

作用在坝上的荷载见图 3-3,按其性质可分为基本荷载和特殊荷载两种。

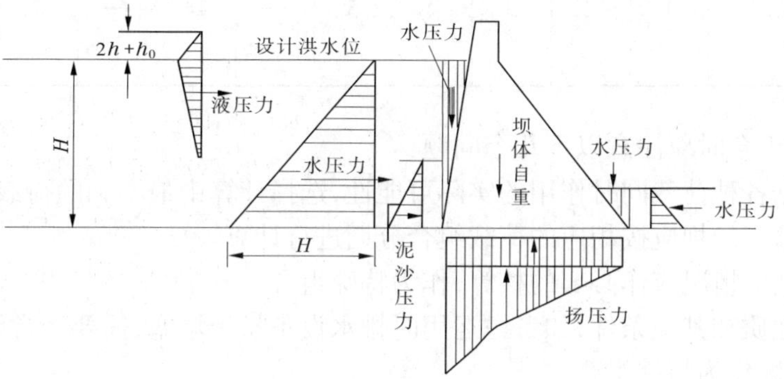

图 3-3　重力坝上的荷载示意图

3.1.4.1　基本荷载

基本荷载包括:①坝体及其上永久设备的自重(1);②正常蓄水位或设计洪水位时的静水压力(2);③相应于正常蓄水位或设计洪水位时的扬压力(3);④泥沙压力(4);⑤相应于正常蓄水位或设计洪水位时的浪压力(5);⑥冰压力(6);⑦土压力(7);⑧相应于设计洪水位时的动水压力(8);⑨其他出现机会较多的荷载(9)。

3.1.4.2　特殊荷载

特殊荷载包括:①校核洪水位时的静水压力(10);②相应于校核洪水位时的扬压力(11);③相应于校核洪水位时的浪压力(12);④相应于校核洪水位时的动水压力(13);⑤地震荷载(14);⑥其他出现机会很少的荷载(15)。

荷载组合情况分为两大类:一类是基本组合,指水库处于正常运用情况下可能发生的荷载组合,又称设计情况,由基本荷载组成;另一类是特殊组合,指水库处于非常运用情况下的荷载组合,又称校核情况,由基本荷载和一种或几种特殊荷载所组成。

进行荷载组合时,应根据各种荷载同时作用的实际可能性,按表 3-1 选用(表中数字即荷载的序号),必要时还可考虑其他的不利组合。

表 3-1 荷载组合

荷载组合	主要考虑情况	荷载									附注
		自重	静水压力	扬压力	泥沙压力	浪压力	冰压力	地震荷载	动水压力	土压力	
基本组合	正常蓄水位情况	1	2	3	4	5	—	—	—	7	土压力根据坝体处是否有填土而定(下同)
	设计洪水位情况	1	2	3	4	5	—	—	8	7	
	冰冻情况	1	2	3	4	—	6	—	—	7	静水压力及扬压力按相应季节库水位计算
特殊组合	校核洪水位情况	1	10	11	4	12	—	—	13	7	
	地震情况	1	2	3	4	5	—	14	—	7	静水压力、扬压力和浪压力按正常蓄水位计算,有论证时可另作规定

进行荷载组合时应注意以下几个问题:

(1)应根据各种荷载同时作用的实际可能性,选择计算中最不利的荷载组合。

(2)分期施工的坝应按相应的荷载组合分期进行计算。

(3)施工期的情况应作必要的核算,作为特殊组合。

(4)根据地质和其他条件,如考虑运用时排水设备易于堵塞,需要经常维修时,应考虑排水失效的情况作为特殊组合。

3.1.5 重力坝的安全分析

岩基上的重力坝常见的失稳破坏形式有两种:一种是沿坝体抗剪能力不足的软弱结构薄弱层面产生滑动,包括坝体与坝基的接触面滑动和坝基岩体内有连续的断层破碎带软弱结构而产生的滑动;另一种是在各种荷载作用下,上游坝踵出现拉应力使之产生裂缝,或下游坝址压应力过大、超过坝基岩体或坝体混凝土的允许强度而压碎,从而产生倾覆破坏。当重力坝满足抗滑稳定和应力要求时,通常不必校核抗倾覆的安全性。

3.1.5.1 重力坝的抗滑稳定分析

抗滑稳定分析是重力坝设计中的一项重要内容,其目的是核算坝体沿坝基面或沿地基深层软弱结构面抗滑稳定的安全性能。因为重力坝沿坝轴线方向用横缝分隔成若干个独立的坝段,假设横缝不传力,所以稳定分析可以按平面问题进行,取一个坝段或单位宽度作为计算单元。但对于地基中存在多条互相切割交错的软弱面构成空间滑动体或位于地形陡峻的岸坡段,则应按空间问题进行分析。

以往一般采用单一安全系数法进行抗滑稳定分析,把建筑物抵抗滑动的力与滑动力之比称做抗滑稳定安全系数。其分析方法有以下两种。

(1)摩擦公式:

$$K_s = \frac{f(\sum W - U)}{\sum P}$$

式中　$\sum W$——滑动面以上的总铅直力,kN;

$\sum P$——滑动面以上的总水平力,kN;

U——作用在滑动面上的扬压力,kN;

f——滑动面间的摩擦系数。

在各种荷载组合情况下,其抗滑稳定安全系数的控制标准参见表 3-2。

表 3-2　抗滑稳定安全系数 K_s

荷载组合		坝的级别		
		1	2	3
基本组合		1.10	1.05	1.05
特殊组合	校核洪水位情况	1.05	1.00	1.00
	地震情况	1.00	1.00	1.00

(2)抗剪断公式:

$$K''_s = \frac{f'(\sum W - U) + c'A}{\sum P}$$

式中　f'——抗剪断摩擦系数;

c'——抗剪断凝聚力,kN/m^2;

A——坝基与地基接触面的面积,m^2。

采用抗剪断公式进行抗滑稳定分析时,其安全系数 K''_s 的控制标准,不分工程级别,基本组合采用 3.0,特殊组合校核洪水位情况采用 2.5,特殊组合地震情况不小于 2.3。

当坝体混凝土与基岩接触良好、坝基内不存在可能导致深层滑动的软弱面时,应按抗剪断公式计算;对中、小型工程的中、低坝,也可按摩擦公式计算。

DL5108—1999《混凝土重力坝设计规范》规定,重力坝的抗滑稳定验算应采用概率极限状态设计原则,以分项系数极限状态设计表达式代替原规范的单一安全系数设计表达式。该方法反映了坝体上的作用(荷载)的不定性和变异性,荷载均为随机变量。分项系数极根状态法的基本原理来源于可靠度理论,包括承载能力极限状态和正常使用极限状态。对抗滑稳定分析只按承载能力极限状态设计校核,即

$$\gamma_0 \Psi S(\gamma_G G_K, \gamma_Q Q_K, \alpha_K) \leqslant \frac{1}{\gamma_d} R(\frac{f_K}{\gamma_m}, \alpha_K) \tag{3-1}$$

式中　γ_0——结构重要性系数;

Ψ——设计状况系数;

$S(\cdot)$——作用效应函数;

$R(\cdot)$——结构及构件抗力函数;

γ_G——永久作用分项系数；

γ_Q——可变作用分项系数；

G_K——永久作用标准值；

Q_K——可变作用标准值；

α_K——几何参数的标准值(可作为定值处理)；

f_K——材料性能的标准值；

γ_m——材料性能分项系数；

γ_d——基本组合结构系数。

对于坝体混凝土与基岩接触面的抗滑稳定极限状态，作用效应函数为

$$S(\cdot) = \sum P_R \tag{3-2}$$

抗滑稳定抗力函数为

$$R(\cdot) = f'_R \sum W_R + c_R{}' A_R \tag{3-3}$$

式中 $\sum P_R$——坝基面上全部切向作用之和，kN；

$f_R{}'$——坝基面抗剪断摩擦系数；

$c_R{}'$——坝基面抗剪断黏聚力，kPa；

A_R——坝基面截面面积，m^2；

$\sum W_R$——坝基面上全部法向作用之和，kN。

3.1.5.2 重力坝的应力分析

应力分析的目的是为了检验大坝在施工期和运用期是否满足强度要求，并根据应力分布情况进行坝体混凝土标号分区，也为研究坝体某些部位的应力集中和配筋等提供依据。应力分析的过程是：首先进行荷载计算和荷载组合，然后选择适宜的方法进行应力计算，最后检验坝体各部位的应力是否满足强度要求。

重力坝的应力分析方法可归结为理论计算和模型试验两大类，这两类方法是彼此补充、互相验证的，其结果都要受到原型观测的检验。对于中、小型工程，一般可只进行理论计算。近代，由于电子计算机的出现，理论计算中的数值解法发展很快，对于一般的平面问题，常常可以不做试验，主要依靠理论计算解决问题。目前常用的几种应力分析方法综述如下。

1)模型试验法

目前，常用的模型试验方法有光测方法和脆性材料电测方法以及地质力学模型试验方法等。光测方法有偏光弹性试验和激光全息试验，主要解决弹性状态应力问题。脆性材料电测方法除能进行弹性应力分析外，还能进行破坏试验。而地质力学模型试验方法，可以进行复杂地基的试验。此外，利用模型试验还可进行坝体温度场和动力分析等方面的研究。目前，模型试验方法在模拟材料特性、施加自重荷载和地基渗流体积力等方面仍存在一些问题，有待进一步研究和改进。

2)材料力学法

材料力学法是应用最广、最简便的方法，也是重力坝设计规范中规定采用的计算方

法。材料力学法不考虑地基的影响,假定水平截面上的铅直正应力 σ_y 按直线分布,按材料力学的偏心受压公式计算其大小。计算结果在地基附近约1/3坝高范围内,与实际情况不符。但长期的实践经验和多年的工程实践证明,对于中等高度的坝,应用这一方法,是可以保证工程安全的;对于较高的坝,特别是在地基条件比较复杂的情况下,还应该同时采用其他方法进行应力分析。

3)弹性理论的解析法

弹性理论的解析方法在力学模型和数学解法上都是严格的,但目前只有少数边界条件简单的典型结构才有解答,所以其在工程设计中应用较少。由于通过对典型构件的计算,可以检验其他方法的精确性。因此,弹性理论的解析方法仍是一种很有价值的分析方法。

4)弹性理论的有限单元法

有限单元法在力学模型上是近似的,在数学解法上是严格的,它是20世纪50年代中期随着电子计算机的出现而产生的一种计算方法。有限单元法可以处理复杂的边界,包括几何形状、材料特性和静力条件。60年代以后,有限单元法的应用从求解应力场扩大到求解磁场、温度场和渗流场等。它不仅能解决弹性问题,还能解决弹塑性问题;不仅能解决静力问题,也能解决动力问题;不仅能计算单一结构,还能计算复杂的组合结构,因此有限单元法已成为一种综合能力很强的计算方法。

重力坝的应力状态非常复杂,与很多因素有关,如坝体剖面尺寸、静力荷载、地质条件、施工过程、温度变化以及地震特性等。在应力分析中,还不能确切考虑各种因素。因此,无论采用哪种方法得出的成果,都不同程度地带有一定的近似性。

3.1.6 重力坝的材料及构造

3.1.6.1 混凝土的性能

重力坝建筑材料主要是混凝土。重力坝除要求材料有足够的强度外,还要有一定的抗渗性、抗冻性、抗侵蚀性、抗冲耐磨性以及低热性等。

1) 强度

混凝土的强度等级应由按照标准方法制作养护边长为150mm的立方体试件,在28d龄期用标准试验方法测得的具有95%保证率的抗压强度标准值确定,用符号 $C(\mathrm{N/mm^2})$ 表示。对用于大坝的大体积混凝土,其立方体抗压强度则是由在90d龄期用标准试验方法测得的具有80%保证率的抗压强度标准值确定。

2)混凝土的耐久性

混凝土的耐久性包括抗渗性、抗冻性、抗冲耐磨性、抗侵蚀性等。

(1)抗渗性是指混凝土抵抗水压力渗透作用的能力。抗渗性可用抗渗等级表示,抗渗等级系按28d龄期的标准试件所测定的,分为W2、W4、W6、W8、W10和W12六级。对于承受侵蚀水的建筑物,其抗渗等级应进行专门的试验研究,但不得低于W4。坝体内部混凝土如无特殊要求时,抗渗等级定为W2。

(2)抗冻性是表示混凝土在饱和状态下能经受多次冻融循环而不破坏,同时也不严重降低强度的性能。混凝土抗冻性用抗冻等级表示。抗冻等级系按28d龄期的试件采用快冻试验测定的，分为 F50、F100、F150、F200、F300 五级。在具体施工时，应根据建筑物所在地区的气候分区、冻融循环次数、表面局部小气候条件、水分饱和程度、结构构件重要性和检修的难易程度等因素选用抗冻等级。

抗冻性好的混凝土，其抗温度变化和干湿变化的能力也较强。因此，在温暖地区为了使混凝土具有抗风化能力，也应提出一定的抗冻性要求。

(3)抗冲耐磨性是指抗高速水流或挟沙水流的冲刷、磨损的性能。目前对于抗冲耐磨性尚未制定出明确的技术标准。根据经验，使用高等级硅酸盐水泥或硅酸盐大坝水泥拌制成的高等级混凝土，其抗磨性较强，且要求骨料坚硬、振捣密实。

(4)抗侵蚀性是指混凝土抵抗环境侵蚀的性能。当环境水有侵蚀的情况，应选择抗侵蚀性能较好的水泥，外部水位变化区及水下混凝土的水灰比，可比常态混凝土的水灰比减少 0.05。为了降低水泥用量并提高混凝土的性能，坝体混凝土内可适量掺加粉煤灰掺合料及引气剂、塑化剂等外加剂。

为了减少工程造价，合理利用水泥，通常将坝体混凝土按不同部位、不同工作条件对混凝土性能的不同需求而进行分区，采用不同的标号。

3.1.6.2 重力坝的构造

重力坝的构造包括坝顶结构、坝体分缝、防渗、排水、廊道系统等内容，这些构造的科学合理选型和布置，可以改善重力坝的工作状态，提高坝体的稳定性，减小坝体应力，满足运用和施工要求。

1)分缝

由于地基不均匀沉降和温度变化、施工时期的温度应力以及施工浇筑能力等原因，一般要对坝体进行分缝。有一些缝是永久性的，它们的存在不影响坝体的整体性，不影响坝的正常运行；有些缝是临时性的，只在施工时设置，它们的存在将影响坝的整体性，使坝的正常工作受到影响，因而要对这种缝加以处理，使各个块体结合成整体。

按缝的作用可把缝分为沉降缝、伸缩缝及工作缝。沉降缝是将坝体沿长度分段，以适应地基的不均匀沉降，避免由此而引起坝体裂缝。伸缩缝是将坝体分块，以减少坝体伸缩时地基对坝体的约束和新旧混凝土之间的约束而产生的裂缝。工作缝主要是便于分期浇筑、装拆模板以及混凝土的散热而设的临时缝。按缝的位置可分为横缝、纵缝及水平缝。横缝多为永久缝，纵缝及水平缝皆为临时缝，图 3-4 所示为重力坝的分缝示意图。

2)坝体防渗、排水和廊道系统

为了减少坝体渗透压力，靠近上游坝面应设排水管幕，将渗入坝体的水由排水管排入廊道，再由廊道汇集于集水井，由抽水机排到下游。一般要求排水管距上游坝面的距离不小于坝前水头的 1/25～1/15，且不小于 2m，以使渗透坡降在允许范围以内。排水管的间距为 2～3m，上、下层廊道之间的排水管应布置成垂直或接近于垂直方向，不宜有弯头，以便检修。

为了满足施工运用要求，如灌浆、排水、观测、检查和交通的需要，须在坝体内设置各种廊道，这些廊道互相连通，构成廊道系统。

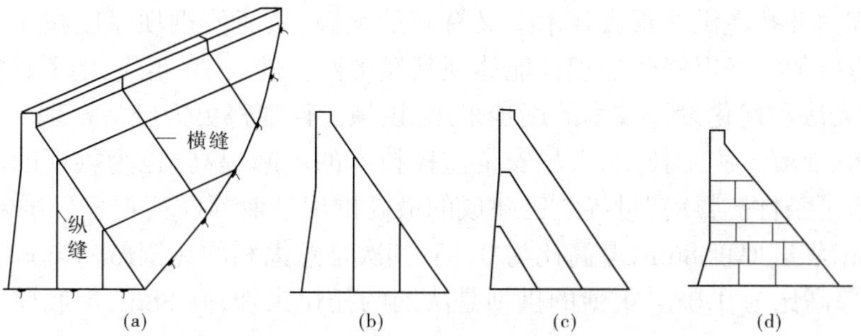

图 3-4　重力坝的分缝示意图

(a)横缝及纵缝布置；(b)竖直纵缝；(c)斜缝；(d)错缝

3.1.7　重力坝的地基处理

重力坝承受较大的荷载，对地基的要求较高。重力坝对地基的要求介于拱坝和土石坝之间。除少数较低的重力坝可建在土基上以外，一般都需要建在岩基上。然而，由于天然基岩经受长期地质构造运动及外界因素的作用，多少存在着风化、节理、裂隙、破碎等缺陷，在不同程度上破坏了基岩的整体性和均匀性，降低了基岩的强度和抗渗性能。因此，必须对地基进行适当的处理，以满足重力坝对地基的要求。重力坝对地基的要求主要有以下几点：

(1)具有足够的强度，以承受坝体的压力；

(2)具有足够的整体性、均匀性，以满足坝基抗滑稳定和减少不均匀沉陷；

(3)具有足够的抗渗性，以满足渗透稳定，控制渗透流量；

(4)具有足够的耐久性，以防止岩体性质在水的长期作用下发生恶化。

根据统计资料，重力坝的失事中有 40％是因为地基问题造成的。中国在这方面也有很多经验教训。因此在重力坝设计中，必须十分重视对地基的勘测研究及处理，这是一项关系大坝安全、经济和建设速度的极为重要的工作。

地基处理主要包含两个方面的工作：一是防渗；二是提高基岩强度。一般情况下，地基处理包括坝基开挖清理，对基岩进行固结灌浆和防渗帷幕灌浆，设置基础排水系统，对特殊地质构造如断层、破碎带和溶洞等进行专门的处理等。

§3.2　拱　坝

拱坝是平面上凸向上游、三向固定的空间壳体挡水建筑物，它能把上游坝面水压力等荷载的大部分通过拱的作用传给两岸岩体，而将小部分水压力通过悬臂梁的作用传至坝底基岩。它不像重力坝那样利用自重维持稳定，而是利用筑坝材料的抗压强度和两岸拱端岩体来支承拱端推力，是一种经济、安全均很优越的坝型。

早在一二千年以前，人们就已意识到拱结构有较强的拦蓄水流的能力。13 世纪末，伊朗就建了一座高 60m 的砌石拱坝。1910 年，美国建成了高 99m 的巴菲罗比尔拱坝。

20世纪50年代以后,西欧各国和日本修建了许多双曲拱坝,在拱坝体形、复杂坝基处理、坝顶溢流和坝内开孔泄洪等重大技术上又有新的突破,从而使拱坝厚度减小、坝高加大,即使在比较宽阔的河谷上修建拱坝也能体现其经济性。进入70年代,随着计算机技术的发展,有限单元法和优化设计技术的逐步采用,拱坝设计变得更为经济合理。水工及结构模型试验技术、混凝土施工技术、大坝安全监控技术的不断提高,也为拱坝的工程技术发展和改进创造了条件。目前,世界上已建成的最高拱坝是前苏联英古里(ингу ри)双曲拱坝,高271.5m,坝底厚度86m,厚高比为0.33;其次是意大利的瓦依昂(Vajont)双曲拱坝,高261.6 m,厚高比为0.084;最薄的拱坝是法国的托拉拱坝,高88m,坝底厚2m,厚高比为0.022 7。

据不完全统计,截至1985年底,中国(不包括台湾省)已建15m以上坝高的各种拱坝达800余座,约占全世界已建拱坝总数的1/4。中国在拱坝设计理论、计算方法、结构型式、泄洪消能、施工导流、地基处理及枢纽布置等方面都有很大进展,积累了丰富的经验。目前,中国已建成的最高拱坝是二滩双曲拱坝,坝高240m,居世界第四位。已开工建设的小湾双曲拱坝,坝高292m,将为新的世界之最,这标志着中国在高拱坝的勘测、设计、施工和科研方面已达到一个新的水平。

3.2.1　拱坝的特点

与其他坝型相比较,拱坝具有如下一些特点:

(1)利用拱的结构特点,充分发挥材料强度。拱坝是一种推力结构,在外荷载作用下,只要设计得当,拱圈截面上主要承受轴向压应力,弯矩较小,有利于充分发挥混凝土或浆砌石材料抗压强度的特点。拱作用发挥得愈大,材料的抗压强度愈能充分利用,坝体的厚度也愈薄。对适宜修建拱坝和重力坝的同一坝址,相同坝高的拱坝与重力坝相比,拱坝体积可节省1/3～2/3。因而,拱坝是一种比较经济的坝型。

(2)利用两岸岩体维持坝体稳定。与重力坝利用自重维持坝体稳定的特点不同,拱坝将外荷载的大部分通过拱作用传至两岸山体,主要依靠两岸坝肩岩体维持稳定,坝体自重对拱坝的稳定性影响不大。因此,拱坝对坝址地形地质条件要求较高,对地基处理的要求也较为严格。尽管目前对修建拱坝的坝址条件有所放宽,但充分了解坝基地质情况,进行细致分析并认真进行地基处理仍然是必要的。

(3)超载能力强,安全度高。拱坝通常属周边嵌固的高次超静定结构,当外荷载增大或某一部位因拉应力过大而发生局部开裂时,能自行调整拱梁作用系统的荷载分配,改变应力分布状态,不会因局部开裂而使整体丧失承载能力。在两岸有坚固岩体支承的条件下,坝的破坏主要取决于压应力是否超过筑坝材料的抗压强度极限。一般混凝土均有一定的塑性和徐变特性,在局部应力特大的部位,变形受限制的情况下,经过一段时间,混凝土的徐变变形增大,使特大应力有所降低。由于上述原因,使拱坝在合适的地形地质条件下具有很强的超载能力。如意大利的瓦依昂(Vajont)双曲拱坝,1961年建成,坝高261.6m,是当时世界上最高的双曲拱坝,1963年10月9日晚,由于水库左岸大面积滑坡,使2.7亿 m^3 的滑坡体以28m/s的速度滑入水库,掀起150m高的涌浪,涌浪溢过坝顶,使1 925人丧生,水库被填,但拱坝并未失事,仅在两岸坝肩附近的坝体内发生两三条裂缝。

据估算，拱坝当时承受了相当于 8 倍设计荷载的作用，由此可见拱坝的超载能力是相当大的。

(4)抗震性能好。由于拱坝是整体性空间结构，厚度薄，富有弹性，因而其抗震能力较强。例如意大利的柯尔弗落拱坝，高 40m，曾遭受破坏性地震，附近市镇的建筑物大都被毁，但该坝没有发生裂缝和任何破坏。又如中国河北省邢台地区峡沟水库浆砌石拱坝，高 78m，在满库情况下遭受 1966 年 3 月的强烈地震，震后检查坝体未发现裂缝和损坏。

(5)荷载特点。由于拱坝坝体不设永久性伸缩缝，其周边通常固接于基岩上，因而温度变化、地基变形等对坝体应力有显著影响。此外，坝体自重和扬压力对拱坝应力的影响较小。坝体越薄，上述特点越明显。

(6)坝身泄流布置复杂。由于拱坝坝体单薄，坝身开孔或坝顶溢流会削弱水平拱和顶拱作用，并使孔口应力复杂化；坝身下泄水流的向心集中易造成河床及岸坡冲刷。但随着修建拱坝技术水平的不断提高，通过合理的布置不仅能安全泄流，而且还可开设大孔口泄洪。

3.2.2　拱坝的地形地质条件

3.2.2.1　地形条件

由于拱坝的结构特点，拱坝的地形条件往往是决定坝体结构型式、工程布置和经济性的主要因素。所谓地形条件是针对开挖后的基岩面而言的，常用坝顶高程处的河谷宽度和坝高之比(称为宽高比 L/H)及河谷断面形状两个指标表示。

河谷的宽高比 L/H 值愈小，说明河谷愈窄深，拱坝水平拱圈跨度相对较短，悬臂梁高度相对较大，即拱的刚度大，拱作用容易发挥，可将荷载大部分通过拱的作用传给两岸，坝体可设计得薄些。反之，L/H 值愈大，河谷愈宽浅，拱作用愈不易发挥，荷载大部分通过梁的作用传给地基，坝断面就要设计得厚些。根据经验，当 $L/H<1.5$ 时，可修建薄拱坝；$L/H=1.5\sim3.0$，可修建中厚拱坝；$L/H=3.0\sim4.5$，可修建厚拱坝。L/H 更大的条件下，一般认为拱的作用就不明显了。但随着拱坝技术水平的不断提高，上述界限已被突破。如中国安徽陈村重力拱坝，坝高 76.3m，$L/H=5.6$，$T_B/H=0.7$。美国的奥本(Auburn)三圆心拱坝高 210m，$L/H=6.0$，$T_B/H=0.29$。目前，河谷宽高比最大的拱坝是法国的穆瓦林·里保实验坝(高 13.8m)，L/H 已达 12。

河谷的断面形状是影响拱坝体形及其经济性更为重要的因素。不同河谷即使具有同一宽高比，断面形状也可能相差很大。图 3-5 所示为宽高比相同、河谷形状不同的两种情况(V 形和 U 形)，在水荷载作用下拱梁间的荷载分配以及对拱坝体形的影响。对左右岸对称的 V 形河谷，拱圈跨度自上而下逐渐减小，刚度逐渐增强，尽管水压强度自上而下逐渐加大，因拱作用得以充分发挥，坝厚仍可做得薄些；对 U 形河谷，由于拱圈跨度自上而下几乎不变，拱刚度不增加，为抵挡随深度而增加的水压力，需增加梁的刚度(亦即增加坝体厚度)，故坝体需做得厚些。梯形河谷介于 V 形和 U 形之间。

河谷在平面上应呈喇叭口状，以使两岸拱座下游有足够厚的岩体来维持坝体的稳定。图 3-6 所示为 $A—A'$ 和 $B—B'$ 两个坝址，$B—B'$ 坝址虽然河谷比较狭窄，但位于向下游扩散的喇叭口处，两岸拱座单薄，对稳定不利；而 $A—A'$ 坝址两岸拱座厚实，拱轴线与等高

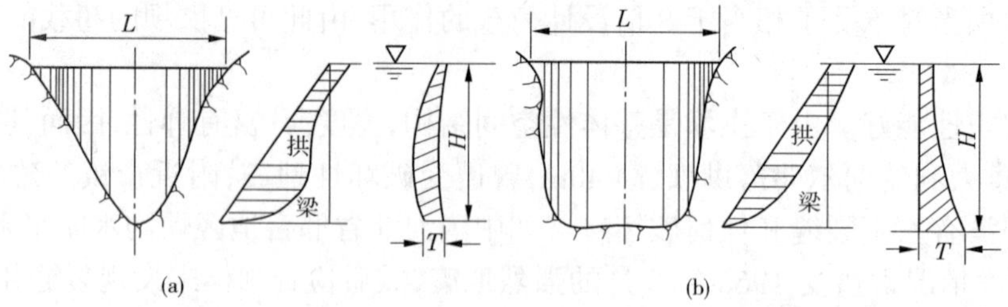

图 3-5　河谷形状对荷载分配和坝体剖面的影响

(a)V 形河谷;(b)U 形河谷

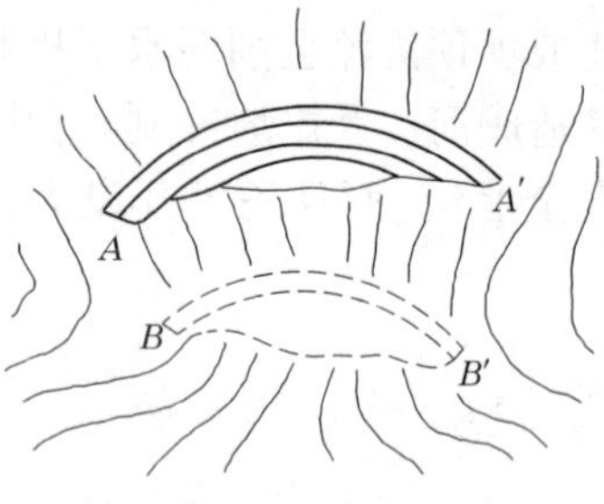

图 3-6　坝址地形比较

线接近垂直,故选 $A—A'$ 坝址对稳定有利。

形状复杂的河谷断面对修建拱坝是不利的。拱跨沿高程急剧变化将引起坝体应力集中,需采取适宜的工程措施来改善河谷的断面形状。

3.2.2.2　地质条件

地质条件的好坏直接影响拱坝的修建,这是因为拱坝是高次超静定整体结构,地基的过大变形对坝体应力有显著影响,甚至会引起坝体破坏。因此,拱坝对地质条件的要求比其他混凝土坝严格得多。较理想的地质条件是岩石均匀单一,有足够的强度,透水性小,耐久性好;两岸拱座基岩坚固完整,边坡稳定,无大的断裂构造和软弱夹层,能承受由拱端传来的巨大推力而不致产生过大的变形,尤其要避免两岸边坡存在向河床倾斜的节理裂隙或构造。

实际工程中,理想的地质条件是少见的,天然坝址或多或少会存在某些地质缺陷。建坝前需弄清地基地质情况,采取相应合理有效的工程措施进行严格处理。随着拱坝技术水平的提高和基础处理方法的改进,目前国内外已有不少拱坝成功地修建在坝基岩石强度较低或断层、夹层较多或风化破碎较深的不理想坝址上。如中国青海省的龙羊峡重力拱坝,高 178m,坝址区的岩体经多次的构造运动,断裂极为发育,坝区被较大断层或软弱带所切割,经过认真严格的基础处理,工程于 1987 年 9 月开始发电,运行良好。又如贵州乌江渡重力拱坝,坝高 165m,坝基岩溶发育,钻探发现大量溶洞,总体积达 8.2 万 m^3,采用大规模帷幕防渗,帷幕长 1 020m,总面积 18 万 m^2,河床部位帷幕深达 80m,渗漏监测结果表明帷幕防渗效果良好。

3.2.3　拱坝的类型和轴线布置

3.2.3.1　拱坝的类型

拱坝的分类不同于其他坝型,按其固有特征(厚高比、坝体形态)来分,可分为薄拱坝、一般拱坝、厚拱坝(或称重力拱坝)和单曲拱坝、双曲拱坝等。

厚高比是指拱坝最大坝高断面坝底厚度(T_B)和坝高的比值。当 $T_B/H<0.2$ 时,为薄拱坝;$T_B/H=0.2\sim0.35$ 时,为一般拱坝;$T_B/H>0.35$ 时为厚拱坝。

单曲拱坝只在水平截面上呈拱形,而竖向悬臂梁断面的上游面是铅直的。在接近矩形或较宽的梯形断面河谷中,河谷宽度从坝顶到坝底相差不大,各高程拱圈中心角相接近,上游坝面拱弧半径在各高程内保持不变,仅改变下游拱弧半径,以适应随水深变化坝厚相应增厚的需要,这种坝型上游面为铅直的圆筒型,不同高程各拱圈的内外拱弧圆心位于同一条铅直线上,这就形成了定圆心、等半径拱坝(见图 3-7)。如中国 1956 年开始修建的响洪甸水电站就是采用这种型式。

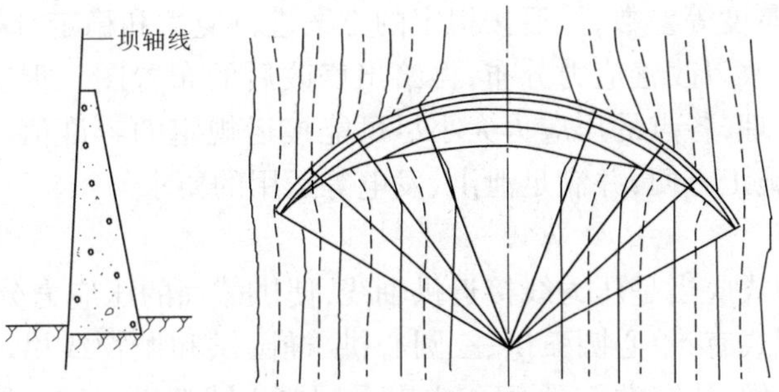

图 3-7　定圆心、等半径拱坝

双曲拱坝在水平和铅直方向上均呈拱形,这样可避免 V 形河谷或上宽下窄河谷采用定半径式拱坝因底部中心角小而产生的拉应力。此时水平拱圈的半径从上(层)到下(层)逐渐减小,中心角不变或作相应变化,当中心角不变时,即形成等中心角变半径双曲拱坝(见图 3-8),常称为定角式拱坝;当中心角随河谷形状或为满足应力要求作相应变化时,即形成变圆心变半径双曲拱坝(见图 3-9)。由于各层的半径和中心角都是变化的,上游面不再是铅直的,而是具有一定的曲率,曲率大小由河谷形状和应力条件经不断布置和计算调整得出。变半径变中心角双曲拱坝更能适应河谷形状的变化。如格鲁吉亚的英古里拱坝($H=271.5$m)、法国的托拉拱坝($H=88$m,$T_B/H=0.022\ 7$)和中国的二滩拱坝($H=240$m)都采用双曲体形。

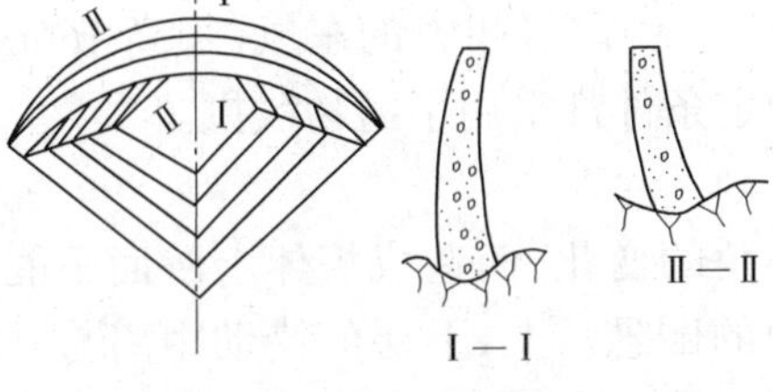

图 3-8　等中心角变半径双曲拱坝

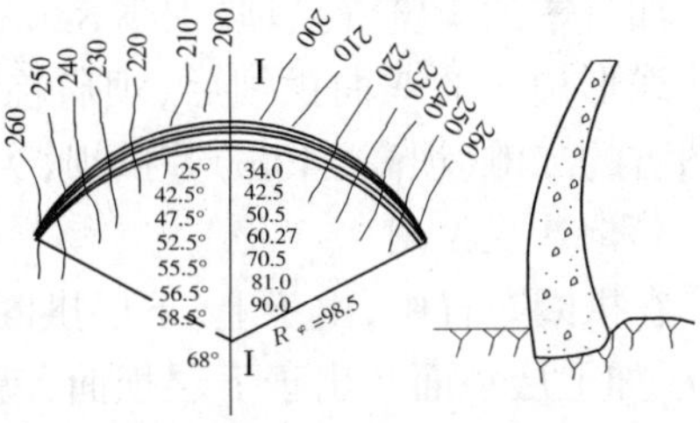

图 3-9　变圆心变半径双曲拱坝(单位:m)

3.2.3.2　拱坝的布置

1)布置原则

拱坝布置需根据具体地形及地质条件,综合考虑枢纽布置、坝肩稳定、坝体应力等要求,经多方案技术经济比较确定。由于拱坝体形比较复杂,剖面形状又随地形、地质情况而变化,因此,拱坝的布置并没有一成不变的固定程序,而且是一个由粗到细反复调整和修改的过程。拱坝坝身的布置原则是:在满足安全和运用要求的条件下,坝体轮廓力求简单,基岩面、坝面变化平顺,避免突变,使坝体材料得到充分发挥,施工方便,节省总工程量。拱端的布置原则是:拱端应嵌入开挖后的坚实基岩内,拱端与基岩的接触面原则上应做成半径向的,使拱端推力接近垂直于拱座面,拱端下游面与可利用岩面线的夹角 $\Phi \geqslant 30°$。

2)布置程序

拱坝布置一般按初步拟定的拱坝断面尺寸进行平面布置,确定各高程拱圈的中心角、半径、圆心位置和厚度等参数,然后按拟定的方案进行应力和稳定分析,通过检查分析,对设计形状作适当修改以改善应力分布,再给出修改后的布置图。重复以上步骤直至使坝体应力分布均匀合理,各点的压应力大小尽可能接近规定的容许值,坝肩稳定性好,坝体混凝土方量较省,施工方便,并满足泄洪、发电等运用的要求。

3)拱圈型式

合理的拱圈型式应当是压力线接近拱轴线,使拱截面的压应力分布趋于均匀。

常用的拱圈型式有:单心圆弧拱、三圆心拱、椭圆拱和抛物线拱。①单心圆弧拱因其设计和施工均较方便,狭窄的 U 形河谷大多采用单心圆弧拱。②三圆心拱是由三段不同半径的圆弧组成的水平拱圈,两侧圆弧的半径可以比中间圆弧半径大,也可以小。两侧半径大时,改变了拱端推力方向,对稳定有利。中间弧段曲率加大,中心角增加,有利于减小中间弧段截面弯矩,这种布置还可以减小坝体倒悬度,有利于施工。中国白山重力拱坝采用三圆心拱应力情况比单心圆弧拱普遍减小约 10%;紧水滩三圆心双曲变厚拱坝比原单心等厚拱坝方案节省混凝土 4.0 万 m^3。两侧半径小时,有利于改善拱端应力,适用于喇叭口明显、坝肩下游侧有较厚岩体维持稳定的情况。③椭圆拱也是一种三心拱,取椭圆短轴一侧的弧线构成的水平拱与三圆心拱的两侧半径大的情形类似。取椭圆长轴一侧的弧线构成的水平拱与三圆心拱两侧半径小的情形相类似,前者应用得较多。目前,采用椭圆拱圈的拱坝,以瑞士 1956 年建成的康特拉(Contra)双曲拱坝为最高,坝高 222m。④抛物线拱是一种更为扁平的变曲率拱,适用于河谷较宽、河谷不对称或两岸开挖较多的特殊地形。如日本的集览寺拱坝,坝高 82m,两岸山头单薄,采用了拱的最大中心角在 75°以下的抛物线形扁拱的双曲拱坝后,坝肩稳定得到了改善。中国贵州省的东风(坝高 166m)和四川省的二滩(坝高 240m)等拱坝,为改善坝肩稳定条件都采用了抛物线拱。

4)倒悬度控制

在拱圈布置中,由于上、下层拱圈半径及中心角的变化,而造成坝体上游面不能保持直立,如上层坝面凸出于下层坝面,就形成了坝面的倒悬。上、下层的错动距离与其间高差之比称之倒悬度(见图 3-8 和图 3-9)。这种倒悬不仅增加了施工上的困难,而且在封拱前,由于自重作用很可能使倒悬的另一侧面产生拉应力甚至开裂,布置时应尽量减小坝面的倒悬度。按一般施工经验,砌石拱坝倒悬度可控制在 1/10～1/6,混凝土拱坝可控制在 1/3 左右。

3.2.4 拱坝的荷载及应力分析

3.2.4.1 拱坝的荷载

作用在拱坝上的荷载有静水压力、动水压力、温度荷载、自重、扬压力、泥沙压力、浪压力、冰压力和地震荷载等。由于拱坝的受力特点,与重力坝相比,坝体自重和扬压力对拱坝应力的影响程度减小,但是,由于拱坝周边通常固接于基岩上,坝体为高次超静定结构,温度变化、地基变形等对坝体应力有显著影响,因此温度荷载是拱坝设计中的主要荷载之一。

温度荷载的大小与封拱温度和气温变化有关,封拱温度的高低对温度荷载的影响很大。封拱前拱坝的温度应力问题属于单独浇注块的温度问题,与重力坝相同;封拱后,拱坝形成整体,当坝体温度高于封拱温度时,即温度升高,拱圈伸长并向上游位移,由此产生的弯矩、剪力的方向与库水位产生的相反,但轴力方向相同。当坝体温度低于封拱温度时,即温度降低,拱圈收缩并向下游位移,由此产生的弯矩、剪力的方向与库水位产生的相同,但轴力方向相反。因此一般情况下,温降对坝体应力不利,温升对坝肩稳定不利。封拱温度的确定,可选用下游坝面的年平均气温和上游坝面的年平均水温作为边界条件,求出其坝体的温度场,据此定出坝体各区的封拱温度。实际工程中,一般选在年平均气温或略低于年平均气温时进行封拱。

3.2.4.2　拱坝应力分析

拱坝是一个空间壳体结构,其几何形状和边界条件都很复杂,难以用严格的理论计算确定坝体的应力状态。在工程设计中,根据问题的侧重点常作一些假定和简化,使计算成果能满足工程需要。拱坝应力分析的常用方法有圆筒法、纯拱法、拱梁分载法(包括多拱多梁法和拱冠梁法)、有限单元法和结构模型试验法等。

1)圆筒法

圆筒法是把拱坝当做是铅直圆筒的一部分,采用圆筒公式进行计算。它是拱坝计算中使用最早、最简单的方法,只适用于承受均匀外水压力的等截面圆弧拱圈,只能粗略地求出径向截面上的均匀应力。它不考虑拱在两岸的嵌固条件,不能计入温度及地基变形的影响,因而不能反应拱坝的真实工作情况。

2)纯拱法

纯拱法假定拱坝由一系列各自独立互不影响的水平拱圈叠合而成,每层拱圈可简化为两端固结的平面拱,用结构力学方法求解拱的应力。该方法虽然可以计入每层拱圈的基础变位、温度、水压力等的作用,但忽略了拱坝的整体作用,求得的拱应力偏大,也不符合拱坝的真实工作情况,但该法计算简便,概念明确,对于在狭窄河谷中修建拱坝,不失为一种简单实用的计算方法。同时,纯拱法也是拱梁分载法的重要组成部分,分配给拱的荷载需要用它来计算水平拱圈的应力。

3)拱梁分载法

拱梁分载法是当前用于拱坝应力分析的基本方法,它把拱坝看成由一系列水平拱圈和铅直梁所组成,荷载由拱和梁共同承担,各承担多少荷载由拱梁交点处变位一致条件决定。荷载分配后,梁按静定结构计算应力,拱按纯拱法计算应力。确定拱梁荷载分配的方法可以用试载法,也可以用计算机求解联立方程组来代替试算。

拱梁分载法包括多拱多梁法和拱冠梁法,前者将拱坝看成由一系列水平拱和一系列铅直梁组成,拱梁荷载分配时需考虑拱、梁每个交点处的变位协调;而后者只取拱冠处一根悬臂梁,根据各层拱圈与拱冠梁交点处径向变位一致的条件求得拱梁荷载分配,且拱圈所分配到的径向荷载从拱冠到拱端为均匀分布,认为拱冠梁两侧梁系的受力情况与拱冠梁一样。由此可见,多拱多梁法可较好反应拱坝的受力情况,但计算工作量较大;而拱冠梁法因仅考虑一根梁,计算工作量较多拱多梁法大大减少,计算精度也相对降低,适用于河谷狭窄和对称的中、小型工程,对大型工程,为减少计算工作量,也可用于可行性研究和初步设计阶段的坝型选择。

4)有限单元法和结构模型试验法

有限单元法和结构模型试验法与重力坝相同。

总之,拱坝作为空间壳体结构,其边界条件和作用荷载都很复杂,尤其是当坝基、坝肩存在复杂的地质构造时,用现有的原理计算求解应力难免存在一定的近似性。因此,中国的混凝土拱坝设计规范规定:拱坝的应力分析一般以拱梁分载法的计算结果作为衡量强度安全的主要指标。对于1、2级建筑物或比较复杂的拱坝,当用拱梁分载法计算不能取得可靠的应力成果时,应进行有限单元法计算或用结构模型试验法加以验证,必要时可用两者同时进行验证。

3.2.5 坝肩稳定分析及地基处理

拱坝结构本身的安全度很高,但必须保证两岸坝肩基岩的稳定。按照现代设计理论修建的拱坝,只要两岸坝肩基岩稳定,拱坝一般不会从坝内或坝基接触面上发生滑动破坏,保持坝肩稳定是拱坝建设中一个非常重要的问题。因此,在完成拱坝平面布置和应力计算之后,需要对坝肩两岸岩体进行抗滑稳定分析。在坝肩稳定分析前,应先进行以下几项工作:①深入了解两岸岩体的工程地质和水文地质勘探资料;②了解岩体结构面及其充填物的岩石力学特性和试验参数;③研究和确定作用在拱座上的空间力系;④研究选择合理的分析方法。

评价坝肩稳定的方法有两类:一类是数值计算法,它包括刚体极限平衡法和有限单元法;另一类是结构模型试验法,它包括线弹性结构应力模型试验和地质力学模型试验。在实际工程中,常用刚体极限平衡法来判断坝肩岩体的稳定性(见图3-10)。该方法假定滑移体为刚体,不考虑其中各部分之间的相对位移;只考虑滑移体上力的平衡,不考虑力矩的平衡,因此计算结果比较粗略。然而其概念明确,方法简便易掌握,已有长期的工程实

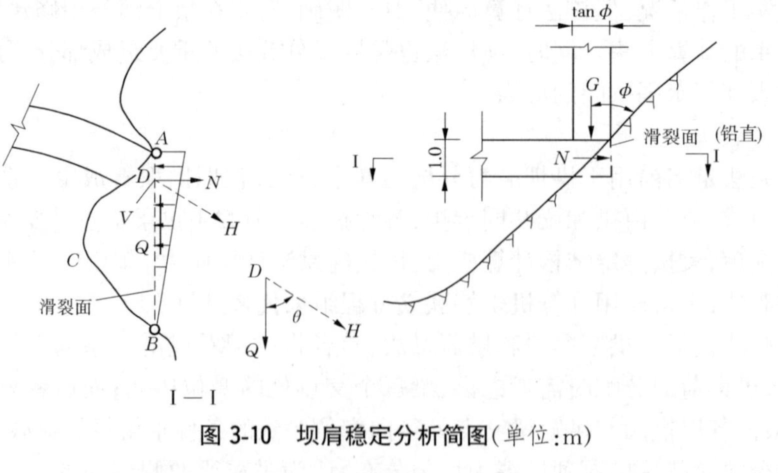

图 3-10 坝肩稳定分析简图(单位:m)

践经验，而且和目前勘测试验所得到的原始数据的精度相比较也是相当的。目前，国内外仍沿用它作为判断坝肩岩体稳定的主要手段。当然对于大型重要工程或复杂的地质情况，应辅以结构模型试验和有限单元分析。

通过拱座稳定分析，如发现不能满足要求，可采取以下改善措施：

(1)加强地基处理，对不利的节理等进行有效的冲洗并进行固结灌浆，必要时可采用预应力锚固措施，以提高其抗剪强度。

(2)加强坝肩岩体的灌浆和排水措施，减少岩体的渗透压力。

(3)将拱端向岸壁深挖嵌进，以扩大下游的抗滑岩体，也可避开不利的滑裂面。这种做法对增加拱座的稳定性较有效。

(4)改进拱圈设计，如采用三心圆拱、抛物线拱等形式，使拱端推力尽可能趋向正交于岸坡。

(5)如拱端基岩承载能力较差，可局部扩大拱端或设置推力墩等。

§3.3　土石坝

土石坝是由当地土料、石料或土石混合料填筑而成的坝，又称当地材料坝。土石坝是历史最为悠久、应用最为广泛的一种坝型。随着大型土石方施工机械、岩土理论和计算技术的发展，由于缩短了建坝工期，放宽了筑坝材料的使用范围，土石坝成为当今世界坝工建设中发展最快的一种坝型。据统计，至20世纪80年代末期，世界上兴建的百米以上高坝中，土石坝的比例已达75%以上。目前，世界上最高的大坝——塔吉克斯坦的罗贡坝(坝高335m)就是土石坝。中国已建的黄河小浪底水库(坝高154m)、红水河天生桥一级水电站(坝高178m)和正在建设的清江水布垭水电站(坝高241m)，均为土石坝。

3.3.1　土石坝的特点与类型

3.3.1.1　土石坝的特点

土石坝在实践中之所以能被广泛采用并得到不断发展，与其自身的优越性是密不可分的。同混凝土坝相比，它的优点主要体现在以下几方面：

(1)筑坝材料来源直接、方便，能就地取材，材料运输成本低，还能节省大量的钢材、水泥和木材等建筑材料。

(2)适应地基变形的能力强。土石坝为土料或石料填筑的散粒结构，能较好地适应地基的变形，对地基的要求在各种坝型中是最低的。

(3)构造简单，施工技术容易掌握，便于组织机械化施工。

(4)运用管理方便，工作可靠，寿命长，维修加固和扩建均较容易。

同其他的坝型类似，土石坝自身也有其不足的一面，主要体现在以下几方面：

(1)坝顶不能溢流。受散粒体材料整体强度的限制，土石坝坝身通常不允许过流，因此需在坝外单独设置泄水建筑物。

(2)施工导流不如混凝土坝方便，因而相应地增加了工程造价。

(3)坝体填筑工程量大，且土料填筑质量受气候条件的影响较大。

3.3.1.2 土石坝的工作条件和设计要求

1)土石坝的工作条件

(1)渗流影响。由于土石料颗粒间孔隙率较大,坝体挡水后,在水位差作用下,库水会经过坝身、坝基和岸坡处向下游渗漏。在渗流影响下,如果渗透坡降大于土体的允许坡降,会产生渗透变形;渗流使浸润线以下土体的有效重量降低,内摩擦角和黏聚力减小;渗透水压力对坝体稳定不利。

(2)冲刷影响。一方面,雨水自坡面流至坡脚,会对坝坡造成冲刷,还可能渗入坝身内部,降低坝体的稳定性。另一方面,库内波浪对坝面也将产生冲击和淘刷作用。

(3)沉陷影响。由于坝体及坝基土体的孔隙率较大,在自重和外荷载作用下,因压缩而产生坝体沉陷。如沉陷量过大会造成坝顶高程不足;过大的不均匀沉陷会导致坝体开裂或使防渗体结构遭到破坏。

(4)其他影响。除了上面提及的影响外,还有其他一些不利因素,如:气候变化引起冻融和干裂,地震引起坝体失稳和液化,动物(如白蚁、獾子等)在坝身内筑造洞穴而形成集中渗流通道,等等。

2)土石坝设计的一般要求

根据土石坝的特点和工作条件,在土石坝设计中必须满足如下要求:

(1)坝体和坝基在施工期及各种运行条件下都应当是稳定的。设计时需要合理地确定坝体基本剖面尺寸和施工填筑质量要求,采取有效的地基处理措施等。国内外土石坝的失事约有 1/4 是由滑坡造成的。

(2)土石坝通常不允许坝顶过流。设计时首先应保证泄水建筑物具有足够的泄洪能力,能满足规定的运用条件和要求;另外需合理确定波浪要素,充分估计坝体沉陷量,并预留足够的超高。根据对国内外土石坝事故资料分析,因库水漫顶而导致的大坝失事约占大坝失事的 30%。

(3)设置良好的防渗及排水设施以控制渗流。设计时应根据“上堵下排”的原则,确定合理的防渗体型式,加强坝体与坝基、岸坡及其他建筑物连接处的防渗效果,布置有效的排水及反滤设施,确保工程施工质量,避免大坝发生渗流破坏。

(4)对坝顶和边坡采取适当的防护措施,防止波浪、冰冻、暴雨及气温变化等不利的自然因素对坝体的破坏作用。

(5)合理进行大坝安全监控系统设计,布置观测设备,监控大坝的安全运行。

3.3.1.3 土石坝的类型

土石坝的类型很多。按坝体高度可分为高坝、中坝和低坝,其中低坝的高度为 30m 以下,中坝的高度为 30～70m,高坝的高度为 70m 以上。按施工方法可分为碾压式土石坝、抛填式土石坝、水力冲填坝和定向爆破堆石坝等,其中应用最为广泛的是碾压式土石坝。按土料在坝体中的配置和防渗体所用的材料又可分为均质坝、分区坝和人工防渗材料坝等。

1)均质坝

均质坝的坝体主要由一种材料组成,同时起防渗和稳定作用,不再另设专门的防渗体,如图 3-11(a)所示。均质坝结构简单,施工方便,当坝址附近有合适的土料且坝高不大时可优先采用。

2)分区坝

分区坝与均质坝不同,分区坝在坝体中设置专门起防渗作用的防渗体。采用透水性较大、抗剪强度较高的砂石料作为坝壳,防渗体多采用防渗性能好的黏性土,其位置设在坝体中间的称为心墙坝,如图3-11(b)、(c)所示;或稍向上游倾斜的称为斜心墙坝,如图3-11(d)所示;将防渗体设在坝体上游面的或接近上游面的称为斜墙坝,如图3-11(e)、(f)、(g)所示。心墙坝由于心墙设在坝体中部,施工时要求心墙与坝体大体同时填筑,因而相互干扰大,影响施工进度;斜墙坝的斜墙支承在坝体上游面,施工干扰小,但斜墙坝的抗震性能和适应不均匀沉陷的能力不如心墙坝。

3)人工防渗材料坝

人工防渗材料坝的防渗体采用混凝土、沥青混凝土、钢筋混凝土、土工膜或其他人工材料制成,其余部分用土石料填筑而成。其中防渗体在上游面的称为斜墙坝(或面板坝),如图3-11(h)所示;防渗体在坝体中央的称为心墙坝,如图3-11(i)所示。

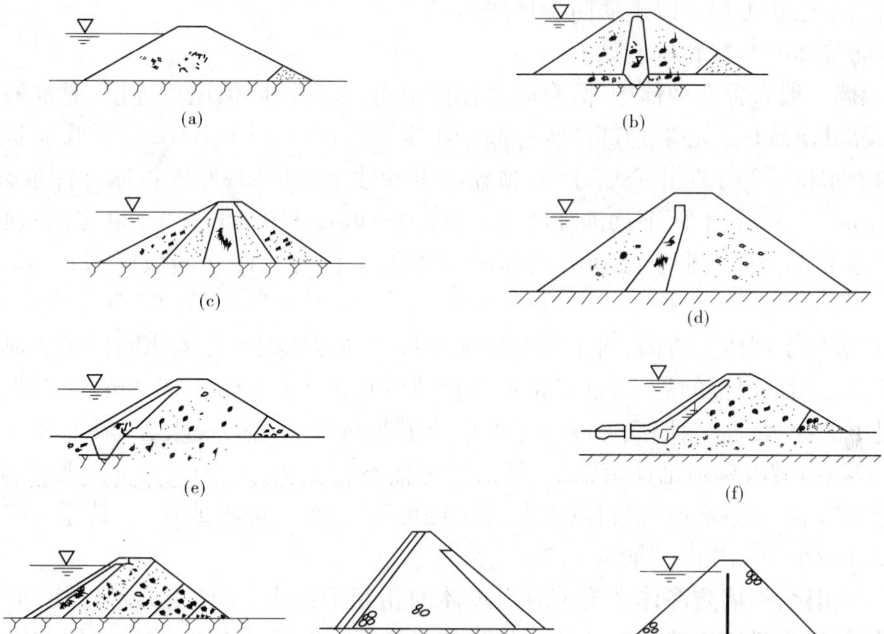

图3-11　碾压式土石坝的类型

(a)均质坝;(b)、(c)心墙坝;(d)斜心墙坝;(e)、(f)、(g)斜墙坝;
(h)人工防渗材料面板坝;(i)人工防渗材料心墙坝

3.3.2 土石坝的组成和基本剖面

3.3.2.1 土石坝的组成及作用

土石坝的坝体剖面由坝身、防渗体、排水体、护坡四部分组成。

1)坝身

坝身是土石坝的主体,坝坡的稳定主要靠坝身来维持,并对防渗体起到保护作用。坝身土料应采用抗剪强度较高的土料,以减少坝体的工程量;当坝身土料为壤土时,由于其渗透系数较小,可以不再另设防渗体而成为均质坝。

2)防渗体

防渗体是土石坝的重要组成部分,其作用是防渗,必须满足降低坝体浸润线、降低渗透坡降和控制渗流量的要求,另外还需满足结构和施工上的要求。常见的防渗体型式有心墙、斜墙、斜墙+铺盖、心墙+截水墙、斜墙+截水墙等。

土石坝的防渗体包括土质防渗体和人工材料防渗体(沥青混凝土、钢筋混凝土、复合土工膜),其中已建工程中以土质防渗体居多。

各种防渗体的布置和构造如下:

(1)心墙一般布置在坝体中部,有时稍偏向上游,以便同防浪墙相连接,通常采用透水性很小的黏性土筑成。心墙顶部高程应高于正常蓄水位 0.3~0.6m ,且不低于非常运用情况下的静水位。为了防止心墙冻裂,顶部应设砂性土保护层,厚度按冰冻深度确定,且不小于 1.0m。心墙自上而下逐渐加厚,两侧边坡一般在 1:0.15~1:0.30 之间;顶部厚度按构造和施工要求常不小于 2.0m;底部厚度根据土料的允许渗透坡降来定,应不小于 3m。

(2)斜墙位于坝体上游面,对土料的要求及尺寸确定原则与心墙相同。斜墙顶部高程应高于正常运用情况下的静水位(正常蓄水位或设计洪水位) 0.6~0.8m,且不低于非常运用情况下的静水位。斜墙底部的水平厚度应满足抗渗稳定的要求,一般不宜小于水头的 1/5。斜墙上游坡应满足稳定要求,其内坡一般不陡于 1:2。为了防止斜墙遭受冲刷、冰冻和干裂影响,上游面应设置保护层,保护层可采用砂砾、卵石或块石,其厚度应不小于冰冻深度且不小于 1.0m,一般取 1.5~2.5m。

同心墙相比,斜墙防渗体在施工时与坝体的相互干扰小,坝体上升速度快;但斜墙上游坡缓,填筑工程量比心墙大。此外,斜墙斜"躺"在坝体上,对坝体沉陷变形的影响较敏感,易产生裂缝,抗震性能亦不如心墙。

为了克服心墙坝可能产生的拱效应和斜墙坝对变形敏感等问题,有时将心墙设在坝体中央向上游倾斜,成为斜心墙。

(3)用混凝土作防渗体,其抗渗性能较好,但由于其刚度较大,常常因与坝体及坝基间变形不协调而发生裂缝。为降低混凝土的弹性模量,可在集料中加入沥青,成为沥青混凝土,这样可有效地改善混凝土的性能,使之具有较好的柔性和塑性,又可降低防渗体造价,且施工简单,因而在工程中得到了广泛的应用。

(4)土工膜是土工合成材料的一种,包括聚乙烯、聚氯乙烯、氯化聚乙烯等。土工膜具有很好的物理、力学和水力学特性,其渗透系数一般都小于 10^{-12}~10^{-8}cm/s,高密度聚乙烯薄板的渗透系数可以小于 10^{-13}cm/s，具有很好的防渗性。对 2 级及其以下的低坝，经论证可采用土工膜代替黏土、混凝土或沥青等，作为坝体的防渗体材料。在土工膜的单侧或两侧热合织物的复合材料称为复合土工膜。复合土工膜既可防止膜在受力时被石块棱角刺穿顶破，也可代替砂砾石等材料起反滤和排水作用。复合土工膜适应坝体变形的能力较强，作为坝体的防渗材料，它可设于坝体上游面，也可设在坝体中央充当坝的防渗体。利用土工膜作为坝体防渗材料，可以降低工程造价，而且施工方便快速，不受气候影响。

3）排水设备

土石坝设置坝身排水的目的主要有以下几点：①降低坝体浸润线及孔隙压力，改变渗流方向，增加坝体稳定；②防止渗流逸出处的渗透变形，保护坝坡和坝基；③防止下游波浪对坝坡的冲刷及冻胀破坏，起到保护下游坝坡的作用。常见的排水型式有棱体排水、贴坡排水、褥垫排水和综合式排水等。

（1）棱体排水。棱体排水（见图 3-12(a)）是在坝趾处用块石填筑堆石棱体，多用于下游有水和石料丰富的情况。这种型式排水效果好，除了能降低坝体浸润线防止渗透变形外，还可支撑坝体、增加坝体的稳定性和保护下游坝脚免遭淘刷。在排水棱体与坝体及坝基之间需设反滤层。

（2）贴坡排水。贴坡排水（见图 3-12(b)）又称表层排水，是在坝体下游坝坡一定范围内设置 1～2 层堆石。它不能降低浸润线，但能提高坝坡的抗渗稳定性和抗冲刷能力。这种排水结构简单，便于维修。贴坡排水的厚度（包括反滤层）应大于冰冻深度。顶部应高于浸润线的逸出点和下游最高壅水位，并满足抗冻要求。贴坡排水底脚处需设置排水沟或排水体，其深度应能满足在水面结冰后，排水沟（或排水体）的下部仍具有足够的排水断面的要求。

（3）褥垫排水。这种型式的排水体伸入坝体内部，并能有效地降低坝体浸润线，但对增加下游坝坡的稳定性作用不明显，常用于下游水位较低或无水的情况。褥垫排水伸入坝体的长度由渗透坡降确定，一般不超过 1/4～1/3 坝底宽度，褥垫厚度一般为 0.4～0.5m，使用较均匀的块石，四周需设置反滤层以满足排水反滤要求。褥垫排水如图 3-12(c)所示。

（4）组合式排水。在实际工程中，常根据具体情况将上述几种排水型式组合在一起，组合式排水兼有各种单一排水型式的优点，如图 3-12(d)、(e)、(f) 所示。

4）护坡

为保护土石坝坝坡免受波浪淘刷、冰层和漂浮物的损害、降雨冲刷，防止坝体土料发生冻结、膨胀和收缩以及人畜破坏等，需设置护坡结构。土石坝护坡结构要求坚固耐久，能够抵抗各种不利因素对坝坡的破坏作用，还应尽量就地取材，方便施工和维修。上游护坡常采用堆石、干砌石或浆砌石、混凝土或钢筋混凝土、沥青混凝土等型式。下游护坡要求略低，可采用草皮、干砌石、堆石等型式。

土石坝护坡的范围，对上游面应由坝顶护至最低水位以下一定距离，一般取为 2.5m 左右；对下游面应自坝顶护至排水设备，无排水设备或采用褥垫式排水时则需护至坡脚。

（1）堆石护坡。堆石护坡不需人工铺砌，将适当尺寸的石块直接倾倒在坝面垫层上。堆石应具有足够的强度，其厚度一般为 0.5～0.9m，底部还需设不小于 0.4～0.5m 厚的

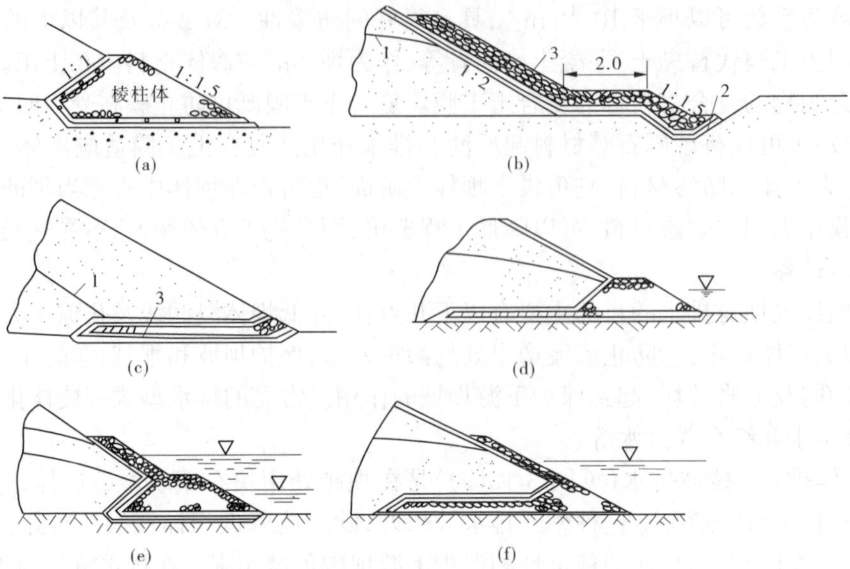

图 3-12　土石坝坝体排水设施主要型式(单位:m)

(a)棱体排水;(b)贴坡排水;(c)褥垫排水;(d)、(e)、(f)组合式排水

1—浸润线;2—排水沟;3—反滤层

砂砾石垫层。堆石护坡多用于石料丰富的地区。

(2)砌石护坡。砌石护坡要求石料比较坚硬并且耐风化,可采用干砌或浆砌两种方法由人工铺砌,如图 3-13 所示。砌石应力求嵌紧,石块大小和铺砌厚度应根据波浪大小计算确定。通常干砌石厚度为 0.2～0.6m,底部设 0.15～0.25m 厚的垫层,当有反滤要求时,垫层应适当加厚并按反滤要求设计。浆砌石护坡厚度一般为 0.25～0.4m,另需预留一定数量的排水孔,并每隔 2～4m 设置变形缝以防止发生裂缝。

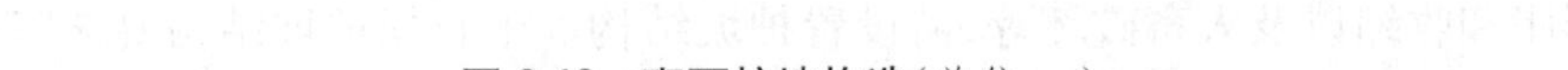

图 3-13　砌石护坡构造(单位:m)

(a)马道;(b)护坡坡脚

(3)其他型式的护坡。当筑坝地区缺乏石料时,可采用混凝土或钢筋混凝土护坡。混凝土板厚一般为 0.15～0.2m,可采用现浇或预制方式,板下设砂砾石、砾石或土工织物垫层。

将粗砂、中砂、细砂掺入 7%～15% 的水泥,做成水泥土护坡,其防冲能力和柔性较好。水泥土护坡需设置排水孔,底部与土体之间也应设置垫层。

土石坝的下游坡一般可用0.1～0.15m厚的碎石和砾石护坡。当气候条件适宜时，还可采用草皮护坡。

3.3.3　土石坝的渗流及稳定

3.3.3.1　渗流分析

土石坝挡水后，在上下游水位差作用下，水流将通过坝体和坝基自高水位侧向低水位侧运动，在坝体和地基内产生渗流，坝体内渗透水流的自由水面称为浸润面，浸润面与坝体剖面的交线称为浸润线。

土石坝渗流分析的目的有以下几点：

(1)确定坝体浸润线和下游逸出点位置，绘制坝体及地基内的等势线分布图或流网图，为坝体稳定核算、应力应变分析和排水设备的选择提供依据。

(2)计算坝体和坝基渗流量，以便估算水库的渗漏损失和确定坝体排水设备的尺寸。

(3)确定坝坡逸出段和下游地基表面的逸出比降，以及不同土层之间的渗透比降，以判断该处的渗透稳定性。

(4)确定库水位降落时上游坝壳内自由水面的位置，估算由此产生的孔隙压力，供上游坝坡稳定分析使用，并根据这些分析成果，对初步拟定的坝体断面进行修改。

土石坝渗流是个非常复杂的空间问题，在对河谷较宽、坝轴线较长的河床部位，常简化为平面问题来分析。其分析方法主要有：流体力学法、水力学法、流网法、试验法和数值解法。流体力学法只有在边界条件非常简单的情况下才有解答。水力学法是在一些假定基础上的近似解法，其计算简单，能满足工程精度要求，所以在实践中被广泛采用。流网法是通过流网求解渗流场内各点的渗流要素，流网可由手绘和试验得出。近年来，随着计算机的快速发展，数值解法在渗流分析中得到了广泛的应用，对于复杂和重要的工程，多采用数值解法来分析。

3.3.3.2　渗透变形

在渗透水流的物理或化学作用下，土石坝坝身及地基中的土体颗粒流失，土壤发生局部破坏的现象，称为渗透变形。渗透变形的型式及其发生、发展过程，与土料性质、土粒级配、水流条件以及防渗、排水措施等因素有关，一般有管涌、流土、接触冲刷和接触流失等类型。工程中以管涌和流土最为常见。

1)管涌

坝体或坝基中的无黏性土细颗粒被渗透水流带走并逐步形成渗流通道的现象称为管涌。管涌多发生在坝的下游坡或闸坝下游地基表面的渗流逸出处。黏性土因颗粒之间存在凝聚力且渗透系数较小，所以一般不易发生管涌破坏；而在缺乏中间粒径的非黏性土中极易发生管涌破坏。

2)流土

在渗流作用下产生的土体浮动或流失现象，称为流土；发生流土时土体表面发生隆起、断裂或剥落。它主要发生在黏性土及均匀非黏性土体的渗流出口处。

3)接触冲刷

当渗流沿着两种不同土层的接触面流动时，沿层面带走细颗粒的现象称为接触冲刷。

4)接触流失

当渗流垂直于渗透系数相差较大的两相邻土层的接触面流动时,把渗透系数较小土层中的细颗粒带入渗透系数较大的另一土层中的现象,称为接触流失。

据统计,国内土石坝由于渗透变形造成的大坝失事约占失事总数的45%。

3.3.3.3 土石坝稳定分析

土石坝的坝体边坡较缓,剖面肥大,一般不存在整体滑动问题。由于土体抗剪强度指标比较低,如果剖面尺寸不当,就会在一些不利荷载组合下,发生坝体或坝体连同部分坝基一起局部滑动的现象,造成失稳。另外,当坝基内有软弱夹层时,也可能发生塑性流动,影响坝的稳定。

进行土石坝稳定计算的目的是保证坝体在自重、各种情况下的孔隙压力和外荷载作用下,具有足够的稳定性,不致发生通过坝体或坝体连同地基的滑动破坏。

进行土石坝稳定分析时,首先应假定滑动面的形状。土石坝滑坡的型式与坝体结构、筑坝材料、地基性质以及坝的工作条件等密切相关,常见的滑动破坏型式有曲线滑动面(圆弧滑动面)、折线滑动面和复合滑动面。

(1)当滑动面通过黏性土部位时,其形状通常为一顶部陡而底部渐缓的曲面,在稳定分析中多以圆弧代替。曲线滑动面(圆弧滑动面)常发生于均质坝、厚心墙坝的上下游坝坡,见图3-14(a)、(b)。其坝坡稳定分析方法多采用圆弧滑动法。规范给出的圆弧滑动法的计算公式有两种:一是不考虑条块间作用力的瑞典圆弧法,该计算结果偏于保守;二是考虑条块间作用力的毕肖普法,计算时若假定相邻土条界面上切向力为零,即只考虑条块间的水平作用力,就是简化毕肖普法。

(2)对于非黏性土坝坡,其滑动面为折线滑动面。如心墙坝坝坡、斜墙坝的下游坝坡以及斜墙上游保护层连同斜墙一起滑动时,常形成折线滑动面,见图3-14(c)、(d)。其稳定分析可采用折线滑动法(滑楔法)进行计算。

(3)复合滑动面产生于厚心墙或由黏土及非黏性土构成的多种土质坝之中,特别是当坝基内有软弱夹层时,因其抗剪强度低,滑动面不再往下深切,而是沿该夹层形成曲、直面组合的复合滑动面,见图3-14(e)、(f)。其稳定分析可采用复合滑动法。

3.3.3.4 土石坝的沉陷问题

土体是由土粒、空气、水三部分组成。在上部荷载作用下,坝基及坝体土孔隙中的水逐渐排出,孔隙缩小,土体被压实,这个过程称为固结。饱和土体的固结过程则是土体中孔隙水逐渐排出的过程。孔隙水排出快慢与土体的渗透性能有关,黏性土渗透系数小、排水慢,固结需要的时间较长,而砂性土则快于黏性土。

排水或固结均会使坝体和坝基产生沉陷,沉陷量的大小决定于土体的密实程度、土层厚度、土体的渗透性能和上部荷载的大小。坝基土层越厚、修建的坝体越高,其沉陷量就越大;土体渗透越小,土体固结和沉陷持续的时间越长。坝基若是砂性土壤,大部分的沉陷将在施工期间完成,对工程影响不大;如果坝基中有较厚的可压缩土层(黏土、黏壤土、淤泥),而且透水性又很小,则大部分沉陷将发生在竣工之后。较大的不均匀沉陷会使坝体产生裂缝,甚至危及大坝的安全。因此,设计时应进行沉陷量分析;施工时要预留坝高,防止坝顶高程不足而发生洪水漫顶。

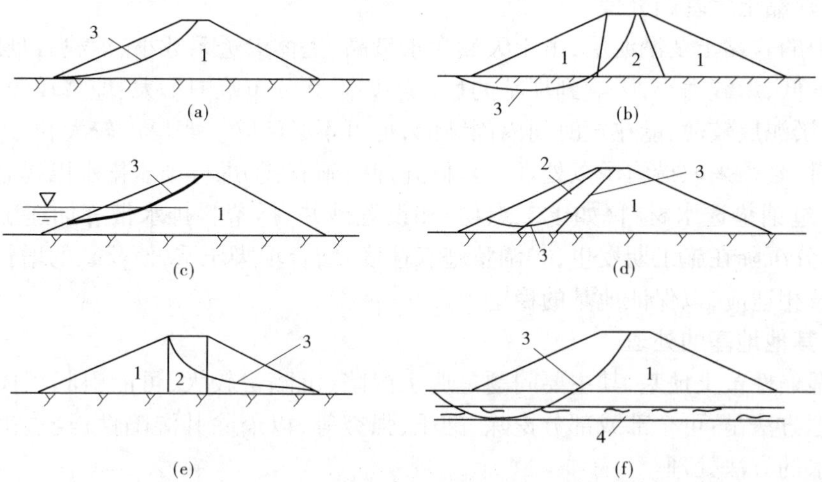

图3-14　土石坝滑动破坏面的形状

(a)、(b)圆弧滑动面;(c)、(d)折线滑动面;(e)、(f)复合滑动面

1—坝体;2—防渗体;3—滑动面;4—坝基软弱夹层

3.3.4　土石坝地基处理

土石坝是由散粒材料填筑而成,对地基变形的适应性比混凝土坝好。进行地基处理的目的主要是为了满足渗流控制(包括渗透稳定和控制渗流量)、坝坡稳定以及容许沉降量等方面的要求,以保证坝的安全运行。

土石坝既可建在岩基上,也可建在土基上。总的来说,土石坝进行地基处理在强度和变形方面的要求要比混凝土坝低,而在防渗方面的要求则与混凝土坝基本相同。下面以三种典型地基为例介绍土石坝地基处理的基本方法。

3.3.4.1　砂卵石地基的处理

土石坝修建在砂卵石地基上时,地基的承载力通常是足够的,而且地基因压缩产生的沉降量一般也不大。总的来说,对砂卵石地基的处理主要是解决防渗问题,通过采取“上堵”、“下排”相结合的措施,达到控制地基渗流的目的。

土石坝渗流控制的基本方式有垂直防渗、水平防渗和排水减压等。前两者体现了“上堵”的基本原则,后者则体现了“下排”的基本原则。垂直防渗常采取黏性土截水槽、混凝土防渗墙、水泥黏土灌浆帷幕、高压喷射灌浆等基本型式,水平防渗常用防渗铺盖。

坝基垂直防渗设施宜设在坝体防渗体底部位置,对均质坝来说,则可设于距上游坝脚1/3～1/2坝底宽度处。垂直防渗设施能可靠而有效地截断坝基渗透水流,解决坝基防渗问题在技术条件可能而又经济合理时,应优先采用。

如果在透水地基表层存在黏性土层时,由于渗流出口排水不畅,使渗透压力增加,有可能引起坝基发生渗透破坏,影响坝体的稳定。可在下游坝基设置排水减压设施。坝基排水设施有水平排水层、反滤排水沟、排水减压井和透水盖重等型式。

3.3.4.2 软黏土地基的处理

地基中的软黏土及淤泥层,由于天然含水量高、土体渗透系数小、承载后难以固结,因此抗剪强度低、承载力小,影响到坝基的稳定。如果其分布范围不大、埋藏较浅,宜将其全部挖除;如淤泥层较薄,能在短时间内固结的,也可不必清除。当厚度较大和分布较广,且难以挖除时,必须采取措施予以处理。具体处理措施有:①进行预压排水以提高强度和承载力;②通过铺垫透水材料(如土工织物)和设置砂井、插塑料排水带等加速土体排水固结,使大部分沉降在施工期发生;③调整施工速度,结合坝脚压重,使荷载的增长与地基土强度的增长相适应,以保证地基的稳定。

3.3.4.3 其他地基的处理

对于湿陷性黄土地基,其主要问题是遇水湿陷、沉陷量较大,可能引起坝体的失稳和开裂。处理方法是:可全部或部分挖除、翻压、强夯等,以消除其湿陷性;经过论证也可采用预先浸水的方法处理。

对于饱和的疏松砂土及无黏性土,在地震等动力荷载的作用下,土壤颗粒有振密的趋势,但此时土体孔隙全部被水充满,从而引起孔隙水压力增加;由于土体的渗透小,孔隙水不能及时排出,上升的孔隙水压力来不及消散,因而使土的有效压力减少,抗剪强度降低;随着孔隙水压力不断上升,最终使土体的有效应力变为零,孔隙水出现流动状态,达到完全液化。

由此可见,此类地基的处理关键是防止土体液化问题。处理方法是尽量采取挖除或换土措施,当挖除比较困难或很不经济时,可采取加密及排水措施。对于浅层疏松砂土及少黏性土宜用表面振动压密;对于深层则采用振冲、强夯等方法加密;还可以结合振冲处理设置砂石桩,加强坝基排水,以及采取盖重等防护措施。

3.3.5 碾压式混凝土坝及面板堆石坝

3.3.5.1 碾压式混凝土坝

碾压式混凝土坝是用水泥含量比较低的超干硬性混凝土经碾压建成的混凝土坝。它从根本上改变了常规混凝土的浇捣方法,是将土石坝碾压设备和技术应用于混凝土坝施工的一种新坝型。与常规混凝土坝相比,其主要优点是:

(1)施工工艺程序简单,可快速施工,缩短工期,提前发挥工程效益。

(2)胶凝材料(水泥+粉煤灰+矿渣等)用量少,一般在120~160kg/m^3,其中水泥用量一般为60~90kg/m^3。

(3)由于水泥用量少,结合薄层大仓面施工,坝体内部混凝土的水化热减小,散热面大,温升可大大降低,从而简化了温控措施。

(4)不设纵缝,节省了模板及接缝灌浆等费用。

(5)可适用大型通用施工机械设备,提高混凝土运输和填筑工效。

(6)降低工程造价。

碾压式混凝土坝的剖面设计在体型上应该力求简单,便于施工。坝顶最小宽度为5m,上游坝面宜采用铅直面或斜面,应尽量避免折面。

抗滑稳定分析的计算内容应包括沿坝基面和基础深层的抗滑稳定计算。当坝体不设置横缝时，应计算整体抗滑稳定。碾压式混凝土坝抗滑稳定分析方法与常态混凝土坝相同，水力计算、强度分析与常态混凝土坝也相同，但在材料、构造与施工工艺等方面需要适应碾压式混凝土坝的特点。

为了保证坝体的抗渗、抗冻、抗冲、耐磨等性能要求，一般在坝基、上下游面及坝顶部位仍采用常态混凝土，内部用碾压混凝土，即所谓的“金包银”结构，见图3-15。坝体上游面2～3m范围内采用常态混凝土做防渗体，为减少温度应力和防止不均匀沉降，防渗体也要设置横缝，与坝体的横缝相通，缝内设置止水。当采用富胶凝材料碾压混凝土做防渗层时，其厚度和抗渗等级应满足坝体的防渗要求。

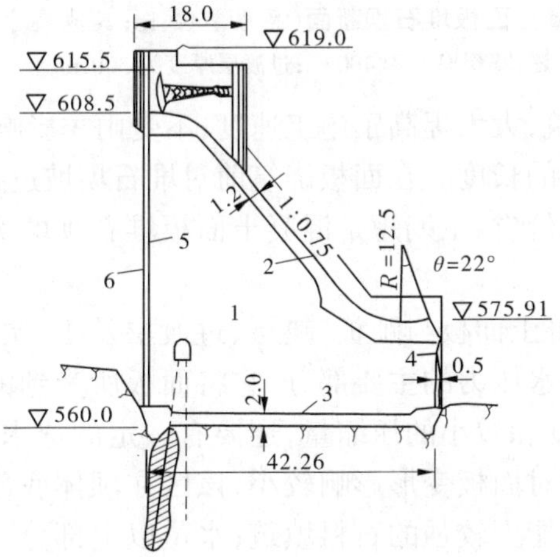

图3-15　坑口碾压混凝土坝横剖面(单位:m)

1—碾压混凝土；2—钢筋混凝土；3—常规混凝土；
4—预制混凝土土板；5—沥青砂浆防渗层；6—预制钢筋混凝土板

由于碾压式混凝土坝采用通仓碾压，故一般不设纵缝。但为了适应温度伸缩和地基不均匀沉降，仍应设置横缝，间距一般为15～20m。坝体排水管可设置在防渗层的下游侧。为了减少施工干扰，增大施工作业面，坝内廊道的层数可适当减少，构造应尽可能简化。

施工时，表层常规混凝土与内部混凝土同步上升。碾压混凝土分层摊铺，每层厚为30cm。碾压后间隔一定时间，先进行层面处理，然后再填筑上层。

由于碾压混凝土坝具有施工简单、速度快、工期短、投资省等优点，近20年来有长足的发展。据统计，与常规混凝土坝相比，投资可节省15%～30%，国外有的超过50%；总工期可缩短10%～30%。随着科学水平的不断提高和经验的积累，今后碾压混凝土坝从数量到规模必将得到更快的发展。

3.3.5.2　混凝土面板堆石坝

混凝土面板堆石坝是以堆石体为支承结构，采用混凝土面板作为坝的防渗体，并将其设置在堆石体上游面，如图3-16所示。

混凝土面板堆石坝的优点是：混凝土面板堆石坝的坝坡较陡(一般为1∶1.3～1∶1.4)，可比混凝土斜墙堆石坝节省较多的工程量；防渗面板与堆石体施工没有干扰，混

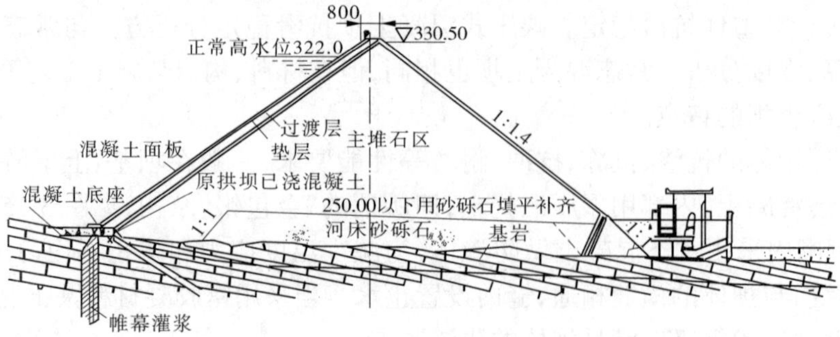

图 3-16　混凝土面板堆石坝断面(高程单位:m;其他尺寸单位:cm)

注:垫层厚度为 400cm;过渡层厚度为 300cm。

凝土面板可用滑动模板浇筑,大大提高了施工速度;不受雨季影响。同时,由于坝坡陡,坝底宽度小,可缩短坝内埋管的长度。在面板浇筑前对堆石坝坡进行适当保护后,可宣泄部分施工期的洪水。因此,造价省、工期短是混凝土面板堆石坝的突出优点,近年来其得到了快速发展。

面板堆石坝剖面由混凝土面板与趾板、垫层、过渡层及主、次堆石区等组成。主堆石区是面板坝的主体,是承受水压力的主要部分,它将面板所受到的水压力传递到地基,该区石料既要具有足够的强度和较小的压缩量,还要有一定的透水性和耐久性。次堆石区承受水荷载较小,其压缩性对面板变形影响较小,该区在坝体底部下游水位以下部分,应采用能自由排水的、抗风化能力较强的石料填筑;水位以上部分,可以采用较低的压实标准,或质量较差的石料,如各种软岩料、风化石料等。

混凝土面板是坝体的重要防渗设施,支承在压实的碎石垫层上,并将水压力传递给堆石坝体。趾板的主要作用是:将坝身防渗体与地基防渗结构紧密结合起来,提供地基灌浆的压重,同时也可作为面板底部的支撑和面板滑模施工的起始点。

垫层直接位于面板之下,其主要作用是:支撑面板将作用于面板上的库水压力较均匀地传给堆石体,同时又缓和其下游堆石体变形对面板的影响,以改善面板内部的应力状态。过渡区层介于垫层和主堆石区之间,起过渡作用,材料的粒径、级配和密实度要介于两者之间。由于垫层很薄,过渡区实际上是与垫层共同担负面板传力作用。此外,当面板开裂或止水失效而漏水时,过渡区还具有防止垫层内细颗粒流失的反滤作用,并保持自身的抗渗稳定性。

由于面板堆石坝的防渗面板设于坝体上游面,其后堆石体透水性大,因而堆石体内浸润线很低,不存在水的渗透压力和孔隙水压力等问题。

混凝土面板堆石坝的稳定分析通常可采用折线法,通过试算求出最危险滑动面及最小安全系数,其计算方法同土石坝。计算所得坝坡抗滑稳定安全系数需满足规范要求。

对于高坝或地形地质条件复杂的坝,可采用有限单元分析方法,对混凝土面板及坝体进行应力和变形分析;对于低坝,可用经验方法估算其变形。

第 4 章　泄水建筑物

§4.1　泄水建筑物的分类与作用

一般来说,任何一个水库的库容都有一定的限度,不能将全部洪水都拦蓄在水库内,超过水库调蓄能力的洪水必须泄放到下游,限制库水位不超过规定的高程,以确保大坝及其他挡水建筑物的安全。

4.1.1　泄水建筑物的分类

4.1.1.1　按功能分类

泄水建筑物按其功能可分为以下三类:

(1)泄洪建筑物。泄水建筑物用来宣泄规划确定的库容所不能容纳的洪水,如溢洪道和泄水隧洞等。

(2)泄水孔(或放水孔)。泄水孔用来放泄一定的流量供给下游的需要;检修枢纽建筑物时放空水库;在洪水期兼泄一部分洪水,同时还可冲淤。

(3)施工泄水道。施工泄水道用来宣泄施工期的流量。

4.1.1.2　按泄水方式分类

泄水建筑物按泄水方式可分为以下五类:

(1)坝顶溢流式。将溢流孔设于坝顶,泄洪时水流以自由堰流的方式过坝(见图 4-1)。

(2)大孔口溢流式。降低堰顶高程,上部采用胸墙挡水(见图 4-2)。

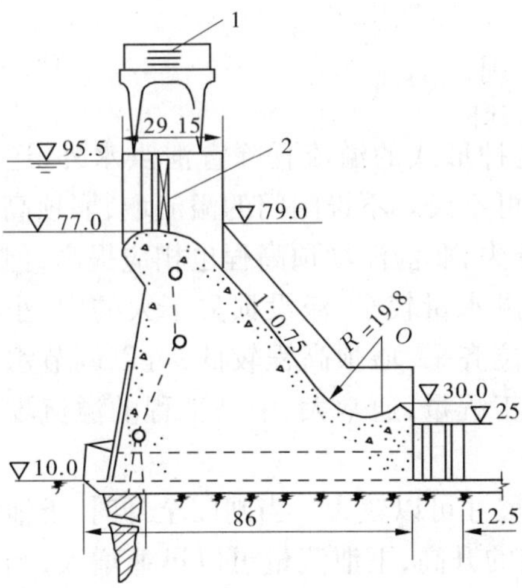

图 4-1　坝顶溢流式(单位:m)

1—350t 门机;2—工作闸门

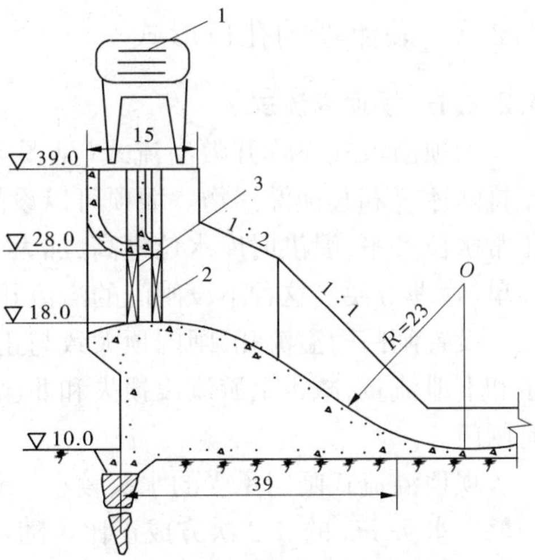

图 4-2　大孔口溢流式(单位:m)

1—175/40t 门机;2—12m×10m 定轮闸门;3—检修门

(3)坝身泄水孔。将泄流进口布置在设计水位以下一定深度的部位。

(4)明流泄水道。如岸边溢洪道、导流明渠等。

(5)泄水隧洞。

4.1.2 泄水建筑物的作用

在工程实践中,常常尽可能把泄水建筑物的不同任务结合起来,使其一物多用。例如:泄水孔常在施工期作为导流使用,运用期可放水供应下游,检修时用其放空水库,洪水期可辅助泄洪并冲淤。

§4.2 溢流坝

溢流坝主要用在混凝土重力坝、大头坝、重力拱坝。这些坝剖面大,具有设置溢流面的条件。对于较薄的拱坝如采用溢流式,需加设滑雪道式的溢流面。

4.2.1 溢流坝的工作特点

溢流坝既是挡水建筑物又是泄水建筑物,因此其除应满足稳定和强度要求外,还需要满足泄流能力的要求。溢流坝在枢纽中的作用是:将规划确定的库内所不能容纳的洪水由坝顶泄向下游,确保大坝的安全。溢流坝应满足的泄水要求包括如下几个方面:

(1)有足够的孔口尺寸和较大的流量系数,以满足泄洪要求;

(2)使水流平顺地流过坝体,控制不利的负压和振动,避免产生空蚀现象;

(3)保证下游河床不产生危及坝体安全的局部冲刷;

(4)溢流坝段在枢纽中的布置,应使下游流态平顺,不产生折冲水流,不影响枢纽中其他建筑物的正常运行。

(5)有灵活控制水流下泄的机械设备,如闸门、启闭机等。

4.2.2 溢流坝的孔口形式

4.2.2.1 坝顶溢流式

坝顶溢流式亦称开敞溢流式(见图 4-1)。这种形式的溢流孔除宣泄洪水外,还能用于排除冰凌和其他漂浮物。堰顶可以设闸门,也可不设。不设闸门的溢流堰,堰顶高程与正常水位齐平,泄洪时库水位壅高,加大了淹没损失,非溢流坝顶高程也相应提高,但结构简单,管理方便。这种不设闸门的溢流孔适用于洪水量较小、淹没损失不大的中、小型工程。设置闸门的溢流孔,闸门顶大致与正常蓄水位齐平,堰顶高程较低,可以调节水库水位和下泄流量,减少上游淹没损失和非溢流坝的工程量,通常大、中型工程的溢流坝均装有闸门。

坝顶溢流式闸门承受的水头较小,所以孔口尺寸可以较大。当闸门全开时,下泄流量与堰上水头 H_0 的 3/2 次方成正比。随着库水位的升高,下泄流量可以迅速增大,当遭遇意外洪水时可有较大的超泄能力。由于闸门在顶部,操作方便,易于检修,工作安全可靠,因此坝顶溢流式得到广泛采用。

4.2.2.2　大孔口溢流式

大孔口溢流式(见图4-2)上部设置胸墙,堰顶高程较低。这种形式的溢流孔可根据洪水预报提前放水,能腾出较多库容拦蓄洪水,从而提高了调洪能力。当库水位低于胸墙时,下泄水流和坝顶溢流式相同;库水位高出孔口一定高度时为大孔口泄流,超泄能力不如坝顶溢流式。胸墙为钢筋混凝土结构,一般与闸墩固接,也有做成活动的,遇特大洪水时可将胸墙吊起,以提高泄水能力。

4.2.3　溢流坝的闸门和启闭机

水工闸门按其功用可分为工作闸门、检修闸门和事故闸门。工作闸门用来控制下泄流量,需要在动水中启闭,要求有较大的启门力;检修闸门用于短期挡水,以便对工作闸门、建筑物及机械设备进行检修,一般在静水中启闭,启门力较小;事故闸门一般在建筑物或设备出现事故时紧急应用,要求能在动水中关闭孔口。溢流坝一般只设置工作闸门和检修闸门。工作闸门常设在溢流堰的顶部,有时为了使溢流面水流平顺,可将闸门设在堰顶稍下游一些。检修闸门和工作闸门之间应留有1～3m的净距,以便进行检修。全部溢流孔通常备有1～2个检修闸门,可以交替使用。

常用的工作闸门有平面闸门和弧形闸门。平面闸门的主要优点是结构简单,闸墩受力条件较好,各孔口可共用一个活动式启闭机;缺点是启门力较大,闸墩较厚。弧形闸门的主要优点是启门力小,闸墩较薄,且无门槽,水流平顺,闸门开启时水流条件较好;缺点是闸墩较长,且受力条件差。弧形闸门适用于闸孔较宽或启门力较大的情况。有时为了降低工作桥的高度,在溢流坝采用升卧式闸门,如河北的石湖水库等。

检修闸门经常采用平面闸门,小型工程也可采用比较简单的叠梁。

启闭机可分为活动式和固定式两种。活动式启闭机多用于平面闸门,也可以兼用于启吊工作闸门和检修闸门。固定式启闭机固定在工作桥上,多用于弧形闸门。

4.2.4　溢流坝的闸墩和工作桥

闸墩的作用是将溢流坝前缘分隔为若干个孔口,并承受闸门传来的水压力(支承闸门),闸墩也是坝顶桥梁和启闭设备的支承结构。

闸墩的断面形状应使水流平顺,减小孔口水流的侧收缩。闸墩上游端常采用半圆形、椭圆形或流线形,下游端一般应逐渐收缩,形成流线形,以使水流平顺扩散,见图4-3。近年来一些工程溢流坝闸墩采用平尾墩,即闸墩下游端做成直立平面,经试验和运行证明效果良好,如潘家口水库、大黑汀水库等。

闸墩厚度与闸门形式有关。采用平面闸门时需设闸门槽。工作闸门槽深0.5～1.0m,宽1～4m,门槽处的闸墩厚度不得小于1～1.5m,以保证有足够的强度,因此平面闸门闸墩的厚度一般为2.0～4.0m。弧形闸门闸墩的最小厚度为1.5～2.0m,如果是缝墩,墩厚要增加0.5～1.0m。由于闸墩较薄,有时难以避免会产生拉应力,需要配置受力钢筋和构造钢筋,并由闸墩结构计算确定。

闸墩的长度和高度应满足布置闸门、工作桥、交通桥和启闭机械的要求,见图4-4。

工作桥多采用钢筋混凝土结构,大跨度的工作桥也可采用预应力钢筋混凝土结构。

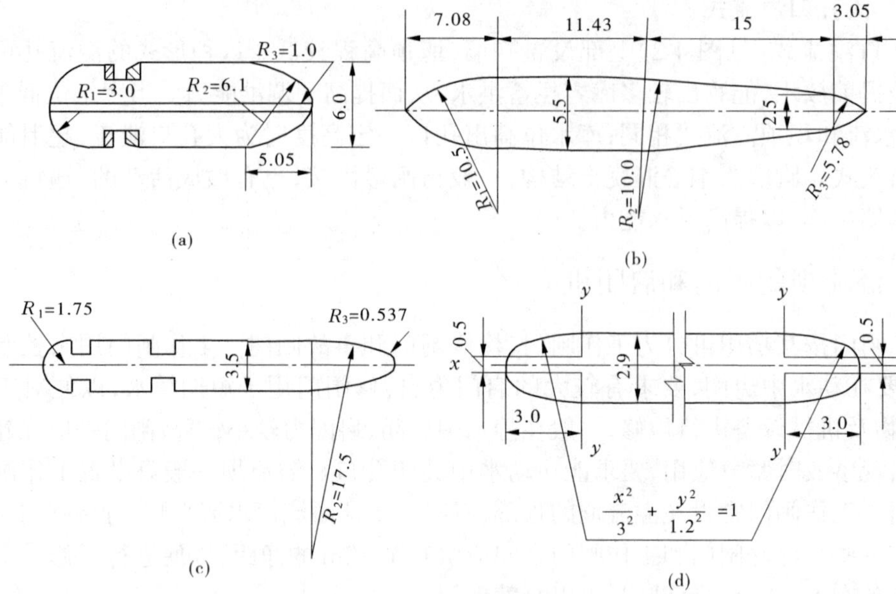

图 4-3　溢流坝闸墩的形状(单位:m)

(a)刘家峡工程(平面闸门);(b)湖南镇工程(弧形闸门)

(c)丹江口工程(平面闸门);(d)富春江七里泷工程(弧形闸门)

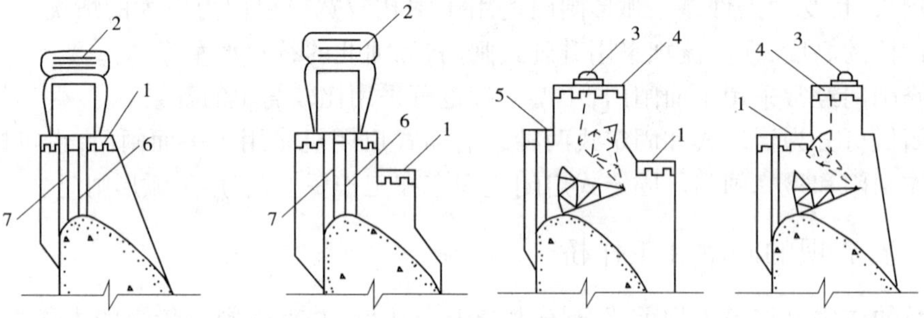

图 4-4　溢流坝顶布置示意图

1—公路桥;2—门机;3—启闭机;4—工作桥;5—便桥;6—工作门槽;7—检修门槽

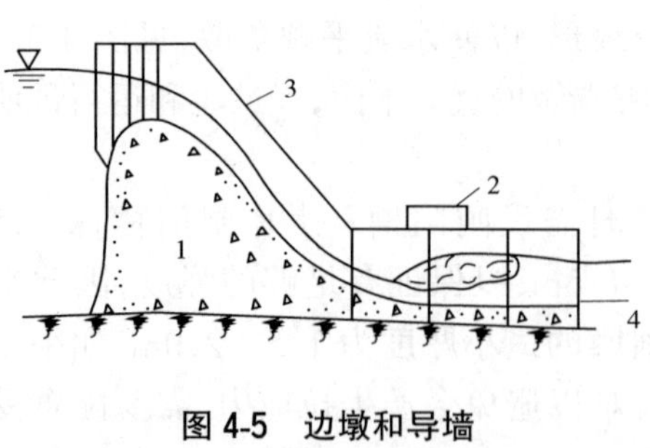

图 4-5　边墩和导墙

1—溢流坝;2—水电站; 3—边墙;4—护坦

工作桥的平面布置应满足启闭机械的安装和运行条件的要求。

溢流坝两侧的边墩也称边墙或导水墙,一方面起闸墩的作用,另一方面也起分隔溢流段和非溢流段的作用,见图 4-5。边墩从坝顶延伸到坝址,边墙高度由溢流水面线决定,并应考虑溢流面上水流的冲击波和掺气所引起的水面增高,一般高出掺气水面 1~1.5m。当采用底流式消能工时,边墙还需延长到消力池末端形成导墙。当溢流坝与水电站并列时，导墙长度要延伸到厂房后一定的范围，以减小溢流时尾水波动对电站运行的影响。为了防止温度裂缝，导墙每隔 15m 左右做一道伸缩缝，缝内做简单的止水，以防溢流时漏水。导墙的顶部厚度为 0.5～2.0m，下部厚度根据结构计算确定。

4.2.5　溢流坝的横缝布置

溢流坝段的横缝，有以下两种布置方式：①缝设在闸墩中间，如图 4-6(a)所示。该种布置方式的优点是各坝段产生不均匀沉陷时不影响闸门启闭，工作可靠；缺点是闸墩厚度增大。② 缝设在溢流孔跨中，如图 4-6(b)所示。采用该种布置方式时闸墩可以较薄，但易受地基不均匀沉陷的影响，且水流在横缝上流过，易造成局部水流不顺。适用于基岩较坚硬完整的情况。

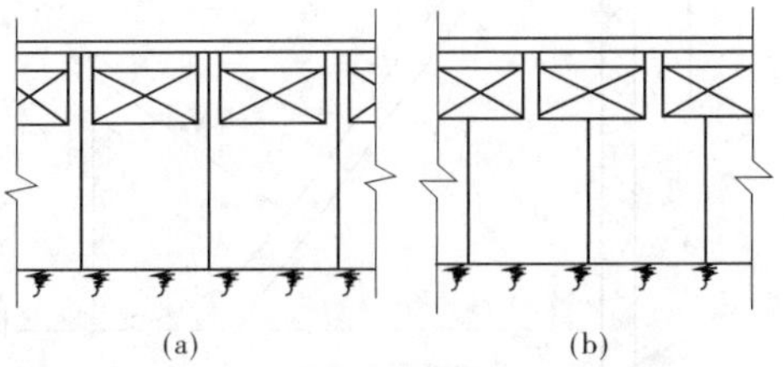

图 4-6　溢流坝段横缝的布置

(a)缝设在闸墩中间；(b)缝设在溢流孔跨中

4.2.6　溢流面曲线及剖面

4.2.6.1　溢流面曲线

溢流面曲线由顶部曲线段、中间直线段和下部反弧段三部分组成。设计要求是：①有较高的流量系数；②水流平顺，不产生空蚀。

1)顶部曲线段

顶部曲线段的形状对泄流能力和流态有很大的影响，对坝顶溢流式孔口，经常采用的溢流面曲线为克—奥曲线和 WES 曲线。克—奥曲线不给出曲线方程，而给定坐标值，施工放样不便，且流量系数较 WES 曲线的流量系数低。两种曲线的比较见图 4-7。近年来在工程中多采用 WES 曲线。

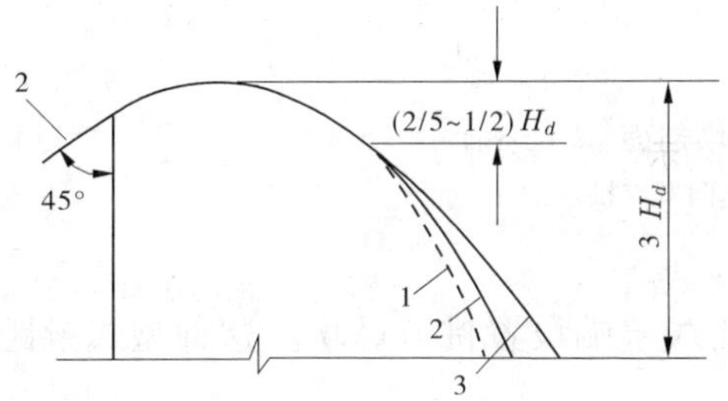

图 4-7　克—奥曲线与 WES 曲线比较

1—WES 曲线；2—克—奥Ⅱ曲线；3—克—奥Ⅰ曲线

2)中间直线段

中间直线段与坝顶曲线和下部反弧段相切，坡度一般与非溢流坝段的下游坡相同。具体应由稳定和强度分析及剖面设计确定。

3)下部反弧段

溢流坝下部反弧段的作用是使溢流坝面下泄的水流平顺地与下游消能设施相衔接。

4.2.6.2　溢流重力坝剖面

溢流坝的实用剖面既要满足稳定和强度要求，也要符合水流条件的需要，还要与非溢流重力坝的剖面相适应，上游坝面应尽量与非溢流坝相一致。设计时先按稳定和强度要求及水流条件定出基本剖面和溢流面曲线，然后将基本剖面的下游边与溢流面曲线相切。当溢流坝剖面超出基本剖面时，为节约坝体工程量并满足泄流条件，可以将堰顶做成悬臂式的，如图 4-8 所示。悬臂高度 h_l 应大于 $H/2$，H 为堰顶最大水头。

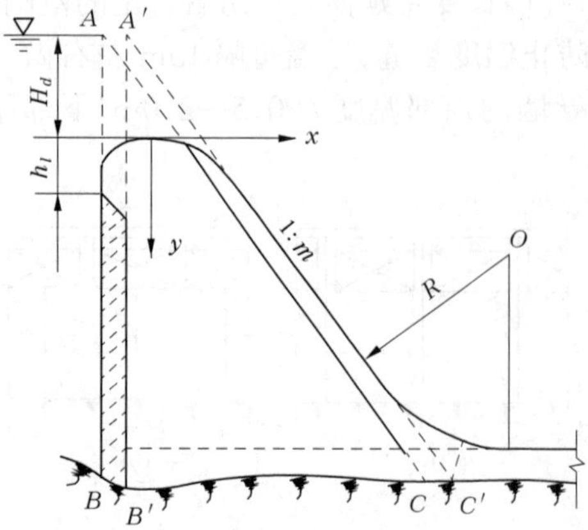

图 4-8 溢流坝剖面

4.2.6.3 溢流拱坝剖面

拱坝在平面呈弧形,通过堰顶下泄水流有向心集中的特点,水舌落水处单宽流量增大,加剧下游消能防冲的困难。拱坝常用的坝顶溢流方式有自由跌流式、鼻坎挑流式和滑雪道式泄流等。

1)自由跌流式

水流经过坝顶自由跌入河床,其溢流坝顶通常采用非真空的标准堰型,如图 4-9 所示。这种溢流形式具有结构简单和施工方便的优点,但水舌落水点距坝脚较近,冲刷坑的位置靠近坝基,冲刷严重时会威胁大坝安全。该种溢流方式适用于下游河床基岩良好,下游坝坡较陡或向下游倒悬的双曲拱坝。

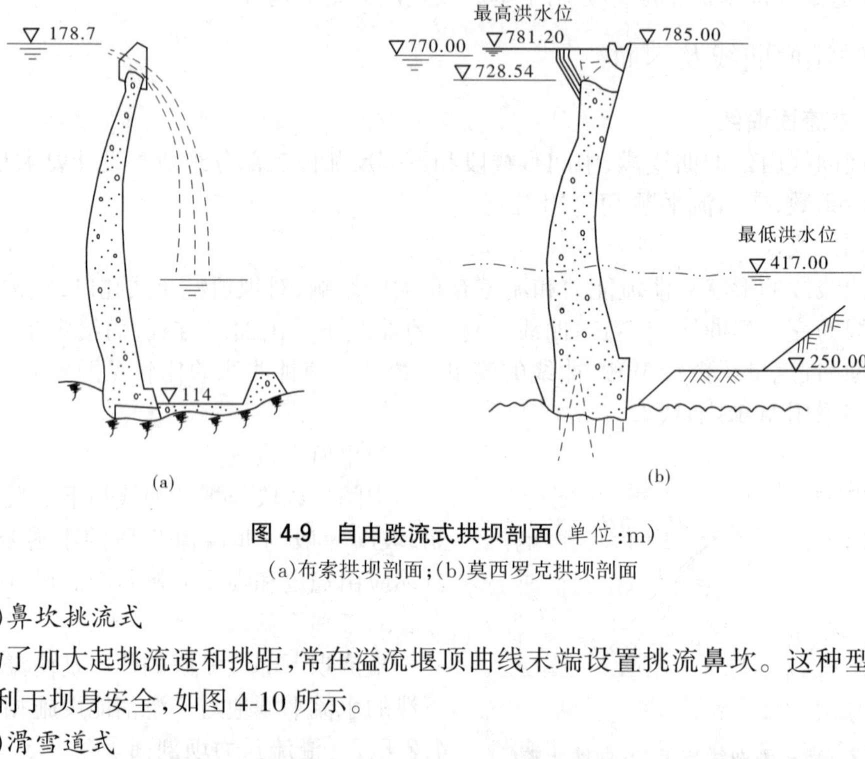

图 4-9 自由跌流式拱坝剖面(单位:m)

(a)布索拱坝剖面;(b)莫西罗克拱坝剖面

2)鼻坎挑流式

为了加大起挑流速和挑距,常在溢流堰顶曲线末端设置挑流鼻坎。这种型式挑距较远,有利于坝身安全,如图 4-10 所示。

3)滑雪道式

滑雪道式的溢流面由坝顶曲线段、泄槽段和挑流鼻坎段三部分组成。泄槽常为坝体轮廓以外的结构部分,可以是实体结构,也可做成架空或利用电站厂房顶构成,如图 4-11 所示。水流过坝后流经滑雪道式泄槽,由槽末端的鼻坎挑出,这样就使水流在空中扩散,下落到距坝较远的地点,保证了大坝的安全。但滑道各部分的形状、尺寸都必须适应水流条件,否则容易产生空蚀破坏。

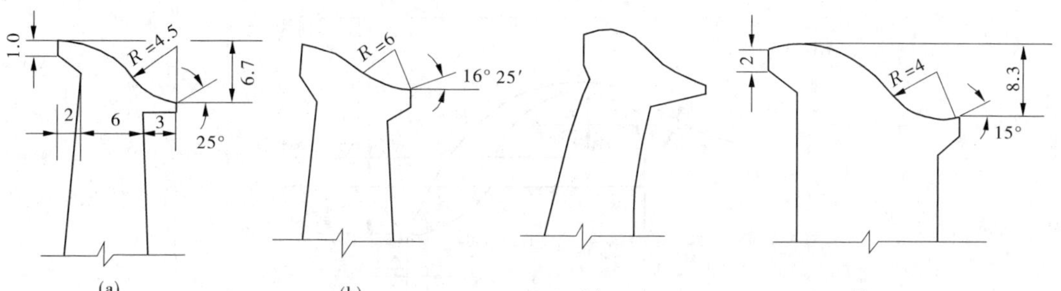

图 4-10　鼻坎挑流式拱坝头部形式(单位:m)

(a)四川长沙坝;(b)湖南花木桥;(c)前苏联拉章乌尔;(d)贵州水车田

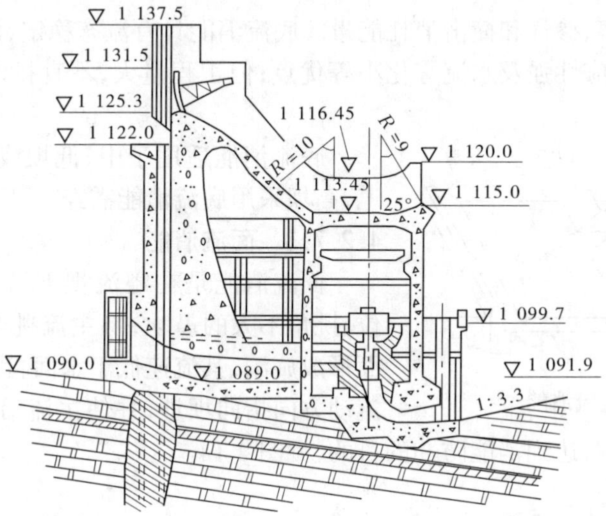

图 4-11　滑雪道式溢流拱坝(单位:m)

4.2.7　溢流坝的下游连接

经过溢流坝下泄的水流挟有巨大的能量,必须要有妥善的消能设施,否则将在坝下游河床引起巨大冲刷,影响正常运行,严重时甚至危及工程安全。

混凝土溢流重力坝的消能设施,最常见的有以下四种方式,即挑流消能、底流消能、面流消能和消力戽消能。

4.2.7.1　挑流消能

挑流消能是利用鼻坎将下泄的高速水流向空中抛射,使水流扩散,并掺入大量空气,然后跌入下游河床水垫后,形成强烈的旋滚,并冲刷河床形成冲坑,随着冲坑逐渐加深,水垫愈来愈厚,大部分能量消耗在水滚的摩擦中,冲坑逐渐趋于稳定,如图 4-12 所示。挑流消能比较简单经济,但下游局部冲刷不可避免,一般适用于基岩比较坚固的高坝或中坝,低坝需经论证才能使用。

4.2.7.2　底流消能

底流消能是在坝趾下游设消力池、消力坎等,促进水流在限定范围内产生水跃,通过

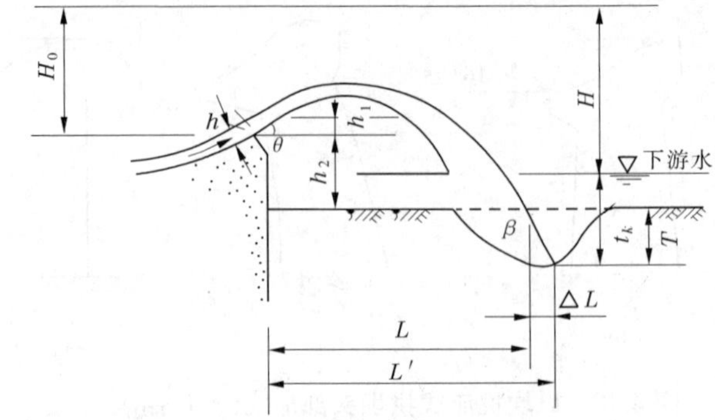

图 4-12　挑流消能

水流内部的旋滚、摩擦、掺气和撞击消耗能量。底流消能具有流态稳定,消能效果好,对地质条件和尾水变幅适应性强及水流雾化小等优点;但工程量大,不宜排漂或排冰,底流消能如图 4-13 所示。

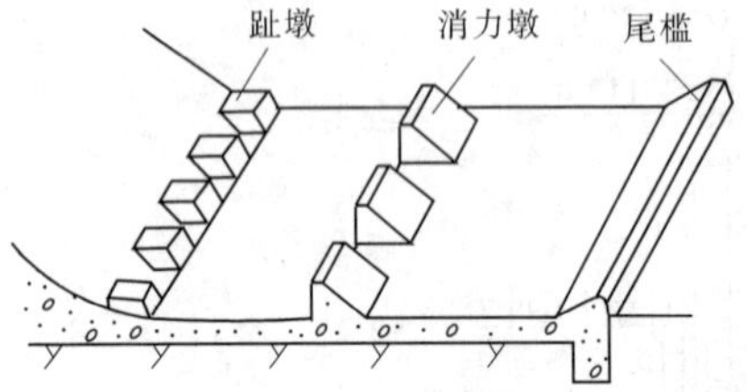

图 4-13　底流消能

底流消能适用于中、低坝或基岩较软弱的河道,高坝采用底流消能需经论证。

4.2.7.3　面流消能

面流消能是在溢流坝下游面设低于下游水位、挑角不大的鼻坎,将主流挑至水面,在主流下面形成旋滚,其流速低于水面,且旋滚水体的底部流动方向指向坝址,并使主流沿下游水面逐步扩散,减小对河床的冲刷,达到消能防冲的目的,见图 4-14。

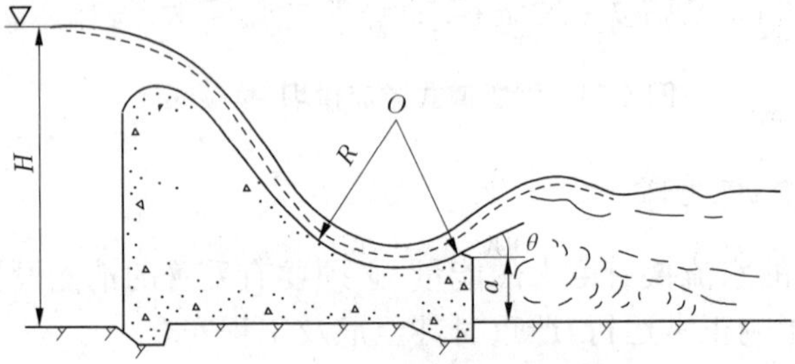

图 4-14　面流消能

面流消能适用于水头较小的中、低坝,要求下游水位稳定,尾水较深,河道顺直,河床和河岸在一定范围内有较高抗冲能力,可排漂和排冰。

4.2.7.4　消力戽消能

消力戽消能是在溢流坝址设置一个半径较大的反弧戽斗,戽斗的挑流鼻坎潜没在水下,形不成自由水舌,水流在戽内产生旋滚,经鼻坎将高速的主流挑至表面,其流态为“三滚一浪”,如图 4-15 所示。戽内、外水流的旋滚可以消耗大量能量,因高速水流挑至表面,也减轻了对河床的冲刷。

消力戽适用于尾水较深(通常大于跃后水深)、变幅较小、无航运要求且下游河床和两岸有一定抗冲能力的情况。高速主流在表面,不需护坦,但水面波动较大。

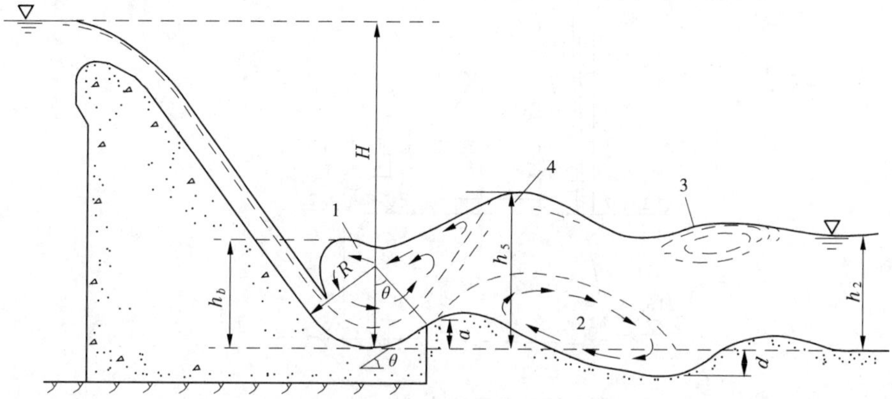

图 4-15　消力戽消能

1—戽内旋滚;2—戽后底部旋滚;3—下游表面旋滚;4—戽后涌浪

§4.3　坝身泄水孔

4.3.1　重力坝的泄水孔

泄水孔可设在溢流坝段或非溢流坝段内,它的主要组成部分包括进口段、闸门段、孔身段、出口段和下游消能设施等。

4.3.1.1　坝身泄水孔的作用及工作条件

坝身泄水孔的进口全部淹没在水下,随时都可以放水,其作用主要有:① 预泄库水,增大水库的调蓄能力;② 放空水库以便检修;③ 排放泥沙,减少水库淤积;④ 随时向下游放水,满足航运或灌溉等要求;⑤ 施工导流。

坝身泄水孔内水流流速较高,容易产生负压、空蚀和振动;闸门在水下,检修较困难,闸门承受的水压力大,有的可达 20 000～40 000kN,启门力也相应加大;门体结构、止水和启闭设备都较复杂,造价也相应增高。水头愈高,孔口面积愈大,技术问题愈复杂。所以,一般都不用坝身泄水孔作为主要的泄洪建筑物。泄水孔的过水能力主要根据预泄库容、放空水库、排沙或下游用水要求来确定。在洪水期泄水孔可作为辅助泄洪使用。

4.3.1.2　坝身泄水孔的形式

按水流条件,坝身泄水孔可分为有压的和无压的;按泄水孔所处的高程可分为中孔和底孔;按布置的层数又可分为单层的和多层的。

1)有压泄水孔

有压泄水孔(见图 4-16)的工作闸门布置在出口,门后为大气,可以部分开启。其优点是:出口高程较低,作用水头较大,断面尺寸较小。其缺点是:闸门关闭时,孔内承受较大的内水压力,对坝体应力和防渗都不利,常需钢板衬砌。因此,常在进口处设置事故检修闸门,平时兼用来挡水。中国安砂等工程即采用了这种形式的有压泄水孔。

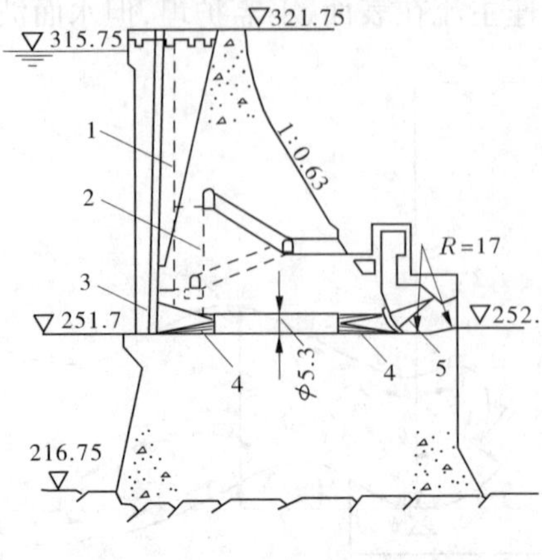

图 4-16　有压泄水孔(单位:m)

1—通气孔;2—平压管;3—检修门槽;4—渐变段;5—工作闸门

2)无压泄水孔

无压泄水孔(见图 4-17)的工作闸门布置在进口。为了形成无压水流,需在闸门后将断面顶部升高。闸门可以部分开启,闸门关闭后孔道内无水。明流段可不用钢板衬砌,施工简便、干扰少、有利于加快施工进度;与有压泄水孔相比,对坝体削弱较大。国内重力坝多采用无压泄水孔,如三门峡、丹江口、刘家峡工程等。

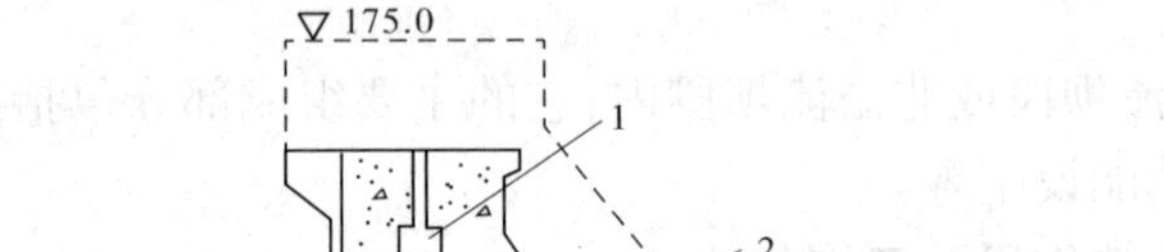

图 4-17　无压泄水孔(单位:m)

1—启闭机廊道;2—通气孔

4.3.1.3　进口段

泄水孔的进口高程一般应根据其用途和水库的运用条件确定。例如:对于配合或辅助溢流坝泄洪兼作导流和放空水库用的泄水孔,在不发生淤堵的前提下,进口高程应尽量放低,以利于降低施工围堰或大坝的拦洪高程;对于放水供下游灌溉或城市用水的泄水孔,其进口高程应与坝后引水渠首高程相适应;对于担负排沙任务的泄水排沙孔的进口高程,应根据水库不淤高程和排沙效果来确定。

4.3.1.4　闸门段

在坝身泄水孔中最常采用的闸门是弧形闸门和平面闸门。弧形闸门不设门槽,水流平顺,这对于坝身泄水孔是一个很大的优点,因为泄水孔中的空蚀常常发生在门槽附近;弧形闸门的另一个优点是启门力较平面闸门小,运用方便。弧形闸门的缺点是:闸门结构复杂,整体刚度差,门座受力集中,闸门启闭室所占的空间较大。而平面闸门则具有结构简单,布置紧凑,启闭机可布设在坝顶等优点。平面闸门的缺点是:启门力较大,门槽处边界突变,易产生负压引起空蚀,图 4-18 是门槽附近的水流流态和形式。对于尺寸较小的泄水孔,可以采用阀门,目前常用的是平面滑动阀门,闸门和启闭机连在一起,操作方便,抗震性能好,启闭室所占的空间也小。

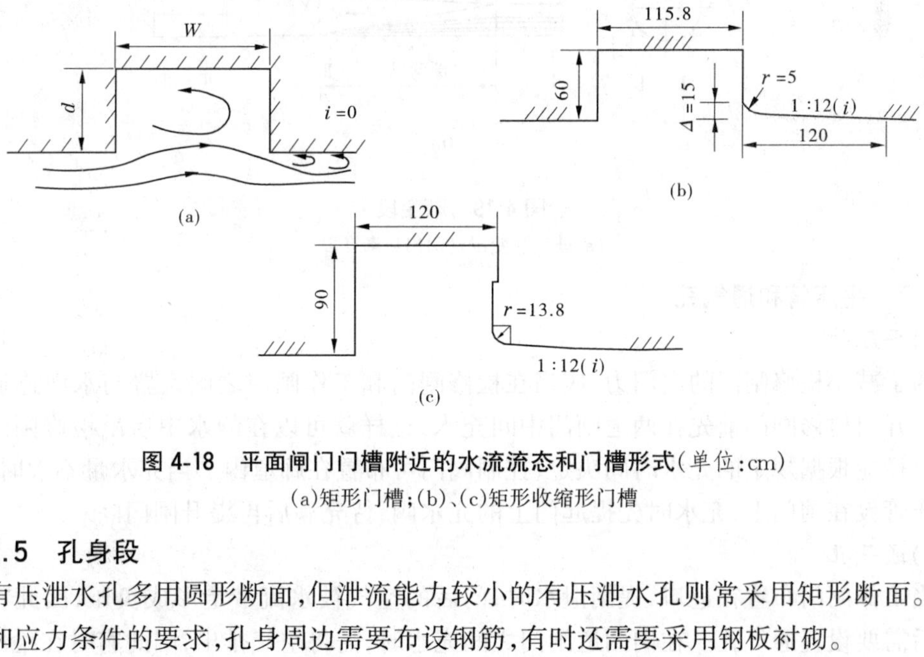

图 4-18　平面闸门门槽附近的水流流态和门槽形式(单位:cm)

(a)矩形门槽;(b)、(c)矩形收缩形门槽

4.3.1.5　孔身段

有压泄水孔多用圆形断面,但泄流能力较小的有压泄水孔则常采用矩形断面。由于防渗和应力条件的要求,孔身周边需要布设钢筋,有时还需要采用钢板衬砌。

无压泄水孔通常采用矩形断面。为了保证形成稳定的无压流,孔顶应留有足够的空间,以满足掺气和通气的要求。孔顶距水面的高度可取通过最大流量不掺气水深的 30% ~50% 。门后泄槽的底坡可按自由射流水舌曲线设计,以获得较高的流速系数。为保证射流段为正压,可按最大水头计算。为了减小出口的单宽流量,有利于下游消能,在转入明流段后,两侧可以适当扩散。

4.3.1.6　渐变段

泄水孔进口一般都做成矩形,以便布置进口曲线和闸门。当有压泄水孔断面为圆形时,在进口闸门后需设渐变段,以便水流平顺过渡,防止负压和空蚀的产生。渐变段可采用在矩形四个角加圆弧的办法逐渐过渡,见图 4-19(a);当工作闸门布置在出口时,出口断面也需做成矩形,因此在出口段同样需要设置渐变段,见图 4-19(b)。

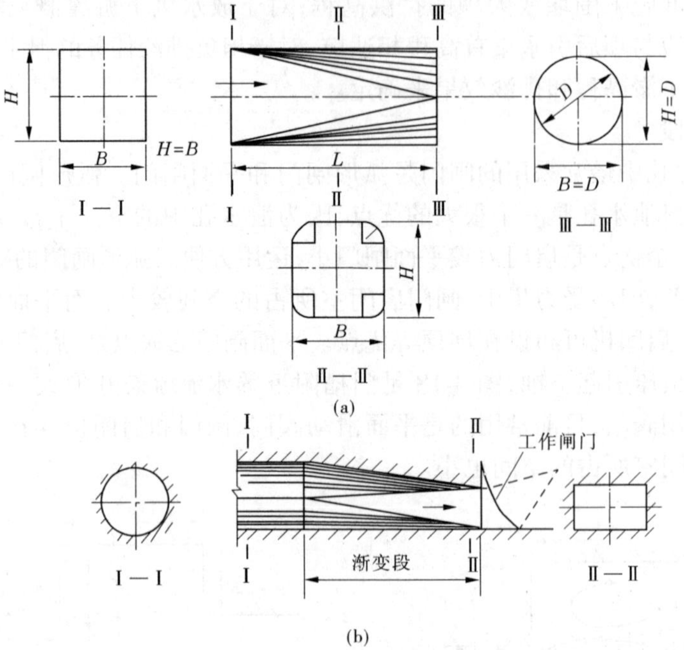

图 4-19　渐变段

(a)进口渐变段;(b)出口渐变段

4.3.1.7　平压管和通气孔

1)平压管

为了减小检修闸门的启门力,应当在检修闸门和工作闸门之间设置与水库连通的平压管。开启检修闸门前先在两道闸门中间充水,这样就可以在静水中启吊检修闸门。平压管直径应根据规定的充水时间决定,控制阀门可布置在廊道内。当充水量不大时,也可将平压管设在闸门上,充水时先提起门上的充水阀,待充满后再提升闸门。

2)通气孔

当工作闸门布置在进口,提闸泄水时,门后的空气被水流带走形成负压,因此在工作闸门后需要设置通气孔。在向两道闸门之间充水时,需将空气排出,因此有时在检修闸门后也需设通气孔。

4.3.2　拱坝的泄水孔

拱坝是一种空间整体结构,在坝体内布置泄水孔的技术问题较重力坝复杂。对于薄拱坝,为防止削弱坝体的整体性,通常将检修闸门设于拱坝的上游面,工作闸门设于拱坝下游面泄水孔的出口处。这样不仅便于布置闸门的启闭设备,而且结构模型试验资料表明,在坝的下游面孔口末端设置闸墩和挑流坎,也局部增加了孔口附近坝体的厚度,可以明显地改善孔口周边的应力状态。出口下游的挑流坎除把水流挑射远离坝体外,还可改善孔底的拱向应力。对于较薄的拱坝,泄水中孔的断面一般都采用矩形。为了使水流平顺地通过泄水孔,避免发生空蚀和振动,应合理设计泄水孔的体型。对大、中型工程的泄水孔体型,包括从进口到出口的形状和曲线,应通过水工模型试验确定。

§4.4　岸边溢洪道

在水利枢纽中必须设置泄水建筑物,以宣泄规划所确定的库容不能容纳的多余水量,防止洪水漫溢坝顶,保证大坝安全。泄水建筑物有溢洪道和深式泄水建筑物两类。

溢洪道按位置不同,可分为河床式和岸边式两种类型,前者就是溢流坝。这里只介绍岸边溢洪道。

对于土坝、堆石坝以及某些轻型坝,一般不允许从坝身溢流或大流量溢流;或当河谷狭窄、泄洪量大而难以经混凝土坝泄放全部洪水时,则需在坝体以外的岸边或天然垭口处建造溢洪道(通常称为岸边溢洪道)或开挖泄水隧洞。

4.4.1　岸边溢洪道的形式

岸边溢洪道的形式主要有:正槽溢洪道、侧槽溢洪道、竖井式溢洪道和虹吸溢洪道等。

4.4.1.1　正槽溢洪道

这种溢洪道的过堰水流与泄槽轴线方向一致。它结构简单、施工方便、工作可靠、泄水能力大,故在工程中应用广泛(见图 4-20)。

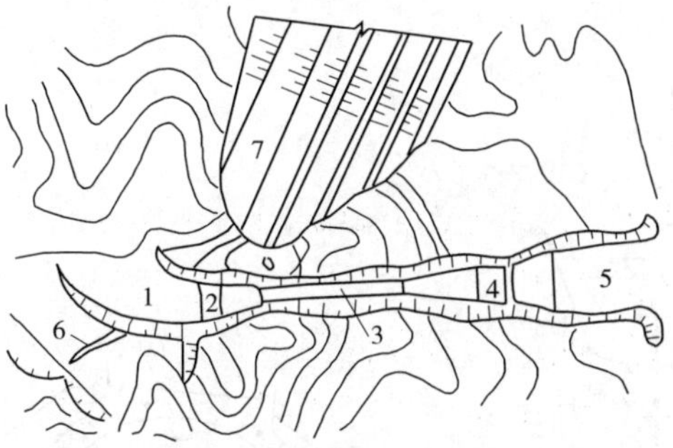

图 4-20　正槽溢洪道示意图

1—进水渠;2—溢流堰;3—泄槽;4—消力池;5—泄水渠;6—非常溢洪道;7—土坝

4.4.1.2　侧槽溢洪道

这种溢洪道的泄槽轴线与溢流堰轴线接近平行,即水流过堰后,在很短距离内约转弯 90°,再经泄槽泄入下游。侧槽溢洪道多设置在较陡的岸坡上,沿着等高线设置溢流堰和泄槽。此种布置形式可以加大堰顶长度,减小溢流水深和单宽流量,而且不需要大量开挖山坡。但该种布置形式对岸坡的稳定性要求较高,特别是位于坝头的侧槽,直接关系到大坝安全,对地基要求也更严格。侧槽内的水流比较紊乱,要求侧壁有较坚固的衬砌(见图 4-21)。

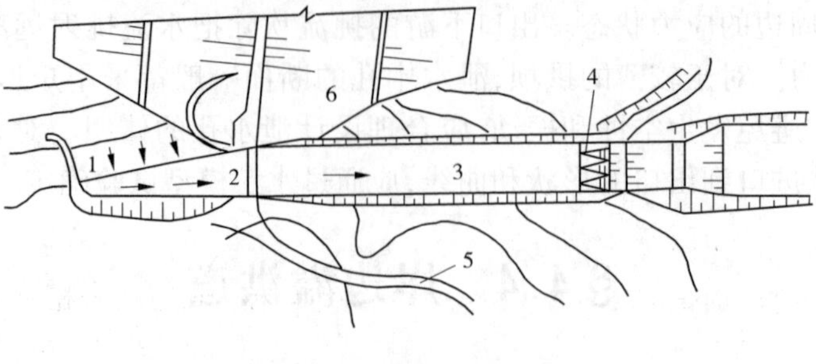

图 4-21　侧槽溢洪道示意图

1—溢流堰;2—侧槽;3—泄水槽;4—出口消能段;
5—上坝公路;6—土坝

4.4.1.3　竖井式溢洪道

这种溢洪道在平面上进水口为一环形的溢流堰,水流过堰后,经竖井和出水隧洞流入下游(见图 4-22)。竖井式溢洪道适用于岸坡陡、地质条件良好的情况。如能利用一段导流隧洞,采用此种形式比较有利。它的缺点是水流条件复杂,超泄能力小,泄小流量时易产生振动和空蚀。

4.4.1.4　虹吸溢洪道

这种溢洪道利用虹吸作用,使溢洪道在较小的堰顶水头下可以得到较大的单宽流量。水流出虹吸管后,经泄槽流入下游(见图 4-23)。它的优点是不用闸门就能自动地调节上游水位,缺点是构造复杂,泄水断面不能过大,水头较大时,超泄能力不大,工作可靠性差。虹吸溢洪道多用于水位变化不大而需随时调节的水库(如日调节水库),以及水电站的压力前池和灌溉渠道等。

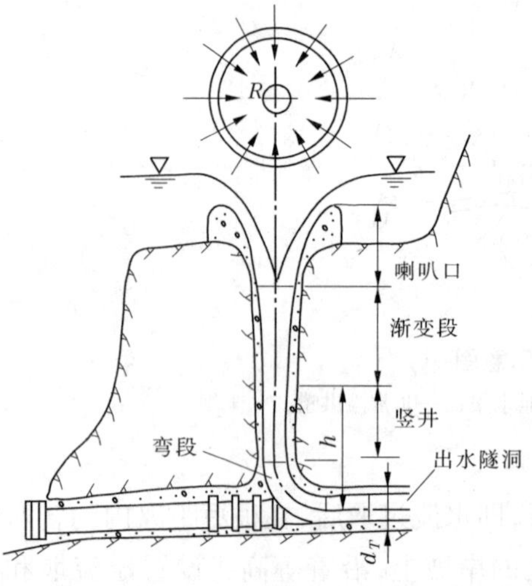

图 4-22　竖井式溢洪道示意图

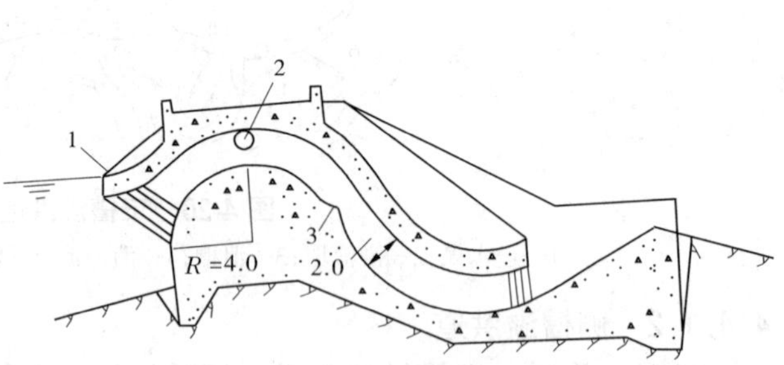

图 4-23　虹吸溢洪道示意图(单位:m)

1—遮檐;2—通气孔;3—挑流鼻坎

4.4.2　岸边溢洪道位置的选择

岸边溢洪道在枢纽中的位置取决于地形、地质、枢纽总体布置、施工和运行等因素的综合影响，应通过技术经济比较确定。

布置溢洪道应选择有利的地形，如合适的垭口或岸坡，以减少工程量，并应尽量避免深挖形成的高边坡（特别是对于不利的地质条件），以免造成边坡失稳或处理困难。

溢洪道应布置在稳定的地基上，并应考虑岩层及地质构造的性状，还应充分注意建库后水文地质条件的变化及其对建筑物及边坡稳定的不利影响。土基必须进行适宜的地基处理和护砌。

在土石坝枢纽中，溢洪道的进口不宜距土石坝太近，以免冲刷坝体。同时，溢洪道应和其他建筑物如坝、电站等综合起来一起考虑，使各建筑物运用灵活可靠，当溢洪道靠近坝肩时，其与大坝连接的导墙、接头、泄槽边墙等必须安全可靠。

从施工方面考虑，溢洪道出渣路线及堆料场布置要相互适宜，并尽量利用开挖出的土石方上坝。

图 4-24 为某土石坝枢纽布置示意图，它由土石坝、溢洪道、引水隧洞、压力管、水电站等几部分组成。坝址附近地形狭窄，左岸山坡陡峻，右岸山坡在坝顶高程附近比较平缓，但没有高程适宜的垭口。根据以上地形特点，在比较平缓的右岸设置正槽式河岸溢洪道，其进口有曲线型引渠，出口离坝脚有较大距离，而且出口方向与原河道大致平行，使泄水

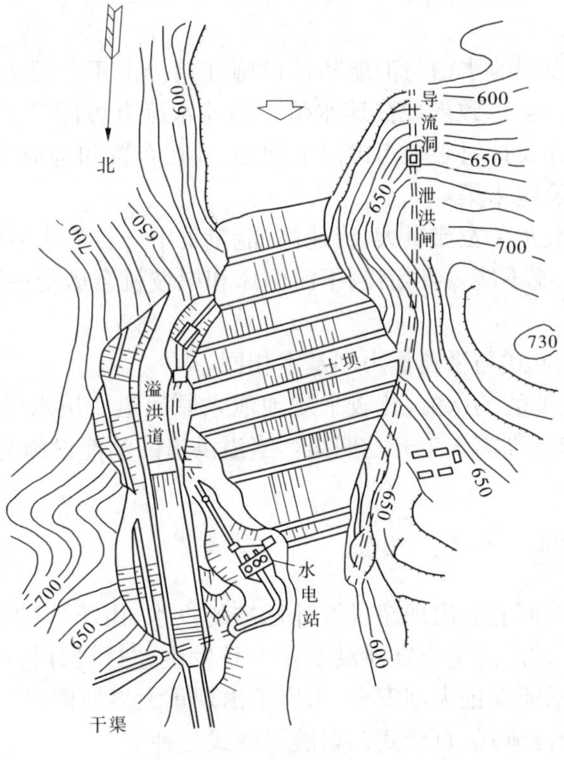

图 4-24　某土石坝枢纽布置示意图

不会危及对岸。

4.4.3 正槽溢洪道简介

正槽溢洪道包括进水渠、控制段、泄水槽、消能防冲设施和出水渠等五部分，见图 4-25。

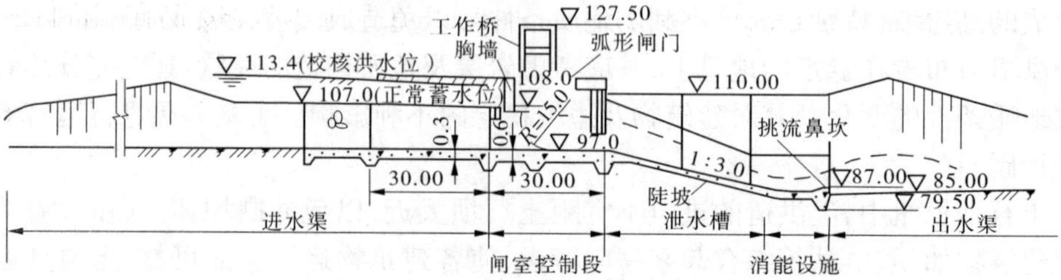

图 4-25 正槽溢洪道的组成部分(单位:m)

4.4.3.1 进水渠

进水渠的作用是将水库的水平顺地引至溢流堰前。其设计原则是：在合理开挖方量的前提下，尽量减少水头损失，以增加溢洪道的泄水能力。

4.4.3.2 控制段

溢洪道的控制段包括溢流堰(闸)和两侧连接建筑物，是控制溢洪道泄流能力的关键部位，因此必须合理选择溢流堰段的形式和尺寸。

4.4.3.3 泄水槽

洪水经溢流堰后，多用泄水槽与消能防冲设施连接。由于落差大、纵坡陡，槽内水流速度往往超过 16～20m/s，以致形成高速水流。高速水流有可能带来掺气、空蚀、冲击波和脉动等不利影响，因此设计时必须考虑以上问题，并在布置和构造上采取相应的措施。

4.4.3.4 出口消能段及尾水渠

溢洪道泄洪水，一般是单宽流量大，流速高，能量集中。若消能措施考虑不当，高速水流与下游河道的正常水流不能妥善衔接，下游河床和岸坡就会遭受冲刷，甚至危及大坝和溢洪道自身的安全。

溢洪道出口的消能方式与溢流重力坝基本相同。

尾水渠是将经过消能后的水流，比较平顺地泄入原河道。尾水渠应尽量利用天然冲沟或河沟，如无此条件时，则需人工开挖明渠。当溢洪道的消能设施与下游河道距离很近时，也可不设尾水渠。

4.4.4 非常泄洪措施

在建筑物运行期间，可能会出现超过设计标准的洪水，由于这种洪水出现机会极少，所以可用构造简单的非常溢洪道来宣泄洪水。一旦发生超过设计标准的洪水，即可启用非常溢洪道泄洪，只要求能保证大坝安全、水库不出现重大事故即可。

非常溢洪道一般分漫流式、自溃式和爆破引溃式三种。

4.4.4.1 漫流式

这种溢洪道将堰顶建在准备开始溢流的水位附近，且听任其自由溢流。这种溢洪道的溢流水深一般取得较小，因而溢流堰较长，多设于垭口或地势平坦之处，以减少土石方开挖量。

4.4.4.2 自溃式

自溃式非常溢洪道是利用一般低矮的副坝，使其在水位达到一定高程时自行溃决，以宣泄特大洪水。按溃决方式可分为漫顶自溃式和引冲自溃式，分别如图4-26(a)、(b)所示。自溃式非常溢洪道应远离主坝及其他枢纽建筑物，以免一旦溢流失控时，危及枢纽安全。自溃式坝体构造与一般土坝相同。

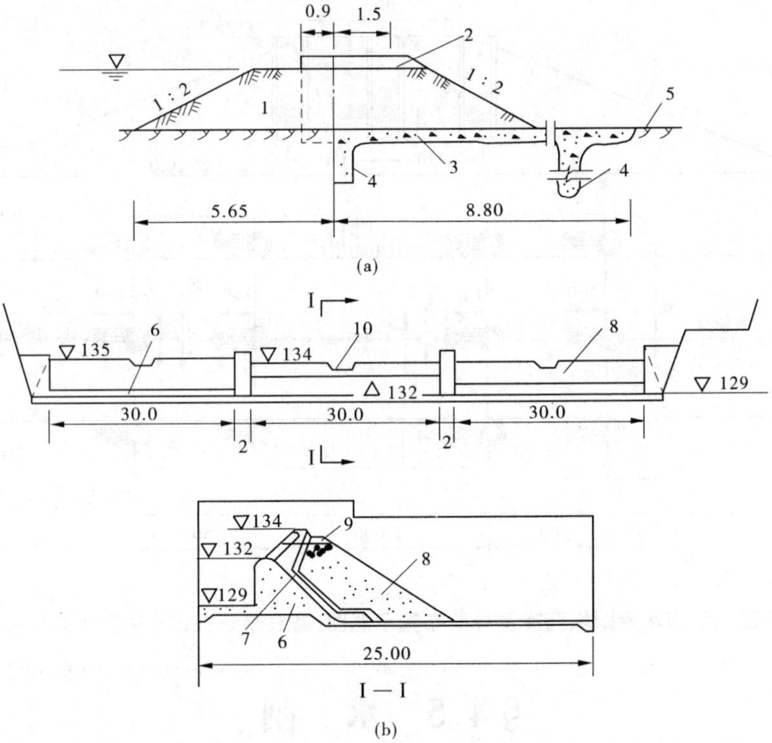

图4-26　自溃式非常溢洪道示意图(单位:m)

(a)漫顶自溃堤断面;(b)引冲自溃堤布置

1—土堤;2—隔墙;3—混凝土护面;4—混凝土截水墙;5—草皮护面;

6—混凝土溢流堰;7—黏土斜墙;8—子埝;9—引冲槽底;10—引冲槽

1)漫顶自溃式

漫顶自溃式的优点是构造简单、管理方便，缺点是泄流缺口的位置和规模具有偶然性，无法进行人工控制，可能造成溃坝的提前或延迟。因此，漫顶自溃式溢流一般只适用于自溃坝高度较低、分担泄洪量不大的情况。

2)引冲自溃式

引冲自溃式的特点是在自溃坝的适当位置设置引冲槽，当库水位达到启溃水位后，水流即漫过引冲槽,冲刷下游坝坡形成口门,并逐渐向两侧发展,使之在较短时间内溃决。其优点是在溃决过程中,泄量是逐渐增加的,对下游防护有利,因此引冲自溃式溢流在工程中应用较广泛。

4.4.4.3 爆破引溃式

爆破引溃式是利用炸药的爆炸能量,使非常溢洪道进口的副坝坝体形成一定尺寸的爆破缺口,起引冲槽作用,并将爆破缺口范围以外的土体炸松、炸裂,然后通过坝体引冲槽作用使其溃决,从而达到溢洪的目的。爆破引溃式在中国一些大中型水库得到重视和利用,这是因为爆破准备工作可在安全条件下从容进行,一旦出现异常情况,可迅速破坝,坝体溃决有可靠保证。图 4-27 为沙河水库副坝药室及导洞布置示意图。

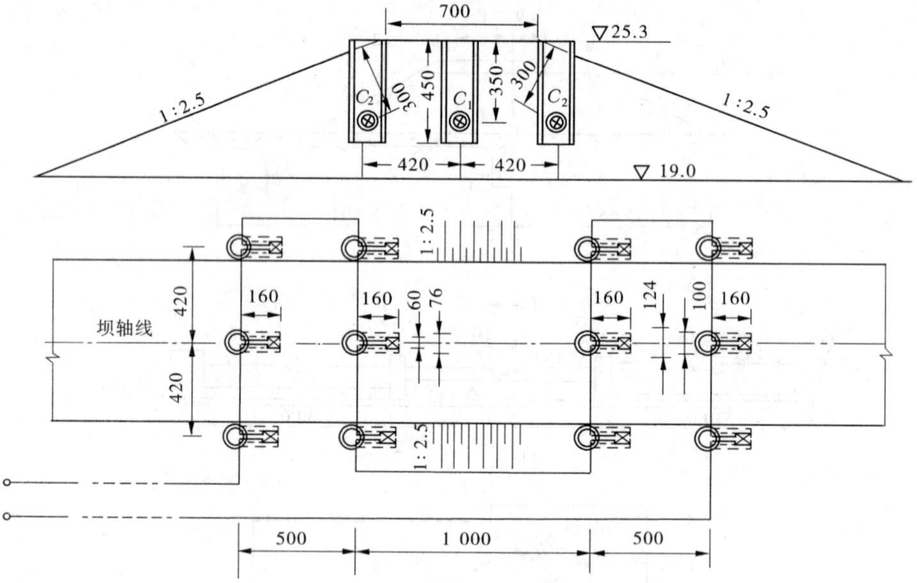

图 4-27 沙河水库副坝药室及导洞布置示意图(高程单位:m;其他尺寸单位:cm)

§4.5 水 闸

4.5.1 概述

4.5.1.1 水闸的功能与分类

1)水闸的功能

水闸是一种低水头的水工建筑物,既能挡水、抬高水位,又能泄水用以调节水位、控制泄水流量。水闸多修建于河道、渠系及水库、湖泊岸边,在水利工程中的应用十分广泛。

2)水闸的分类

水闸按其所承担的任务,可分为六种如图 4-28 所示。

(1)节制闸。节制闸建在河道上或在渠道上,枯水期用以抬高水位以满足上游引水或航运的需要;洪水期控制下泄流量,保证下游河道安全。位于河道上的节制闸也称拦河

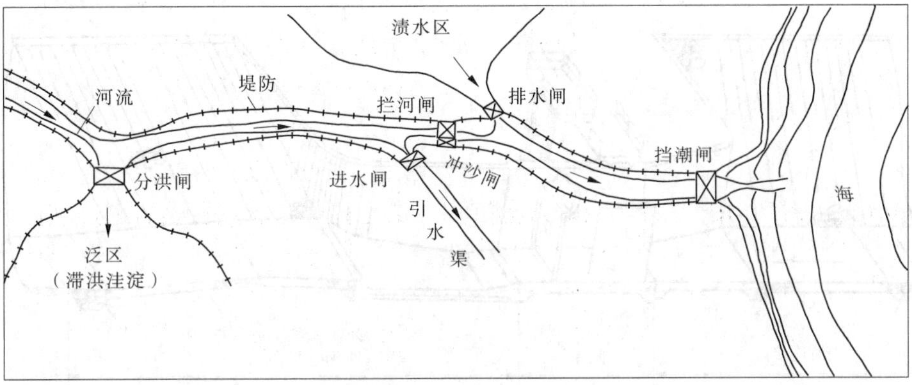

图 4-28　水闸分类示意图

闸。

(2)进水闸。进水闸建在河道、水库或湖泊的岸边，用来控制引水流量，以满足灌溉、发电或供水的需要。进水闸又称取水闸或渠首闸。

(3)分洪闸。分洪闸常建于河道的一侧，用来将超过下游河道安全泄量的洪水泄入分洪区(蓄洪区或滞洪区)或分洪道。

(4)排水闸。排水闸常建于江河沿岸排水渠道末端，用来排除河道两岸低洼地区的涝渍水。当河道内水位上涨时，为防止河水倒灌，又需要关闭闸门。所以这种水闸要能双向挡水且闸底板高程较低。

(5)挡潮闸。挡潮闸建在入海河口附近，涨潮时关闸，防止海水倒灌；退潮时开闸泄水，具有双向挡水的特点。

(6)冲沙闸(排沙闸)。冲沙闸建在多泥沙河流上，用于排除进水闸、节制闸前或渠系中沉积的泥沙，减少引水水流的含沙量，防止渠道和闸前河道淤积。冲沙闸常建在进水闸一侧的河道上，并与节制闸并排布置或设在水渠内的进水闸旁。

4.5.1.2　水闸的组成部分

水闸一般由闸室、上游连接段和下游连接段三部分组成，如图4-29所示。

1)闸室

闸室是水闸的主体，起着控制水流和连接两岸的作用。闸室包括闸门、闸墩、底板、工作桥、交通桥等几个部分。闸门用于控制水流；闸墩用以分隔闸孔和支承闸门、胸墙、工作桥、交通桥；底板是闸室的基础，闸室的稳定主要由底板与地基间的摩擦力来维持，同时底板还起着防冲防渗的作用；工作桥用以安装启闭机械；交通桥用以沟通河、渠两岸的交通。

2)上游连接段

上游连接段处于水流行进区，其主要作用是引导水流平稳地进入闸室，保护上游河床及两岸免于冲刷，并有防渗作用。上游连接段一般包括上游防冲槽、铺盖、上游翼墙及两岸护坡等。

3)下游连接段

下游连接段的主要作用是消能、防冲和安全排出经闸基及两岸的渗流。下游连接段

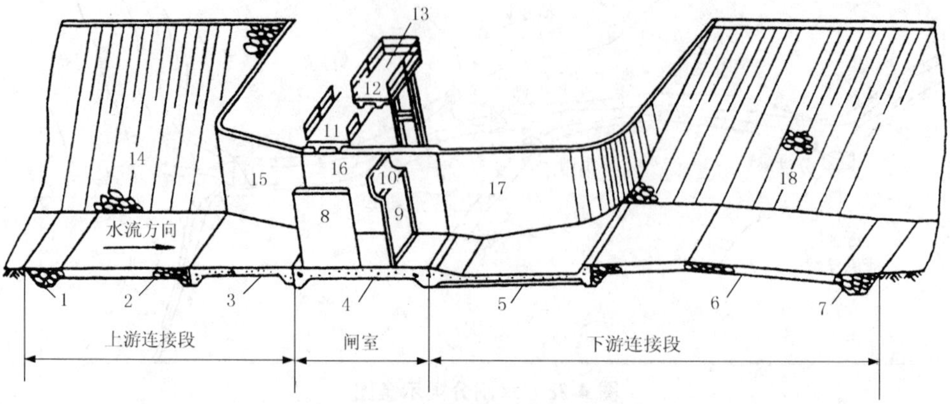

图 4-29 水闸的组成部分示意图

1—上游防冲槽;2—上游护底;3—铺盖;4—底板;5—护坦(消力池);6—海漫;
7—下游防冲槽;8—闸墩;9—闸门;10—胸墙;11—交通桥;12—工作桥;13—启闭机;
14—上游护坡;15—上游翼墙;16—边墩;17—下游翼墙;18—下游护坡

通常包括护坦、海漫、下游防冲槽、下游翼墙及两岸护坡等。

4.5.1.3 水闸的工作特点

水闸可以修建在土基或岩基上,但大多修建在河流或渠道的软土地基上。建在软土地基上的水闸具有以下一些工作特点:

(1)软土地基的压缩性大、承载能力低,在闸室自重和外荷载作用下,地基易产生较大的沉降或沉降差,造成闸室倾斜、闸底板断裂,甚至发生塑性破坏,引起水闸失事。

(2)水闸泄流时,水流具有较大的能量,而土壤的抗冲能力较低,就可能引起水闸下游的冲刷。

(3)在上下游水头差作用下,闸基及两岸连接部分将会产生渗流,渗流对闸室及两岸连接建筑物的稳定不利,而且还可能产生有害的渗透变形。

基于上述特点,设计中需要解决好以下几个问题:①选择与地基条件相适应的闸室结构形式,保证闸室及地基的稳定;②做好防渗设计,特别是上游两岸连接建筑物及其与铺盖的连接部分,要在空间上形成防渗整体;③做好消能、防冲设计,避免危害性的冲刷。

4.5.2 闸基防渗措施

为减小闸室渗透压力和防止地基发生渗透破坏,必须采取合理的防渗措施。

图 4-30 是沿水流方向闸基的防渗布置示意图,它表示了闸基的渗流情况。其中铺盖、板桩和闸底板都是相对不透水的,而地基则是相对透水的。从底板下游端起,设有排水和反滤层,护坦上还设有排水孔,这些部分是完全透水的。在水头 H 的作用下,水从上游经过地基向下游渗透,到达底板下游及护坦底部的排水和反滤层后,从护坦上的排水孔流出。铺盖、板桩和底板等不透水结构与透水地基的接触线(即图 4-30 中的折线 1、2、3、4、5、6、7、8)是闸基渗流的第一根流线,称为地下轮廓线,其长度称为闸基防渗长度。根据工程经验,防渗长度 L 满足 $L \geqslant C \cdot \Delta H$ 时,即可防止地基发生渗透变形。其中,ΔH 为上下游水位差;C 为渗径系数。渗径系数和容许坡降值见表 4-1。

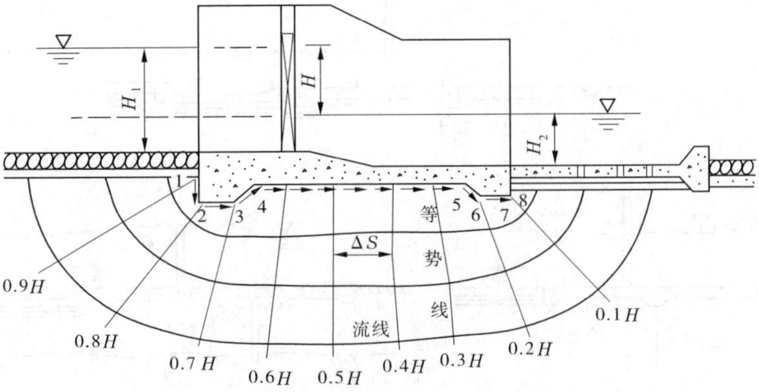

图 4-30　闸基的防渗布置示意图

表4-1中除了壤土和黏土以外的各类地基,只列出了有反滤层时的渗径系数和容许坡降值,因为在这些地基上建闸,不允许不设反滤层。

表 4-1　渗径系数和容许坡降值

排水条件		地基类别									
		粉砂	细砂	中砂	粗砂	中砾、细砾	粗砾夹卵石	轻粉质砂壤土	轻砂壤土	壤土	黏土
有反滤层	C	9～13	7～9	5～7	4～5	3～4	2.5～3	7～11	5～9	3～5	2～3
	J	0.11～0.08	0.04～0.11	0.20～0.14	0.25～0.20	0.33～0.25	0.40～0.35	0.14～0.11	0.20～0.14	0.33～0.20	0.5～0.33
无反滤层	C	—	—	—	—	—	—	—	—	4～7	3～4
	J	—	—	—	—	—	—	—	—	0.25～0.14	0.33～0.25

注:当闸基设板桩时,C值可采用小值。地基土分类见《水闸设计规范》(SL265—2001)附录F。

闸基防渗设施的布置(见图4-31)采用前面阻渗和后面排渗相结合的原则。通常在闸底板的上游布置水平防渗(如铺盖)或铅直防渗(如板桩)来延长底板上游的渗径,以减少闸底板上的渗透压力,并降低渗流场的平均渗透坡降;在闸底板的下游布置排水和反滤层,以减少渗透压力,并防止渗透变形。由于地基土质不同,其防渗布置也有差异:如在黏性土地基上,防渗一般只用水平铺盖而不用板桩,排水设备可延伸到闸底板下(见图4-31(a));在砂性土地基上,通常采用铺盖和板桩相结合的防渗方式,排水设备布置在闸底板的下游(见图4-31(b));当砂层较薄且下面有相对不透水层时,通常采用板桩将透水性强的砂层截断(见图4-31(c))等。

4.5.3　水闸的消能与防冲

水闸的水头低,下游水深大,下泄水流没有足够的能量将水流挑射到一定远的距离;又因水闸下游水位变化大,一般也难以产生面流式水跃。因此,水闸一般只能采用底流式水跃消能,其工程措施是通常采用挖深的办法形成消力池。

由于土基抗冲能力低,消力池后面常需做很长的防冲海漫,水闸上游常需护底,两岸需做护坡。

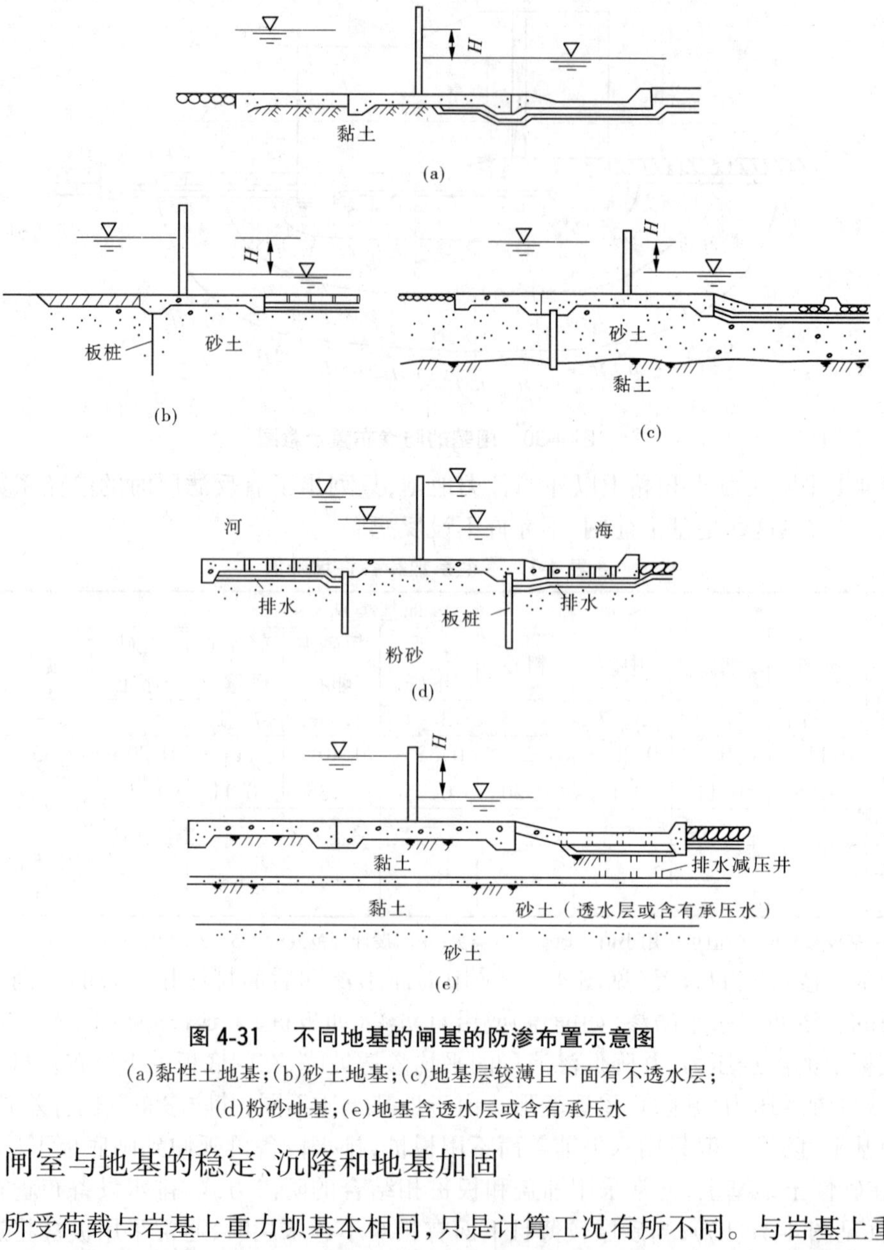

图 4-31 不同地基的闸基的防渗布置示意图

(a)黏性土地基;(b)砂土地基;(c)地基层较薄且下面有不透水层;
(d)粉砂地基;(e)地基含透水层或含有承压水

4.5.4 闸室与地基的稳定、沉降和地基加固

水闸所受荷载与岩基上重力坝基本相同,只是计算工况有所不同。与岩基上重力坝一样,水闸在各种工况下应满足稳定和强度要求,且应经济合理。但由于土基具有抗剪强度和承载能力低、压缩性大、容易产生渗透变形等特点,所以除验算闸室等部分的抗滑稳定外,还应验算地基稳定、渗透稳定和控制不均匀沉陷。

当天然地基不满足地基稳定或控制沉陷的要求时,可进行适当开挖或采取合理的上层结构以适应地基情况。如仍不符合要求,则应对地基进行处理,其常用的地基处理方法见表 4-2。为控制沉陷差,一般可采用减少相邻建筑物的重量差、重量大的先施工、尽量使地基反力均匀等措施。

表 4-2　地基常用处理方法

处理方法	基本作用	适用范围	说明
换土垫层	改善地基应力分布,适当提高地基稳定性	软土地基; 垫层厚度不超过 3m	对深厚软土地基仍然有较大的沉降量
桩基础	增加地基承载力,减少沉降量和提高抗滑稳定性	各种松软地基,尤其适用于上部为松软土层、下部为硬土层的地基	桩尖未进入硬土层的摩擦桩,仍有一定的沉降量; 用于松砂、砂壤土地基,应注意渗透变形问题
沉井基础	除与桩基作用相同外,并对防渗和开挖流砂层有利	适用于上部为软土层或流砂层、下部为硬土层或岩层的地基; 松软土层一般为 8～10m,且下卧硬土层或岩层表面较平整	沉井应下沉到硬土层或岩层
振冲砂(碎石)桩	提高地基强度,减少沉降量	松砂或软弱的壤土和黏土	地基密实,但均匀性和防渗条件较差

注:砂井预压法、强夯法或其他处理方法,经论证后也可采用。

第5章 取水输水建筑物

取水建筑物是输水建筑物的首部建筑,它的作用主要是用来控制和调节水流,如引水隧洞的进口段,灌溉渠首和供水用的进水闸、扬水站等。

输水建筑物的作用是为各需水部门(包括灌溉、发电、城市工业和生活用水等)输送所需要的有用水,如引水隧洞、引水涵管、渠道、渡槽、倒虹吸等。

§5.1 水工隧洞

5.1.1 概述

5.1.1.1 水工隧洞的作用和类型

为了满足水利水电工程各项任务而设置的隧洞称为水工隧洞,水工隧洞的功用主要有以下几个方面:

(1)配合溢洪道宣泄洪水,有时也可作为主要泄洪建筑物使用;

(2)引水发电,或为了灌溉、供水、航运等目的输水;

(3)排放水库泥沙,延长水库使用年限,有利于水电站的正常运行;

(4)放空水库,用于战备或检修建筑物;

(5)在水利枢纽施工期间用来施工导流。

按上述功用,水工隧洞可以分为泄洪隧洞、输水隧洞、施工导流隧洞、排沙隧洞和放空隧洞。

根据隧洞内的水流状态,又可将其分为有压隧洞和无压隧洞。

在设计水工隧洞时,应按照枢纽的设计规划,采用一洞多用的原则,尽量设计多用途的隧洞,以降低工程造价。

5.1.1.2 水工隧洞的工作特点

1)水流特点

输水隧洞的水流流速一般较低,但这类隧洞一般要求有光滑的外形,还要尽量减小水头损失,从而保证隧洞出口的水头。但泄水隧洞其流速一般很高,如果体型设计不当或施工存在缺陷,可能引起空蚀破坏,且由于出口单宽流量大、能量集中,会造成下游冲刷。为此,应采取适宜的防止空蚀和消能措施。

2)结构特点

隧洞为地下结构,开挖后破坏了原来岩体内的应力平衡,引起应力重分布,导致围岩产生变形甚至崩塌。因此,常需设置临时支护和永久性衬砌,以承受围岩压力。承受较大内水压力的隧洞,要求围岩具有足够的厚度和进行必要的衬砌,否则一旦衬砌破坏,内水外渗,将危害岩坡稳定及附近建筑物的正常运行。很大的外水压力也可使埋藏式压力钢管失稳。故应做好勘探工作,使隧洞尽量避开不利的地质、水文地质地段。

3)施工特点

隧洞是地下结构,而且断面小、洞线长、工序多、干扰大。因此,虽然工程量不一定很大,但因施工条件差、工作面受限制,往往工期较长。尤其是兼作导流用的隧洞,其施工进度往往控制整个工程的工期。因此,改善施工条件、改进施工方法、加快施工进度、提高施工质量是隧洞建设的重要课题。

5.1.1.3　水工隧洞的组成

水工隧洞一般由下面3个主要部分组成(见图5-1):

(1)进口段。进口段位于隧洞进口部位。进口形状为喇叭口,在此处设置有拦污栅、闸门室及渐变段。

(2)洞身段。洞身段在岩石内开挖而成,用于输送水流。

(3)出口段。泄水隧洞出口段设消能建筑物,发电隧洞末端则由高压管道通入发电厂房。压力泄水隧洞的出口段也设有渐变段及工作闸门室。

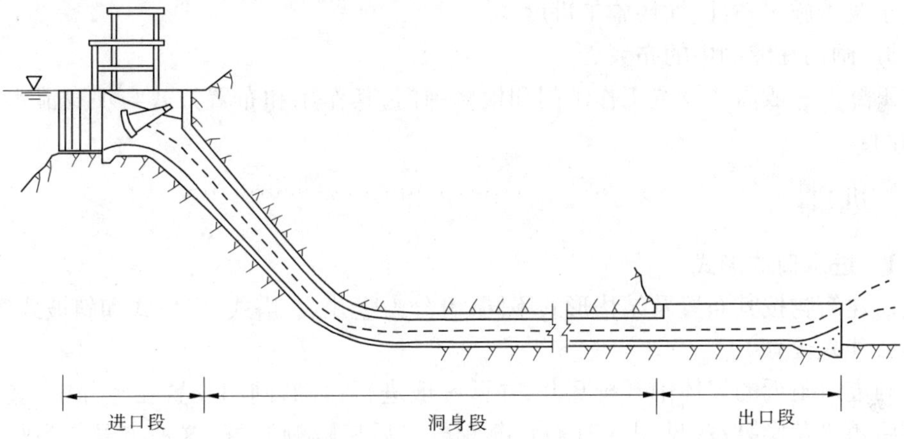

图5-1　水工隧洞的组成

5.1.2　水工隧洞的布置及线路选择

5.1.2.1　总体布置

隧洞的总体布置,应该在枢纽建筑物总体规划的基础上进行,一般应注意以下几个方面问题:

(1)在枢纽中如果同时采用岸边溢洪道和泄水隧洞时,一般应将其分别布置在枢纽的两岸,以便施工和运行。

(2)隧洞进出口的位置选择应当注意地形、地质和水流条件,保证施工和运行安全以及水流顺畅。出口还应注意水流的消能问题。

(3)洞身主要选择其纵坡、断面形状和尺寸。选择时除了要注意地形、地质情况,还应考虑泄流量、水位变化情况等。

5.1.2.2　线路选择

泄水隧洞的线路选择是设计中的重要内容,关系到隧洞的造价、施工难易、施工安全、工程进度和运用可靠性等,因此必须在认真勘测的基础上拟定不同的方案,考虑各种因素,进行技术经济比较后确定。影响隧洞线路选择的因素很多,如地形、地质、施工条件等。下面介绍隧洞选线时应注意的一般原则。

(1)隧洞的线路在平面上应尽可能布置为直线,以形成良好的水流条件,减少水头损失和工程量,并便于施工。

(2)隧洞线路应尽量避开不利的地质构造,如断层、破碎带和可能发生滑坡的不稳定地段,同时应尽量避开山岩压力很大、地下水头和渗水量很大的岩层。

(3)隧洞的纵坡应根据运用要求、用途、上下游衔接以及施工和检修条件等,通过技术经济比较选定。隧洞坡度主要涉及到隧洞泄流能力、压力分布、过水断面、工程量、空蚀特性及工程安全。

(4)隧洞要有足够的埋藏深度,洞顶岩体覆盖厚度或隧洞岩边一侧的岩体厚度统称为隧洞的围岩厚度。一般围岩厚度不小于1倍洞径。

(5)对于长隧洞,洞线选择时还应考虑设置施工支洞问题,以便于增加施工工作面,这样有利于改善施工条件、加快施工进度。

5.1.2.3 闸门在隧洞中的布置

水工隧洞一般需要设置工作闸门和检修闸门,其作用和布置方式与坝身泄水孔闸门基本相同。

5.1.3 进口段

5.1.3.1 进水口的形式

进口建筑物按其布置及结构形式不同,可分为竖井式、塔式、岸塔式和斜坡式等。

1)竖井式进口

隧洞进口附近的岩体中开挖竖井,井壁一般进行衬砌,闸门安置在竖井中,竖井的顶部布置启闭机及操纵室(见图5-2(a)),渐变段之后接隧洞洞身,这种布置称为竖井式进口。其优点是结构比较简单,不受风浪和冰冻的影响,受地震影响也较小,比较安全可靠。缺点是竖井之前的隧洞段不便检修,竖井开挖也较困难。竖井式进口适用于工程地质条件较好、岩体比较完整、山坡坡度适宜、易于开挖平洞和竖井的情况。

设置弧形闸门的竖井,井后即为无压洞段,故井内无水,称为"干井";压力隧洞设置平面闸门的竖井,井内有水,称为"湿井",只在检修时井内才无水。

2)塔式进口

当进口处山岩较差,而岸坡又比较平缓时,可采用塔式进口。进水塔独立于岸坡或坝体,用工作桥与河岸或坝顶相连。塔的横断面一般为矩形封闭结构或框架结构(见图5-2(b)),塔顶设操纵平台和启闭机室。由于其不涉及岸边自然条件,明挖又较少,只要库底有足够的承载力就可以建塔,所以应用很普遍。刘家峡、走马庄泄水洞进口均为塔式结构。其缺点是结构受风浪、冰、地震的影响大,稳定性相对较差,需要桥梁与库岸或大坝相接,运行管理交通不便。

3)岸塔式进口

当隧洞进口处地质条件较好,但岸坡较陡时,若开挖竖井工程量比较大,可以采用岸塔式进口,即将进口段、闸门段和闸门竖井均布置在山岩之外,形成一个单独的靠在开挖后洞脸岩坡上的进水塔。此种进水塔可以是直立的或倾斜的,如图5-2(c)所示。岸塔式进口的稳定性较塔式好,施工、安装工作也比较方便,且不需桥梁与岸坡连接,因此在地形地质条件适合时,应尽量采用岸塔式进口。

4)斜坡式进口

斜坡式进口是指在较为完整的岩坡上进行平整开挖、护砌而成的进水口,如图5-2(d)所示。闸门的轨道直接安装在斜坡的护砌上,其优点是结构简单、施工安装方便、稳定性好、工程量小;缺点是如果隧洞进口段过于倾斜,则闸门面积要加大,关门时不易依靠自重下降,需另加关门力。斜坡式进口一般只用于中小型工程,或仅作为安装检修闸门的进口。

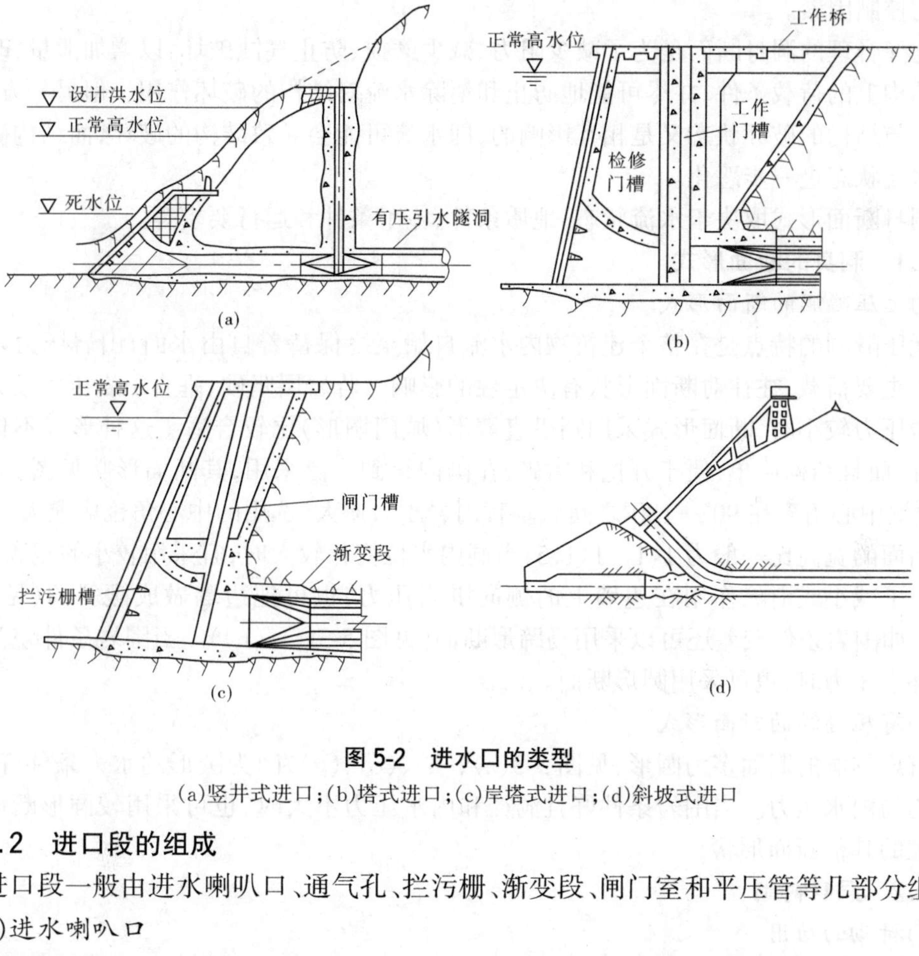

图5-2　进水口的类型

(a)竖井式进口;(b)塔式进口;(c)岸塔式进口;(d)斜坡式进口

5.1.3.2　进口段的组成

进口段一般由进水喇叭口、通气孔、拦污栅、渐变段、闸门室和平压管等几部分组成。

1)进水喇叭口

隧洞的进水口常采用顶板和边墙顺水流方向三方面收缩的平底矩形断面,其体形应符合孔口泄流的形态,避免产生不利的负压和空蚀破坏,同时还应尽量减少局部损失,以提高泄流能力。

2)通气孔

在泄水隧洞闸门之后应设通气孔,其作用是承担补气和排气任务。通气孔对改善流态和避免运行事故起着重要的作用,其布置和设计要求与坝身泄水孔相同。

3)拦污栅

泄水隧洞一般不设拦污栅,当需要拦截水库中的较大漂浮物时,可在进口设置固定的栅梁或粗拦污栅。引水发电的有压隧洞进口应设细栅,其作用是防止污物阻塞和破坏阀门及水轮机叶片。

4)渐变段、闸门室及平压管

渐变段、闸门室及平压管可参见第4章第4.3节内容。

5.1.4 洞身段

泄水隧洞的体形设计,除了考虑结构的稳定性和强度以外,水力学问题常常构成极为重要的控制因素。

选择合理的洞身断面是为了减少阻力、减少磨损、防止气蚀破坏,以增加泄量,改善作用在结构上的荷载条件,并尽可能地防止和消除水流对结构的破坏作用。但另一方面,水流状态与结构的破坏状态又是相互影响的,即水流可能会导致结构的破坏,而结构破坏又会使水流状态进一步恶化。

洞身断面形式取决于水流状态、地质条件、施工条件和运行要求等。

5.1.4.1 洞身的断面形式

1)无压隧洞的断面形式

无压隧洞的特点是在整个建筑物内水流自始至终保持着自由水面,山岩压力是其衬砌上的主要荷载,往往对断面形状有决定性的影响。若岩层坚硬、垂直山岩压力较大而侧向山岩压力较小时,断面形式采用圆拱直墙形(城门洞形)比较合适。这种形式不仅受力条件好,而且结构简单,便于开挖和衬砌,在国内得到广泛采用,其断面形状见图5-3(d)、(i),顶拱中心角多在90°~180°之间。垂直山岩压力愈大,选用的中心角也应愈大。

断面的宽高比一般为1:1~1:1.5,当洞内水位变化较大时,宜采用较小的宽高比。

为了减小或消除作用在边墙上的侧向围岩压力,也可把边墙做成倾斜的(见图5-3(e))。如围岩条件较差还可以采用马蹄形断面(见图5-3(f)、(h))。当围岩条件差又有较大的外水压力时,也可采用圆形断面。

2)有压隧洞的断面形式

有压隧洞的断面多为圆形,见图5-3(a)、(b)、(c)、(g),因为圆形的水力条件好,适于承受均匀内水压力。当围岩条件好且洞径和内水压力不大时,也可采用较圆形断面更便于施工的其他断面形状。

5.1.4.2 洞身衬砌

1)衬砌的功用

为了保证水工隧洞安全有效的运行,通常需要对隧洞进行衬砌。衬砌的功用主要有以下几个方面:

(1)承受荷载。衬砌承受山岩压力、内水压力等各种荷载。

(2)加固围岩,共同承受内、外水压力和其他荷载,使围岩保持稳定,不至于塌落。

(3)减小表面糙率。由衬砌形成的光滑、平整的表面,可以减小隧洞的糙率和水头损

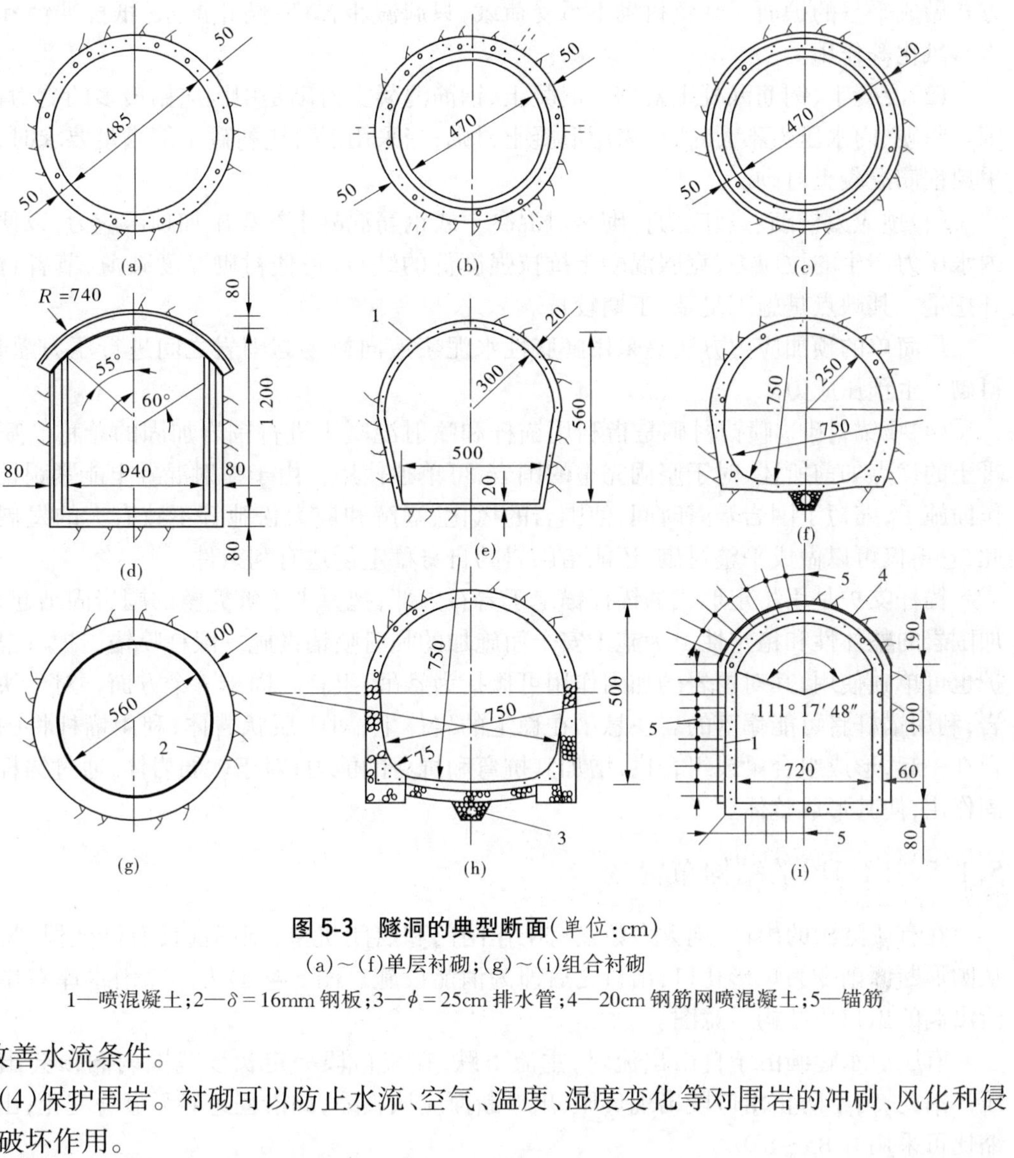

图 5-3　隧洞的典型断面(单位:cm)

(a)～(f)单层衬砌;(g)～(i)组合衬砌

1—喷混凝土;2—$\delta = 16$mm 钢板;3—$\phi = 25$cm 排水管;4—20cm 钢筋网喷混凝土;5—锚筋

失,改善水流条件。

(4)保护围岩。衬砌可以防止水流、空气、温度、湿度变化等对围岩的冲刷、风化和侵蚀等破坏作用。

(5)防止渗漏。

当围岩坚硬完整、开挖不需要支护、岩石抗风化能力强、透水性较小时,有些导流隧洞也可以不做衬砌或只在开挖表面喷混凝土。如在水流及其他因素长期作用下,岩石不致遭到破坏时,引水隧洞也可考虑不衬砌。但是,不衬砌的隧洞糙率大,水头损失增加,往往需要加大断面尺寸。因此,不衬砌的隧洞是否经济合理,需要经过技术经济论证确定。

2)衬砌的类型

衬砌的类型按设置衬砌的目的可分为平整衬砌和受力衬砌两类。按衬砌所用材料分为混凝土衬砌、钢筋混凝土衬砌和浆砌石等。除此之外,还有预应力衬砌、装配式衬砌、喷锚衬砌、限裂衬砌和非限裂衬砌等。

(1)平整衬砌。当围岩坚固、内水压力不大时,可以用混凝土、喷浆、浆砌石等材料或方式做成平整的护面。平整衬砌不承受荷载,只起减小糙率、防止漏水、抵抗冲蚀和防止岩石风化等作用。

(2)混凝土、钢筋混凝土衬砌。混凝土、钢筋混凝土衬砌是中国应用最多的受力衬砌。围岩坚硬、内水压力不大时,可采用混凝土衬砌;当采用混凝土衬砌不能满足要求时,则应采用钢筋混凝土衬砌。

(3)预应力衬砌。预应力衬砌是对混凝土或钢筋混凝土衬砌施加预压应力,以便抵消内水压力产生的拉应力,克服混凝土抗拉强度低的缺点,可使衬砌厚度减薄,节省材料和开挖量。其缺点是施工复杂,工期较长。

最简单的预加应力方法是采用膨胀性水泥浆液向衬砌与围岩之间进行压力灌浆,使衬砌产生预压应力。

(4)喷锚衬砌。喷锚衬砌是指利用锚杆和喷射混凝土进行围岩加固的总称。喷射混凝土的优点如前所述,对于坚固完整的围岩,可单独使用。由于喷射混凝土能紧跟掘进工作面施工,缩短了围岩暴露时间,使围岩的风化、潮解和应力松弛等不致有大的发展。因此,它不仅可以做成平整衬砌,还能给围岩的自身稳定创造有利条件。

锚杆支护是用特定形式的锚杆锚定于岩石内部,把原来不够完整的围岩固结起来,增加围岩的整体性和稳定性。为施工安全而施加的临时喷锚设施一般称喷锚支护。锚杆支护也可单独使用,其对围岩的加固作用可概括为悬吊、组合和固结三个方面。对于块状围岩,利用锚杆将可能塌落的岩块悬吊在稳定的岩体上;对于层状岩体,利用锚杆将围岩组合在一起,形成组合梁或组合拱,增加其抗弯和抗剪的能力;对于软弱岩体,通过锚杆的加固作用,使其形成整体。

5.1.5　出口段的结构布置

在有压隧洞的出口,绝大多数设有工作闸门和启闭机室,闸门前设有渐变段,将洞身从圆形断面渐变为矩形孔口,出口之后即为消能设施。图 5-4(a)为冯家山水库右岸有压泄洪洞的出口段结构示意图。

有压泄水隧洞由于自由出流时,主流下跌,在出口段一定长度范围内洞顶会出现负压。因此,为了防止出口段出现负压,出口断面应该收缩,如沿程边界无显著变化,出口收缩比可采用 0.85~0.9。

无压隧洞的出口段仅设有门框,以防洞脸及其上部岩石崩塌,并与消能设施的两侧边墙相衔接。图 5-4(b)为陆浑水库无压泄洪洞的出口段结构示意图。

5.1.6　隧洞的消能设施

泄水隧洞大多采用挑流消能和底流消能。泄水隧洞出口的消能方式和岸边溢洪道相似,只是隧洞出口宽度小、单宽流量大、能量集中,故常在出口后设置扩散段,以扩散水流,减小单宽流量。

5.1.7　隧洞衬砌上的荷载及其组合

作用在衬砌上的荷载,按其作用的情况分为基本荷载和特殊荷载两类。基本荷载有:

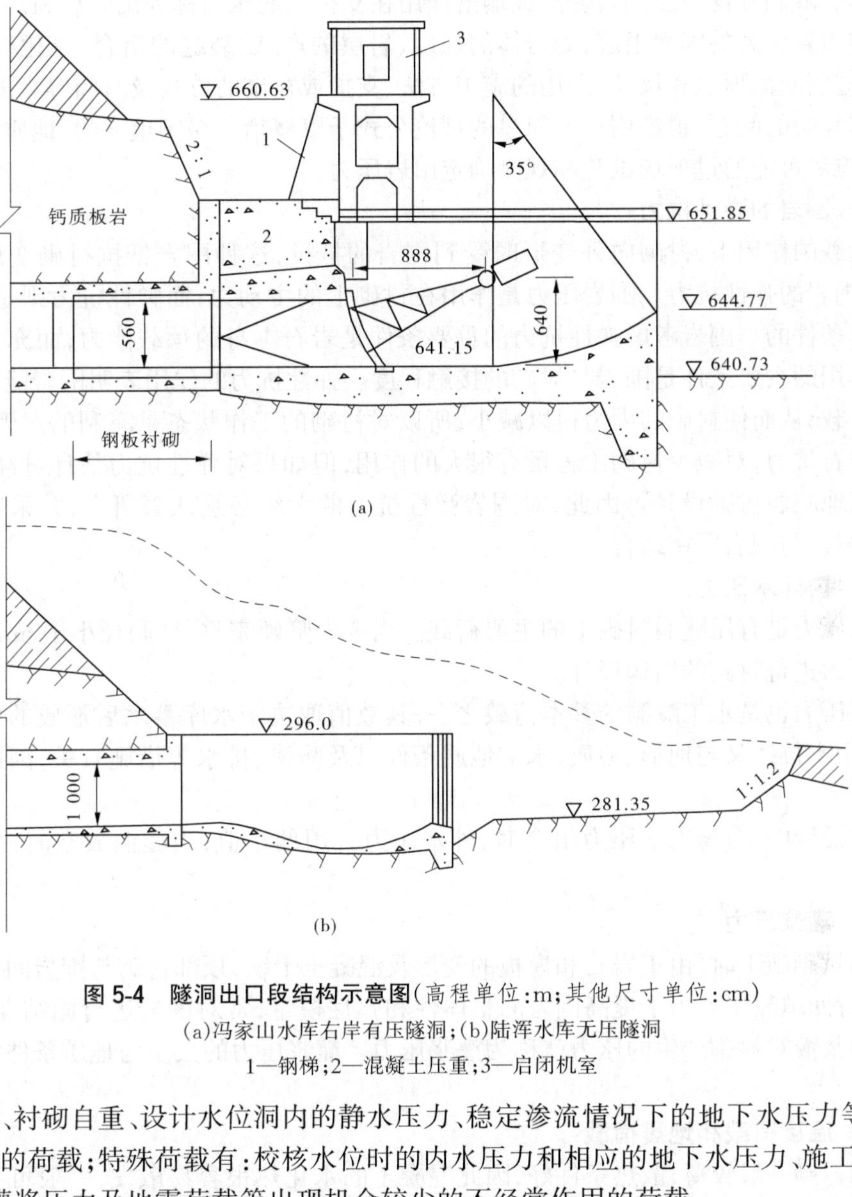

图 5-4　隧洞出口段结构示意图(高程单位:m;其他尺寸单位:cm)

(a)冯家山水库右岸有压隧洞;(b)陆浑水库无压隧洞

1—钢梯;2—混凝土压重;3—启闭机室

围岩压力、衬砌自重、设计水位洞内的静水压力、稳定渗流情况下的地下水压力等长期的经常作用的荷载;特殊荷载有:校核水位时的内水压力和相应的地下水压力、施工荷载、温度应力、灌浆压力及地震荷载等出现机会较少的不经常作用的荷载。

所有荷载中,衬砌自重和内水压力可以做较精确的计算。地下水压力(亦称外水压力)、温度应力及干缩力、灌浆压力、地震力等,则常假定一些基本数据,然后可做近似的计算。至于岩石和衬砌之间的作用力(围岩压力和岩层对衬砌的弹性抗力),则因地质条件、衬砌形式和施工条件的不同而不同,目前还不能做十分精确的计算。

计算荷载应根据上述两类荷载同时存在的可能性进行组合,分别组合为基本组合和特殊组合。在衬砌计算中应采用最不利的组合情况,并分别采用不同的安全系数。

5.1.7.1　山岩压力(围岩压力)

隧洞的开挖破坏了岩体本来的平衡状态,从而引起围岩的应力重分布,并随之产生相应的变形。隧洞开挖后因围岩变形或塌落作用在支护上的压力称为山岩压力。

影响山岩压力的因素很多,如岩体的强度、岩层的产状、裂缝的组合、风化程度、地下水状况、隧洞断面形状和尺寸、采用的施工方法、支护或衬砌的方式及时间等。因此,这是一个错综复杂的问题,很难用一个简单的理论公式予以概括。对于重要的、地质条件复杂的工程,应尽可能通过现场试验和观测确定山岩压力。

5.1.7.2 围岩的弹性抗力

在荷载的作用下,衬砌向外变形时受到围岩的抵抗,这种围岩抵抗衬砌变形的作用力,称为围岩的弹性抗力。围岩压力是作用在衬砌上的主动力;而弹性抗力则是被动力,并且是有条件的。围岩考虑弹性抗力的重要条件是岩石本身的承载能力,而充分发挥弹性抗力作用的主要条件是围岩与衬砌的接触程度。弹性抗力的作用表明围岩能与衬砌共同承受荷载,从而使衬砌的内力得以减小,所以对衬砌的工作状态是有利的。因此,充分地估计岩石抗力,对减少衬砌工程量有很大的作用,但如果对弹性抗力估计过高,则将导致不适当地减弱衬砌设计。因此,对围岩弹性抗力的大小必须认真研究,并采取适当措施,保证衬砌与围岩紧密结合。

5.1.7.3 内外水压力

内水压力是有压隧洞衬砌上的主要荷载。当围岩坚硬完整、且洞径小于 6m 时,可只按内水压力进行衬砌的结构设计。

外水压力也是水工隧洞的基本荷载之一,其数值取决于水库蓄水后形成的地下水位线,而这个水位线又与地形、地质、水文地质条件以及防渗、排水等措施有关,因此很难准确计算。

工程设计中,当与内水压力组合时,外水压力常用偏小值;当隧洞放空时,采用偏大值。

5.1.7.4 灌浆压力

隧洞衬砌施工时,由于岩石和模板的变形及混凝土干缩,顶部衬砌与围岩间常存在孔隙,需进行回填灌浆。为了提高围岩的整体性和弹性模量,常对围岩进行固结灌浆,在灌浆过程中浆液对衬砌产生的压力就称为灌浆压力。灌浆压力的大小与地质条件和施工方法有关。

5.1.7.5 温度荷载和地震荷载

隧洞衬砌一般较薄,散热条件好,因此混凝土的水化热很容易散发,一般可不考虑温度荷载的作用,而主要通过衬砌分缝、养护、保温等构造措施和施工措施予以处理。

隧洞衬砌因埋置在地下,受地震影响很小,设计中一般可不考虑地震作用。如 1976 年唐山大地震时,地面建筑物破坏严重,而开滦煤矿井巷混凝土棚架和喷锚支护的完好率达 95%～100%。

5.1.7.6 荷载组合

衬砌计算时,应根据荷载特点及不同荷载同时作用的可能性,按不同情况进行组合。

(1)正常运用情况:围岩压力+衬砌自重+宣泄设计洪水时的内水压力+外水压力。

(2)施工、检修情况:围岩压力+衬砌自重+可能最大外水压力。

(3)非常运用情况:围岩压力+衬砌自重+宣泄校核洪水时的内水压力+外水压力。

正常运用情况和非常运用情况均可能有几种不同组合，在设计计算中可根据具体情况分析确定。正常运用情况属于基本组合，用以设计衬砌的厚度、材料标号和配筋量，其他情况用作校核。

5.1.8　水工隧洞的构造

5.1.8.1　衬砌的分缝和止水

在混凝土及钢筋混凝土衬砌中，一般设有施工工作缝和永久性的横向变形缝。

设置变形缝的目的是为了防止不均匀沉陷，其位置应设在由于荷载大小、断面尺寸和地质条件等因素发生变化而容易产生不均匀沉陷的部位。缝面不需凿毛，缝内贴沥青毡并做好止水，其构造如图 5-5 所示。

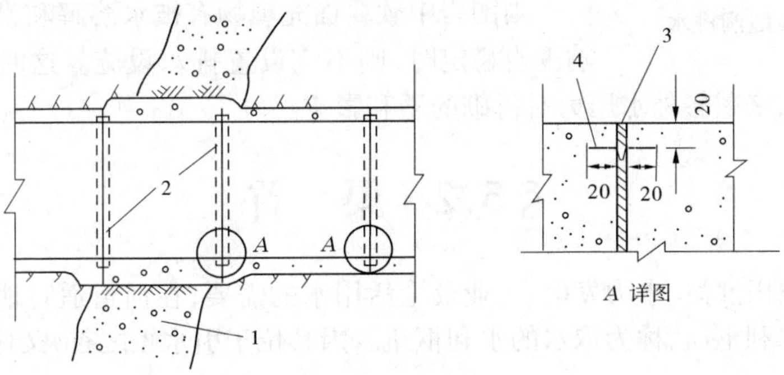

图 5-5　衬砌变形缝(单位:cm)

1—断层破碎带；2—变形缝；3—沥青油毡；4—止水片

围岩地质条件比较均一的洞身段，只需设置施工缝。按结构的不同，施工缝可分为纵向与横向两种。无压隧洞的横向施工缝，一般不设止水，混凝土也不凿毛，分布钢筋可不穿过横向施工缝。对有压隧洞和有防渗要求的无压隧洞，横向缝应根据具体情况采取必要的接缝处理措施。

纵向工作缝的位置及数目则应根据结构形式及施工条件决定，一般应设在内力较小的部分。无论是无压隧洞还是有压隧洞，其纵向施工缝均必须凿毛处理，还可设一些插筋以加强其整体性，必要时还可设置止水片(见图 5-6)。

5.1.8.2　隧洞灌浆与排水

1)灌浆

隧洞灌浆有回填灌浆和固结灌浆两种。

回填灌浆的目的是为了将衬砌与围岩之间的孔隙充填密实，改善衬砌结构的传力条件，以便衬砌与围岩共同承受荷载。对于混凝土和钢筋混凝土衬砌，回填灌浆一般在顶拱中心角 90°～120°范围内进行。灌浆是由预埋管进行的，灌浆时应加强观测，防止衬砌产生不容许的变形。

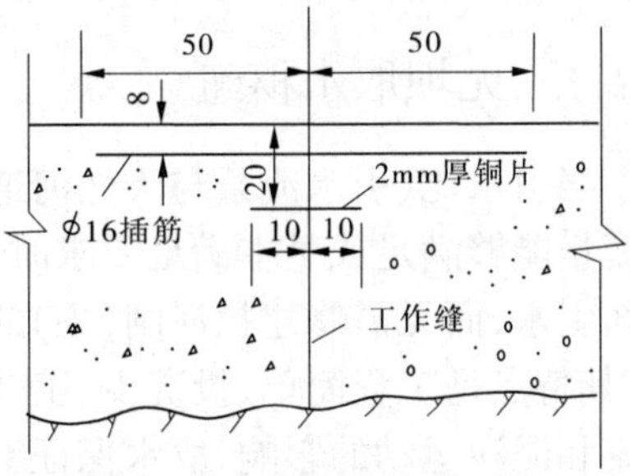

图 5-6　工作缝构造(单位:cm)

固结灌浆的目的是为了提高围岩的强度和整体性，从而得到可靠的弹性抗力，以改善衬砌结构的受力条件，并减少渗漏。

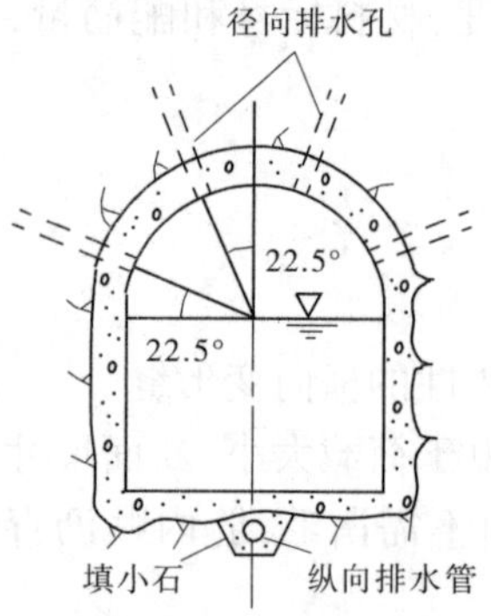

图 5-7 无压隧洞排水

2）排水

设置排水的目的是为了降低作用在衬砌上的外水压力。

对于无压隧洞衬砌，当地下水位高时，外水压力可能成为衬砌的主要荷载，为此，可在洞内水面线以上通过衬砌设置排水孔，将地下水直接引入洞内（见图 5-7）。排水孔的间距、排距和孔深一般为 2～4m。

有压隧洞是否需要采取排水措施，可根据外水压力是否控制衬砌的承载能力来考虑。

当围岩中软弱面充填物有被水溶解和带走的危险并影响围岩稳定时，则不宜设置排水设施。这时可用固结灌浆加强围岩的方法来减轻外水压力对衬砌的不利影响。

§5.2 渠　首

为了满足农田灌溉、水力发电、工业及生活用水的需要，在河道适宜地点修建由几个建筑物组成的水利枢纽，称为取水的水利枢纽。因其位于引水渠之首，又称为渠首或渠首工程。

引水枢纽工程的等别划分应遵照 1999 年颁布的中华人民共和国国家标准《灌溉与排水设计规范》执行，具体指标见表 5-1。

表 5-1 引水枢纽工程分等指标

工程等别	一	二	三	四	五
规 模	大(1)型	大(2)型	中型	小(1)型	小(2)型
引水流量(m^3/s)	＞200	200～50	50～10	10～2	＜2

取水枢纽有两种取水方式，一是自流引水，二是提水引水。对于自流引水按有无拦河坝（闸）又分为无坝取水和有坝取水两种类型。

5.2.1 无坝取水枢纽

当引水比（引水流量与天然河道流量之比）不大、防沙要求不高、取水期间河道的水位和流量能够满足或基本满足要求时，只需在河道岸边的适宜地点选定取水口，即可从河道侧面引水，而无需修建拦河闸（坝）的取水方式，称为无坝取水。这是一种最简单的取水方式，其特点是工程简单、投资少、工期短、易于施工，但不能控制河道的水位和流量，受河道水流和泥沙运动的影响，取水保证率低。

5.2.2 有坝取水枢纽

当河道水量丰沛，但水位较低或引水量较大，无坝取水不能满足要求时，应建拦河闸或溢流坝,用以抬高水位,以保证引取需要的水量。

§5.3　渠系建筑物

为了安全合理地输配水量,以满足农田灌溉、水力发电、工业及生活用水的需要,在渠道(渠系)上修建的水工建筑物,统称为渠系建筑物。

渠系建筑物按其作用可分为以下几种:

(1)渠道。渠道是指为农田灌溉或排水渠道,一般分为干、支、斗、农四级,构成渠道系统,简称为渠系。

(2)调节及配水建筑物。调节及配水建筑物用以调节水位和分配流量,如节制闸、分水闸等。

(3)交叉建筑物。渠道与山谷、河流、道路、山岭等相交时所修建的建筑物称为交叉建筑物,如渡槽、倒虹吸管、涵洞等。

(4)落差建筑物。在渠道落差集中处所修建的建筑物称为落差建筑物,如跌水、陡坡等。

(5)泄水建筑物。为保护渠道及建筑物安全或进行维修,用以放空渠水的建筑物称为泄水建筑物,如泄水闸、虹吸泄洪道等。

(6)冲沙和沉沙建筑物。为防止和减少渠道淤积,在渠首或渠系中设置的冲沙和沉沙设施称为冲沙和沉沙建筑物,如冲沙闸、沉沙池等。

(7)量水建筑物。量水建筑物是用以计量输配水量的设施,如量水堰、量水管嘴等。

渠系中的建筑物,一般规模不大,但数量多,总的工程量和造价在整个工程中所占比例较大。为此,应尽量简化结构,改进设计和施工,以节约原材料和劳动力,降低工程造价。以下仅就渡槽、倒虹吸管、涵洞、跌水及陡坡做简要介绍。

5.3.1　渠道

渠道按用途可分为:灌溉渠道、动力渠道(引水发电用)、供水渠道、通航渠道和排水渠道等。在实际工程中常是一渠多用,如:发电与通航、供水结合,灌溉与发电结合等。

渠道设计的主要内容有:选定渠道线路、确定断面形状和尺寸、拟定渠道的防渗设施等。

渠道线路选择是渠道设计的关键,可结合地形、地质、施工、交通等条件初选几条线路,通过技术经济比较,择优选定。渠道选线的一般原则是:

(1)尽量避开挖方或填方过大的地段,最好能做到挖方和填方基本平衡;

(2)避免通过滑坡区、透水性强和沉降量大的地段;

(3)在平坦地段,线路应力求短直,受地形条件限制,必须转弯时,其转弯半径不宜小于渠道正常水面宽的5倍;

(4)通过山岭,可选用隧洞,遇山谷,可用渡槽或倒虹吸管穿越,应尽量减少交叉建筑物。

渠道断面形状,在土基上呈梯形,两侧边坡根据土质情况和开挖深度或填筑高度确定，一般用1∶1～1∶2，在岩基上接近矩形，见图5-8。

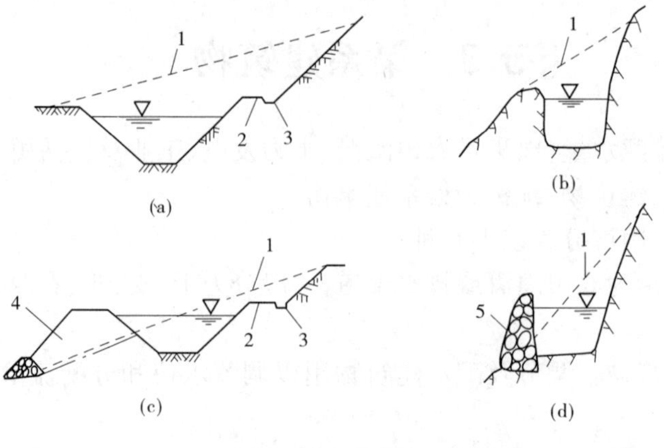

图5-8　渠道的断面形状

(a)土基上的梯形挖方渠道；(b)岩基上的矩形挖方渠道；

(c)土基上的梯形半挖半填渠道；(d)岩基上的矩形半挖半填渠道

1—原地面线；2—马道；3—截水沟；4—渠堤；5—渠墙

断面尺寸取决于设计流量和不冲不淤流速，可根据给定的设计流量、纵坡等用明渠均流公式计算确定。不冲、不淤流速与土的性质、水中悬浮泥沙的粒径和水深有关，黏性土渠道的不冲流速一般不超过1.0～1.5m/s，人工护面渠道，依护面材料而定。为防止渠道淤积和生长水草，要求流速不小于0.5～0.8m/s。在实际工程中，受自然条件、施工和运行条件的限制，渠道断面往往不能按经济断面设计，如：在地势较为平坦的地段，以采用宽浅形断面较为有利，而在深挖方及山坡较陡的地段或寒冷地区，则宜采用窄深形的断面。人工开挖的渠道底宽，一般不小于0.5m；机械开挖的，应根据设备情况适当加宽，一般不小于1.5m；对通航渠道，还应满足航运要求。堤顶高程为渠内最高水位加超高，超高值一般不小于0.25m。堤顶宽度根据交通要求和维修管理条件确定。

通过非密实黏土层、无黏性土层或裂隙发育的岩石层，长渠道的渗漏量有的可达引水量的50%～60%。渗漏不仅降低工程效益，还将抬高通水区的地下水位，造成土壤次生盐碱化、沼泽化，严重的还可使填方渠道出现滑坡。为减小渗漏量和降低渠床糙率，一般均需在渠床加做护面，护面材料主要有：砌石、黏土、灰土、混凝土以及防渗膜等。

5.3.2　渡槽

当渠道与山谷、河流、道路相交时，为连接渠道而设置的过水桥称为渡槽。

5.3.2.1　渡槽的形式

渡槽由进口段、槽身、出口段及支承结构等部分组成。按支承结构的形式可分为梁式渡槽和拱式渡槽两大类，见图5-9。

1)梁式渡槽

梁式渡槽的槽身直接地撑在槽墩或槽架上，既可用以输水又起纵向梁作用。各伸缩缝之间的每一节槽身，沿纵向有两个支点，一般做成简支的，也可做成双悬臂的，前者的跨

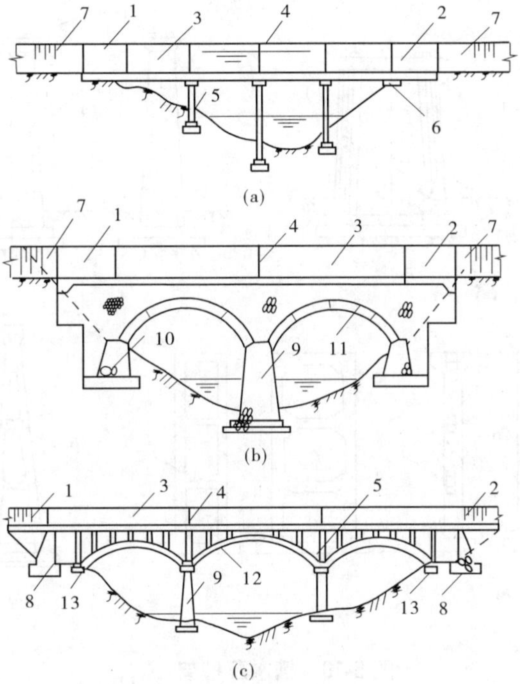

图5-9　各式渡槽结构示意图

(a)梁式渡槽;(b)板拱渡槽;(c)肋拱渡槽

1—进口段;2—出口段;3—槽身;4—伸缩缝;5—排架;6—支墩;7—渠道;

8—重力式槽台;9—槽墩;10—边墩;11—砌石板拱;12—肋拱;13—拱座

度常用8～15m,后者可达30～40m。

支承结构可以是重力墩或排架,见图5-10。重力墩可以是实体的或空心的,实体墩用浆砌石或混凝土建造,由于用料多,自重大,仅用于槽墩不高、地质条件较好的情况;空心墩壁厚20cm左右,由于自重小,刚度大,省材料,因而其在较高的渡槽中得到了广泛应用。槽架有单排架、双排架和A字形排架等形式。单排架的高度一般在15m以内;双排架高度可达15～25m左右;A字形排架稳定性好,适应高度大,但施工复杂、造价高,用得较少。

基础形式与上部荷载及地质条件有关,根据基础的埋置深度可分为浅基础和深基础,埋置深度小于5m的为浅基础(见图5-9及图5-10);大于5m的为深基础,深基础多为桩基和沉井。

槽身横断面常用矩形和U形。矩形槽身可用浆砌石或钢筋混凝土建造。对无通航要求的渡槽,为增强侧墙稳定性和改善槽身的横向受力条件,可沿槽身在槽顶每隔1～2m设置拉杆。如有通航要求,则可适当增加侧墙厚度或沿槽长每隔一定距离加肋,如图5-11所示,槽身跨度采用5～12m。

U形槽身是在半圆形的上方加一直段构成,常用钢筋混凝土或预应力钢筋混凝土建造。为改善槽身的受力条件,可将底部弧形段加厚。与矩形槽身一样,可在槽顶加设横向拉杆。

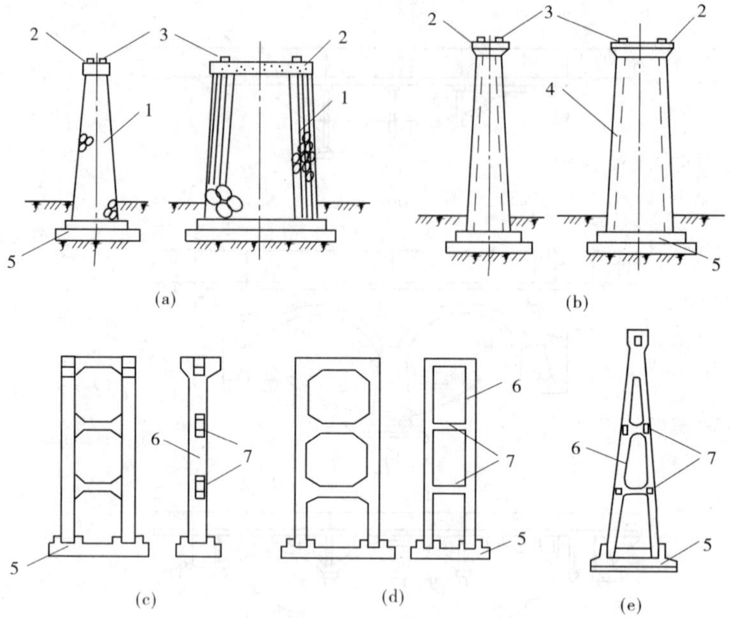

图 5-10　槽墩及槽架

(a)浆砌石重力墩;(b)空心重力墩;(c)单排架;(d)双排架;(e)A 字形排架

1— 浆砌石; 2—混凝土墩帽; 3—支座钢板; 4—预制块砌空心墩身;5—基础;

6—排架柱; 7—横梁

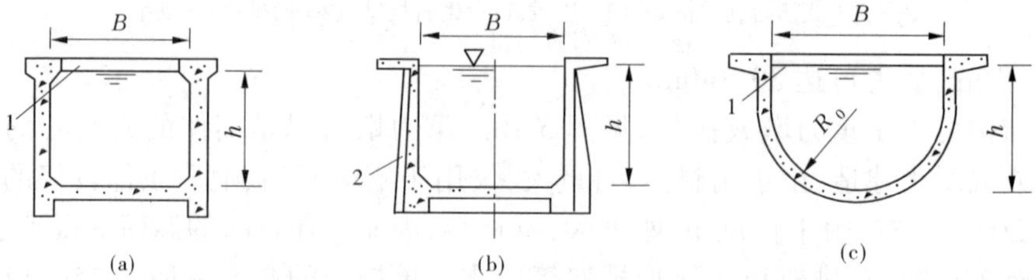

图 5-11　矩形及 U 形槽身横断面

(a)设拉杆的矩形槽;(b)设肋的矩形槽;(c)设拉杆的 U 形槽

1—拦杆;2—肋

矩形槽身常用的深宽比为 0.6～0.8,U 形槽身常用的深宽比为 0.7～0.8。

2)拱式渡槽

当渠道跨越地质条件较好的窄深山谷时,选用拱式渡槽较为有利。拱式渡槽由槽墩、主拱圈、拱上结构和槽身组成。

主拱圈是拱式渡槽的主要承重结构,常用的主拱圈有板拱和肋拱两种形式。

板拱渡槽主拱圈的径向截面多为矩形,可用浆砌石、钢筋混凝土或预制钢筋混凝土块砌筑而成。箱形板拱为钢筋混凝土结构。拱上结构可做成实腹或空腹,见图 5-9(b)。中国湖南省郴县乌石江渡槽,主拱圈为箱形,设计流量为 $5m^3/s$,槽身为 U 形,净跨宽度达 110m。

肋拱渡槽的主拱圈为肋拱框架结构,当槽宽不大时,多采用双肋,拱肋之间每隔一定距离设置刚度较大的横梁系,以加强拱圈的整体性,拱圈一般为钢筋混凝土结构。拱上结构为空腹式。槽身一般为预制的钢筋混凝土 U 形槽或矩形槽。肋拱渡槽是大、中跨度拱式渡槽中广为采用的一种形式,如图 5-9(c)所示。

5.3.2.2 渡槽进口与渠道的连接

为使槽内水流与渠道平顺衔接,在渡槽的进、出口需要设置渐变段,渐变段长 l_1 和 l_2 可分别采用进、出口渠道水深的 4 倍和 6 倍。

渐变段的结构形式,可参见第 4 章第 4.5 节内容。

除小型渡槽外,常在渐变段与槽身之间另设一节连接段,这主要有以下几个原因:

(1)对 U 形槽身需要从渐变段末端的矩形变为 U 形;

(2)为停水检修,需要在进口预留检修门槽(有时出口也留);

(3)为在进、出口布置交通桥或人行桥;

(4)为便于观察和检修槽身进、出口接头处的伸缩缝。

连接段的长度可根据布置要求确定,见图 5-12。

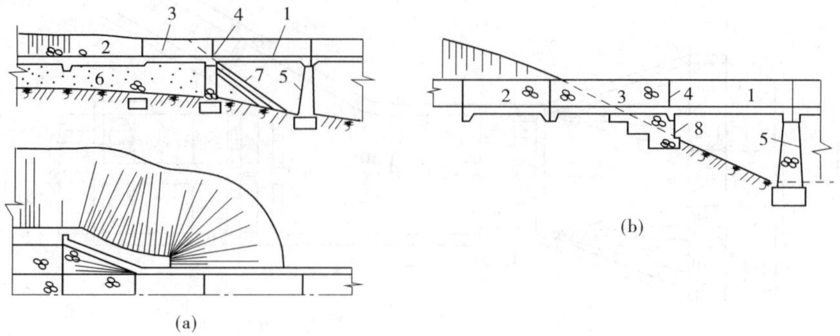

图 5-12　槽身与渠道的连接

(a)平面图;(b)立面图

1— 槽身;2—渐变段;3—连接段;4—伸缩缝;5—槽墩;6—回填土;7—砌石护坡;8—底座

对抗冲能力较低的土渠,为防止渠道受冲,尚需在靠近渐变段的一段渠道上加做砌石护面,长度约等于渐变段的长度。

5.3.3　倒虹吸管

倒虹吸管是当渠道横跨山谷、河流、道路时,为连接渠道而设置的压力管道,其形状如倒置的虹吸管。渠道与山谷、河流等相交,既可用渡槽,也可用倒虹吸管。当所穿越的山谷深而宽时,采用渡槽不经济;当交叉高差不大,或高差虽大,但允许有较大的水头损失时,一般来说,采用倒虹吸管比渡槽工程量小,且造价低,施工方便。但倒虹吸管水头损失大,维修管理不如渡槽方便。

选定倒虹吸管位置所应遵循的原则与渡槽基本相同:①管路与所穿过的河流、道路等保持正交,以缩短长度;②进、出口应力求与挖方渠道相连,如为填方渠道,则需做好夯实加固和防渗排水设施；③为减少开挖，管身宜随地形坡度敷设，但弯道不能过多，以减少水头损失，也不宜过陡，以便施工。

倒虹吸管由进口段、管身和出口段三部分组成。

5.3.3.1 进口段

进口段包括：渐变段、闸门、拦污栅，有的工程还设有沉沙池。进口段要与渠道平顺衔接，以减少水头损失。渐变段可以做成扭曲面或八字墙等形式（参见第 4 章第 4.5 节内容），长度为 3～4 倍渠道设计水深。闸门用于管内清淤和检修。不设闸门的小型倒虹吸管，可在进口侧墙上预留检修门槽，需用时临时插板挡水。拦污栅用于拦污和防止人畜落入渠内被吸进倒虹吸管。

在多泥沙河流上，为防止渠道水流挟带的粗颗粒泥沙进入倒虹吸管，可在闸门与拦污栅前设置沉沙池，如图 5-13 所示。对含沙量较小的渠道，可在停水期间进行人工清淤；对含沙量大的渠道，可在沉沙池末端的侧面设冲沙闸，利用水力冲淤。沉沙池底板及侧墙可用浆砌石或混凝土建造。

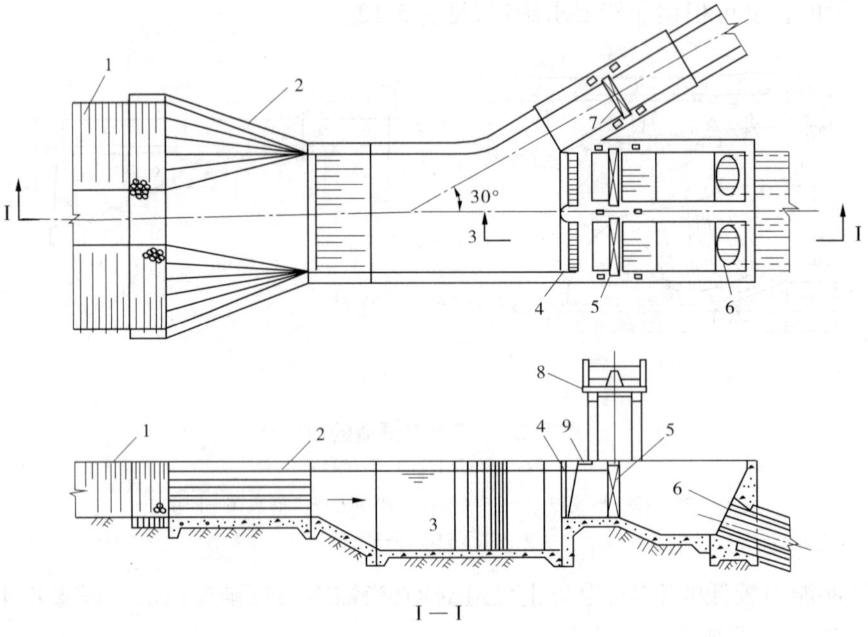

图 5-13 带有沉沙池的倒虹吸管进口布置

1— 上游渠道；2—渐变段；3—沉沙池；4—拦污栅；5—进口闸门；

6—进水口；7—冲沙闸；8—启闭台；9—便桥

5.3.3.2 出口段

出口段的布置形式与进口段基本相同。单管可不设闸门；若为多管，可在出口段侧墙上预留检修门槽。出口渐变段比进口渐变段稍长。由于倒虹吸管的作用水头一般都很小，管内流速仅在 2.0m/s 左右，因而渐变段的主要作用在于调整出口水流的流速分布，使水流均匀平顺地流入下游渠道。

5.3.3.3 管身

管身断面可为圆形或矩形。圆形管因水力条件和受力条件较好，大、中型工程多采用这种形式。矩形管仅用于水头较低的中、小型工程。根据流量大小和运用要求，倒虹吸管可以设计成单管、双管或多管。管身与地基的连接形式及管身的伸缩缝和止水构造等与土坝坝下埋设的涵管基础相同。在管路变坡或转变处应设置镇墩。为防止管内淤沙和放空管内积水，应在管段上或镇墩内设冲沙放水孔（可兼作进人孔），其底部高程一般与河道枯水位齐平。

5.3.4 涵洞

当渠道与道路相交而又低于路面时可设置输水用的涵洞；当渠道穿过山沟或小溪，而沟溪流量又不大时，可用一段填方渠道，下面埋设用于排泄沟、溪水流的涵洞，见图 5-14。前者称为输水涵洞，后者称为排水涵洞。

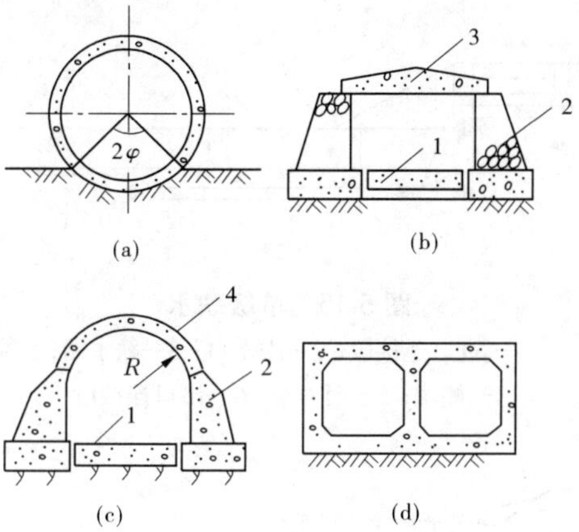

图 5-14　涵洞的断面形式

(a)圆管涵；(b)盖板涵；(c)拱涵；(d)箱涵

1—底板；2—侧墙；3—盖板；4—拱圈

涵洞由进口段、洞身和出口段三部分组成。

按洞身断面形状，涵洞可以做成圆管涵、盖板涵、拱涵或箱涵，见图 5-14。圆管涵因水力条件和受力条件较好，且有压、无压均可，是普遍采用的一种形式，管材多用混凝土或钢筋混凝土。盖板涵的断面呈矩形，其底板、侧墙可用浆砌石或混凝土，盖板多为钢筋混凝土结构，当跨度小时，也可用条石，适用于洞顶铅直、荷载较小、跨度较小的无压涵洞。拱涵由拱圈、侧墙及底板组成，可用浆砌石或混凝土建造，适用于填土高度大、跨度较大的无压涵洞。箱涵为四周封闭的钢筋混凝土结构，适用于填土高度大、跨度大和地基较差的无压涵洞和低压涵洞。当洞身较长，为适应地基不均匀沉降，应设沉降缝，间距应不大于 10m，也不小于 2～3 倍洞高，缝间设止水。

5.3.5 跌水及陡坡

当渠道通过地面坡度较陡的地段或天然跌坎，在落差集中处可建跌水或陡坡。

5.3.5.1　跌水

根据落差大小,跌水可做成单级或多级。单级跌水的落差较小,一般不超过 5m。

单级跌水由跌水口、进口连接段、跌水墙、侧墙、消力池和出口连接段等几部分组成,见图 5-15。

如跌差较大,可采用多级跌水,如图 5-16 所示。多级跌水的组成与单级跌水相似,级数及每级的高差,应结合地形、工程量及管理运用等条件比较确定。

跌水多用浆砌石或混凝土建造。

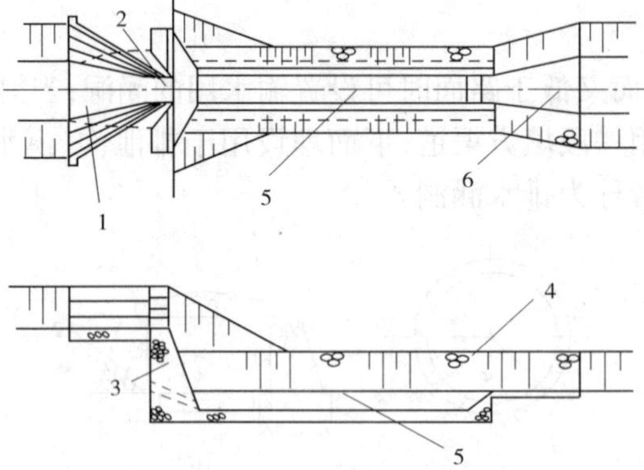

图 5-15　单级跌水

1— 进口连接段; 2—跌水口; 3—跌水墙;
4—侧墙; 5—消力池; 6—出口连接段

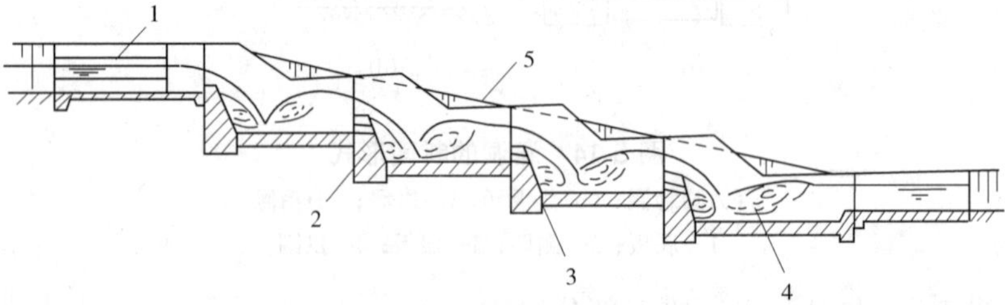

图 5-16　多级跌水

1—进口连接段; 2—跌水墙; 3—沉降缝;4—消力池;5—原地面

5.3.5.2　陡坡

陡坡和跌水的主要区别在于前者是以斜坡代替跌水墙。一般来说,当落差较大时,陡坡比跌水经济。

第6章　水电站及水电站建筑物

§6.1　水能开发方式及水电站类型

水能开发方式，就其集中落差的方式而言，有坝式、引水式和混合式三种基本方式。水电站布置形式与水能开发方式密切相关，如坝式开发方式有坝后式、河床式及从河岸引水的旁引式等；引水式分无压引水式及有压引水式两种。从建筑物的组成和形式来说，旁引式、混合式和有压引水式是基本相同的，作为水电站基本布置形式可以统称为有压引水式。本章重点介绍坝后式、河床式、无压引水式和有压引水式四种水电站的基本布置形式。

6.1.1　坝后式水电站

坝后式水电站的特点是建有相对较高的拦河坝形成水库，利用大坝集中落差形成库容，并进行水量调节。水库一般具有防洪、灌溉、发电、航运、给水等综合效益。其主要建筑物有拦河坝、泄水建筑物和水电站厂房(见图6-1)。另外可能有为其他专业部门而设的建筑物，如船闸、灌溉取水口、工业取水口、筏道和鱼道等。水电站建筑物集中布置在电站坝段，坝上游侧设有进水口，进水口设有拦污栅、闸门及启闭设备等。压力钢管一般穿过坝身向机组供水。电站厂房置于坝下游，坝与厂房一般用沉陷缝分开。

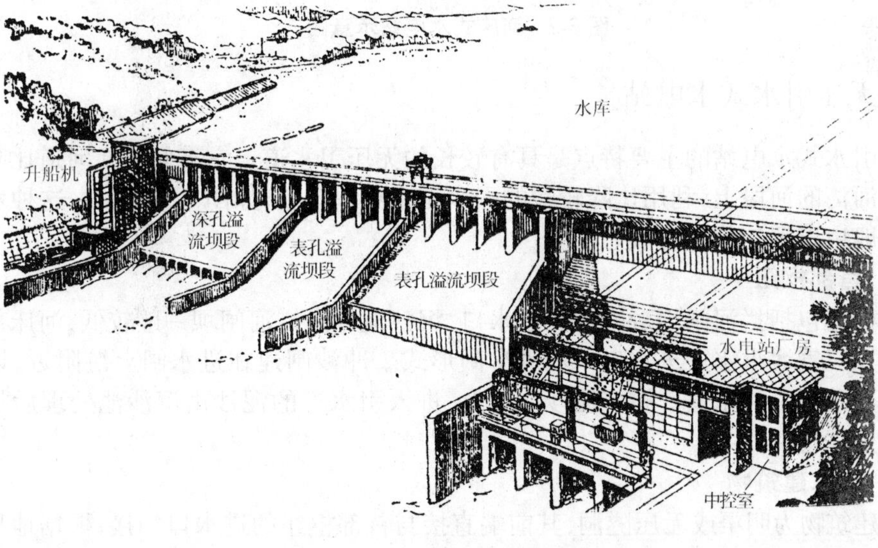

图6-1　坝后式水电站示意图

坝后式水电站一般修建在河流的中、上游，由于筑坝壅水，会造成一定的淹没损失，在河流中上游一般允许淹没到一定高程而不致造成太大损失。

6.1.2 河床式水电站

河床式水电站多修建在河流水面较宽且河道比降较小的中、下游河段上，由于地形平坦，不允许淹没更多的土地，只能修建较低的闸坝来适当抬高水头。这种水电站因为水头低，流量相对较大，水轮机多采用钢筋混凝土蜗壳。另外，其厂房尺寸和重量均较大，可以直接承受水压力，作为挡水建筑物的一部分与闸坝并肩位于河床中。实践经验表明，其适用水头范围，对大中型水电站可达25～35m，对小型水电站一般在8～10m以下。

河床式水电站没有专门的引水管道，水流直接由厂房上游侧的进水口进入水轮机。图6-2为河床式水电站示意图。

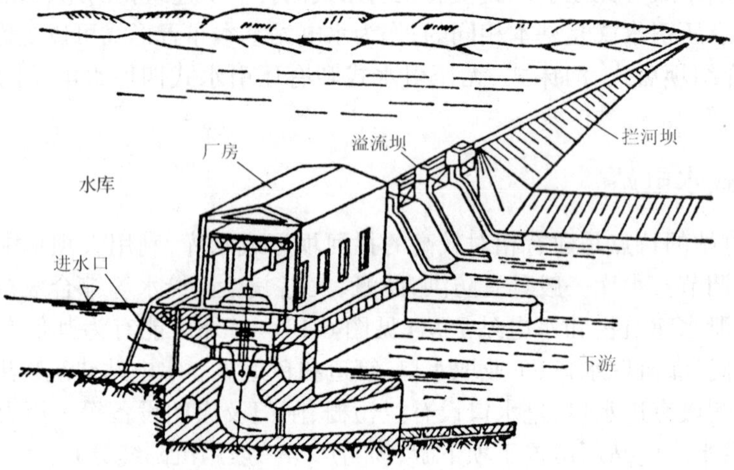

图6-2　河床式水电站示意图

6.1.3 无压引水式水电站

无压引水式水电站的主要特点是具有较长的无压引水道。它多修建在河道比降较陡或有较大河湾的河段上，利用比降较缓的引水道来集中落差，如图6-3所示。这种水电站建筑物一般由以下三部分组成。

6.1.3.1 首部枢纽

首部枢纽包括拦河闸坝、冲沙闸、进水口、沉沙池等。拦河闸坝一般较低，河床部分多建成溢流坝以宣泄洪水。进水口采用进水闸形式。冲沙闸建在进水闸上游附近，以保证有害泥沙不致进入引水道。在多泥沙河流上，进入引水道的泥沙由沉沙池处理后排入原河道或其他洼地。

6.1.3.2 引水建筑物

引水建筑物为明渠或无压隧洞，其前端直接与首部枢纽的进水口相接，根据地形和需要，在引水建筑物上可设渡槽、涵洞、倒虹吸、桥梁等附属建筑物。其尾部与压力前池相连。

6.1.3.3 厂区枢纽

厂区枢纽主要包括压力前池、泄水道、压力管道、电站厂房、尾水渠及变电配电建筑物

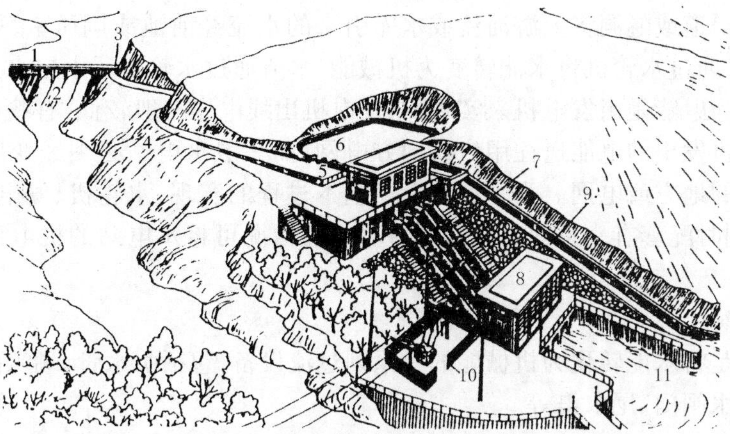

图 6-3　无压引水式水电站示意图

1—挡水坝;2—溢流坝;3—进水闸;4—引水渠道;5—压力前池;
6—日调节池;7—压力管道; 8—厂房;9—泄水道;10—开关站;11—尾水渠

等。压力前池的作用主要是将引来的水通过压力管道分配给水轮机,另外,它还有清除污物、宣泄多余水量与平稳渠末水位等作用。当电站担任峰荷时,还可在压力前池附近设日调节池。

无压引水式水电站的优点是淹没损失小,工程简易,造价较低。但因库容很小,河流水量利用率低,其综合利用效益很小。

6.1.4　有压引水式水电站

有压引水式水电站的主要特点是有较长的有压引水道,如有压隧洞或压力管道,其组成建筑物也可分为首部枢纽、引水建筑物和厂区枢纽三部分。

首部枢纽包括拦河坝、电站进水口和泄水建筑物等。进水口为潜没式进水口。当采用当地材料坝时,多建有河岸溢洪道。在有压引水道很长时,为了减小因负荷突然变化在压力管中产生的水锤压力和改善水电站运行条件,常常需要在有压引水道和压力水管的连接处设置调压室。图 6-4 为有压引水式水电站建筑物组成和布置示意图。

图 6-4　有压引水式水电站示意图

§6.2　水电站的主要机电设备

水力发电的基本原理是将水能变为机械能,再把机械能通过机械设备转化为电能,通过一系列的电气设备将电能送向电力系统。

采用引水渠道或隧洞将上游河流或水库引来的水流经前池或调压室，再由压力水管输送给水轮机，通过水轮机将水能转变为机械能，水流通过水轮机后由尾水渠泄入下游河道。机械能变为电能是由发电机来实现的，发电机出线电压一般较低，有些小型水电站可能直接将发电机发出的电能送往用户或地方电网，而一般水电站必须经变压器升压将电能输送到较远的地方或电网。为了保证上述基本过程的实现，水轮机、发电机、变压器必须正常运行，同时配套有一系列的辅助设备。一般情况可将水电站的机电设备分为五个系统。

1)水流系统

水流系统是将水能转化为机械能的一系列过流设备，包括引水管、蝴蝶阀、蜗壳、水轮机、尾水管、尾水闸门、尾水渠等。

2)电流系统

电流系统是发电、变电、配电系统，包括发电机、发电机引出线、发电机低压配电装置、主变压器、户外开关站(高压配电装置)及各种电缆、母线等。

3)电气控制设备系统

电气控制设备系统是控制水电站运行的电气设备，包括机旁盘、励磁设备、中控室各种电气设备以及各种控制监测和操作设备。

4)机械控制设备系统

机械控制设备系统包括水轮机的调速设备以及主阀、减压阀、拦污栅和各种闸门的操作控制设备等。

5)辅助设备系统

辅助设备系统是为了安装、检修、维护、运行所必需的各种机、电辅助设备。辅助设备系统包括厂用电系统、油系统、气系统、水系统、起重设备、各种机电维修和试验设备以及采光、通风、取暖、防潮、防火、保安、生活卫生等设备。

§6.3 水电站建筑物

6.3.1 水电站的无压进水口

无压进水口也称为开敞式进水口，一般适用于无压引水式电站。无压进水口分为有坝进水口和无坝进水口两种。由于无坝进水口只能引用河道流量的一部分，不能充分利用河流资源，故较少采用。以下主要介绍有坝无压进水口。

6.3.1.1 无压进水口的位置选择

无压进水口多为低坝引水，洪水期河道中流量流速较大，水流挟带大量泥沙与各种漂浮物直至进水口前。因此，无压进水口拦沙、排沙和拦截漂浮物的问题较潜没式进水口更为突出。考虑到上述情况，无压进水口位置应选择在比较稳定河段，并布置在河道的凹岸(如图 6-5 所示)。由于横向环流的作用，凹岸不会形成回流，泥沙、漂浮物不易堆积，且表层清水是流向凹岸的。这样可以减少进入进水口的泥沙，还可以利用进水口前的主流将拦污栅前的漂浮物冲向下游。当无合适的稳定河段可以利用时，可采用工程措施造成人工弯道；在布置上也可采取一些减沙排污的工程措施。

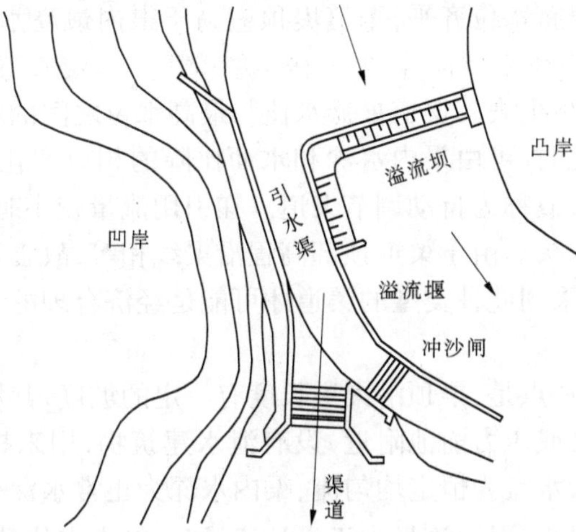

图 6-5　某水电站无压进水口布置图

6.3.1.2　无压进水口的组成建筑物及其布置

有坝开敞式进水口的组成建筑物一般有拦河低坝（或拦河闸）、进水闸、冲沙闸及沉沙池等。这些组成建筑物的总体布置形式多样，布置时一般应遵循以下原则：

(1)进水闸与冲沙闸的相对位置以“侧面进水，正面排沙”的原则进行布置。应根椐自然条件和引水量的大小确定最佳引水角度，条件许可时应尽量减小引水角度。

(2)进水闸的底板高程应高于冲沙闸和冲沙廊道进口的底板高程，其高差一般不宜小于1.0m，以防止淤沙进入引水道。另外，还可以设置拦沙坎，在非洪水期引水系数较大而河道推移质较多的情况下，防止底沙进入引水道。拦沙坎高度约为冲沙槽设计水深的1/4～1/3，最好不小于1.0～1.5m。

(3)当河流含沙量较大时，会有少量的推移质和大量的悬移质泥沙进入渠道，不仅会造成渠道淤积，还会使压力水管和水轮机的过流部件遭到破坏。为此，一般当河流挟沙量超过 0.5kg/m^3 及进入水轮机的悬移质大粒径泥沙（$d>0.25$mm 的泥沙）量超过 0.2kg/m^3 时，则应考虑设置沉沙池。沉沙池应设置于进水闸之后或其附近，以便先排除泥沙，再将清水引入渠道或无压隧洞。

6.3.2　动力渠道

6.3.2.1　动力渠道的类型及水力特性

水电站的无压引水渠道称为动力渠道，它位于无压进水口或沉沙池之后。根椐动力渠道的水力特性，可分为自动调节渠道和非自动调节渠道两种类型。

1)自动调节渠道

自动调节渠道的主要特点是：渠顶高程沿渠道全长不变，且高出渠道内可能的最高水位；渠底按一定坡度逐渐降低，断面也逐渐加大；在渠末压力前池处不设泄水建筑物。依动力渠道的运行要求，当渠道通过设计流量时，水流为恒定均匀流，水面线平行于渠底，水

深为正常水深 h_0；当水电站出力减小、水轮机引用流量小于渠道设计流量时，水流为恒定非均匀流，水面形成壅水曲线，且引用流量愈小，渠末水深愈大；当水电站停止工作、引用流量为零时，渠末水位将与渠首水位齐平，渠道堤顶应高于渠内最高水位，避免发生漫顶溢流现象。

自动调节渠道无溢流水量损失。渠道最低水位与最高水位之间的容积可用以调节水量，当电站引用流量发生变化时，可由渠内水深和水面比降的相应变化来自动调节，不必运用渠首闸门的开度来控制，故称为自动调节渠道。在引用流量较小时，渠末能保持较高的水位，因而可获得较高的水头。由于渠道顶部高程沿渠线相等，故工程量较大。只有在渠线较短、地面纵坡较小时，采用此种类型的渠道才可能是经济合理的。

2)非自动调节渠道

非自动调节渠道的主要特点是：渠顶沿渠道长度有一定的坡度，其坡度一般与渠底坡度相同。在渠末压力前池处(或压力前池附近)设有泄水建筑物，用来控制渠道水位的升高。当渠道通过设计流量时，水流为恒定均匀流，渠内水深为正常水深 h_0，渠末水位略低于溢流堰顶；当水电站出力减小、引用流量小于设计流量时，渠末水位升高，超过溢流堰顶后，多余水量将通过溢流堰泄向下游；当引用流量为零时，全部流量均经溢流堰泄向下游。渠道末端的顶部高程应高于全部流量下泄时的渠末水位。为了减少无益弃水，应根据电站负荷的变化，运用渠首闸门的开度调节入渠流量。这种类型的渠道有弃水损失，引用流量较小时渠末水位较自动调节渠道的水位低，但渠道工程量较小。对于渠道线路较长的电站或电站停止运行后仍需向下游供水时，可广泛采用非自动调节渠道。

6.3.2.2　动力渠道路线选择

渠道的选线应根据确定的引水高程和水电站厂房位置，选择一条从进水口至压力前池的渠道中心线。选线一般应遵循以下原则：

(1)渠线应尽量短，以期减小工程量和水头损失。

(2)渠道大致沿等高线布置，以期减小工程量。根据需要可修建渠系建筑物(无压隧洞、渡槽、倒虹吸等)。在渠末应有厂区布置的有利地形。

(3)渠线应选择在地质较好的地段，需转弯时其转弯半径不小于 5 倍渠道设计水面宽度。

6.3.2.3　动力渠道的断面形式和护面类型

1)渠道的断面形式

由于动力渠道沿线的地形和地质条件不同，渠道的断面形式也有所不同。盘山修建的渠道多采用窄深式的矩形断面，在土基上一般采用梯形断面。另外，渠道按其建筑条件又可分为挖方渠道和半挖半填渠道，如图 6-6 所示。

2)渠道护面类型

在渠道的表面用各种材料做成的保护层叫做渠道护面。护面的作用主要有以下几点：

(1)减少渠道的渗漏损失，加强渠道的稳定性；

(2)减小渠道的糙率，从而降低水头损失；

(3)防止渠中长草和穴居动物对渠道的破坏。

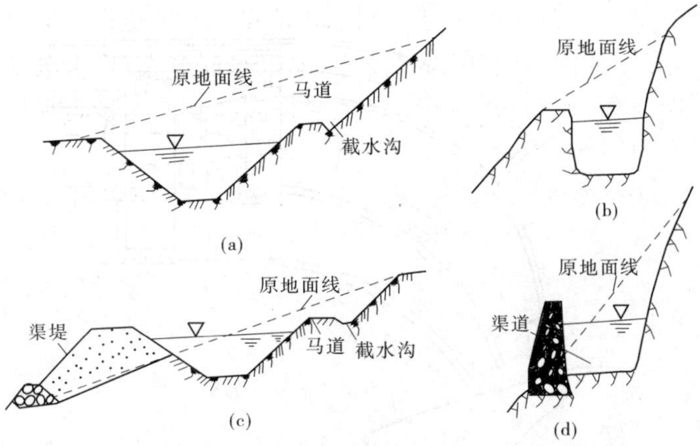

图 6-6　动力渠道断面形式

(a)、(b)挖方渠道;(c)、(d)半挖半填渠道

渠道护面的类型根据所用材料不同,可分为混凝土护面、砌石护面、砾石护面、黏土和灰土护面等。

6.3.2.4　动力渠道水力计算

动力渠道水力计算的目的是根据渠道的设计流量 Q_P 来选择合理的渠道断面,并计算在此断面下水电站在不同运行情况下渠道水位变化。这种计算可分为明渠恒定流计算和非恒定流计算,其中恒定流计算又分为均匀流计算和非均匀流计算。其计算方法可参见文献[29]的有关内容。

6.3.3　压力前池

压力前池是无压力引水道与压力水管之间的平水建筑物,它设置在引水渠道或无压引水隧洞的末端。压力前池的主要功能有以下几点:

(1)将渠道来水分配给各条压力水管,并设置闸门控制进入压力水管的流量;

(2)拦截渠道中的漂浮物和有害泥沙,防止其进入压力管。在严寒地区压力前池中还应设有排冰道,以防止冰凌的危害;

(3)当压力前池设有泄水建筑物时,可宣泄多余水量,限制水位升高。当下游有其他用水要求时,在电站停止运行的情况下,可通过泄水建筑物向下游供水;

(4)压力前池有一定容积,当电站负荷发生变化时,可暂时补充水量不足或容纳多余水量。

压力前池的主要组成部分包括:前室、进水室、泄水建筑物、冲沙孔和排水道等。图 6-7 为我国北方某电站压力前池的布置图。

6.3.4　水电站的有压进水口

有压进水口通常在一定的压力水头下工作,可单独设置,也可和挡水建筑物结合在一起。有压进水口通常工作在一定的压力水头下,适用于从水位变幅较大的水库中取水。有压进水口设计时应满足水量、水质、水头损失小,可节制流量及水工建筑物的一般要求。

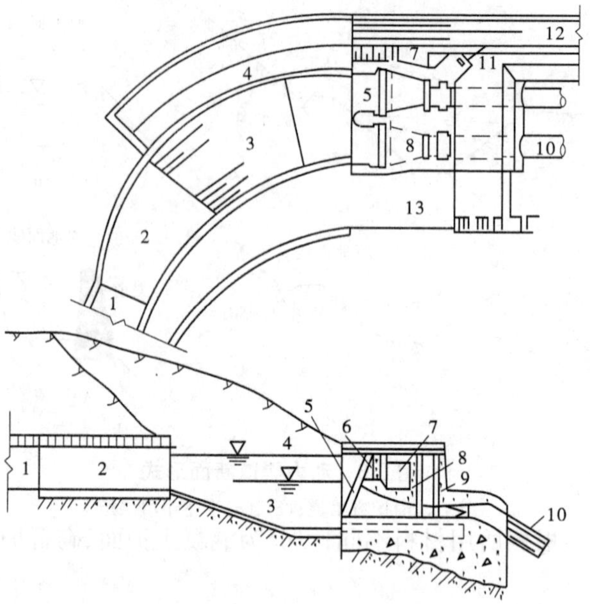

图 6-7　某电站压力前池布置示意图

1—渠道；2—扩散段；3—压力前池；4—溢流堰；5—拦污栅；
6—挡冰梁；7—排冰道；8—检修门槽；9—工作门槽；10—钢管；
11—排雨道；12—陡槽；13—修理平台

6.3.4.1　有压进水口的主要类型及适用条件

有压进水口的类型主要取决于水电站的开发方式、坝型、地形地质等因素，可分为隧洞式、压力墙式、塔式和坝式四种。

1）隧洞式进水口

隧洞式进水口的进口段、闸门段和渐变段三部分系从山体中开挖而成，如图 6-8 所示。进水口闸门安置在山岩中开挖出的竖井（闸门井）中，因此又称为竖井式进水口。

这种类型的进水口适用于水库岸边地质条件较好、开挖竖井和进口断面均不致引起塌方的情况。由于比较充分地利用了岩石的作用，隧洞式进水口的钢筋混凝土工程量较少。

2）压力墙式进水口

当隧洞进口处的地质条件较差或地形陡峻，不宜扩大断面和开挖竖井时，可采用压力墙式进水口，如图 6-9 所示。这种情况下，可将进口段与闸门段均布置在山体之外。

3）塔式进水口

当山坡平缓、地质条件较差且采用隧洞式或压力墙式进水口会引起过大的挖方时，可采用塔式进水口，如图 6-10 所示。对于土石坝之后的水电站，也常采用塔式进水口。塔式进水口分圆形进水口和矩形进水口两种，它们都具有塔式结构，其特点是结构较复杂，施工也较困难，且塔身的抗震性能差。圆形进水口的塔身为进水通道的一部分，塔身周边设置若干进水孔口，水流沿塔身的辐射方向进入。矩形进水口与压力墙式进水口相似，一般为单面进水。塔式进水口以工作桥与岸边连接。

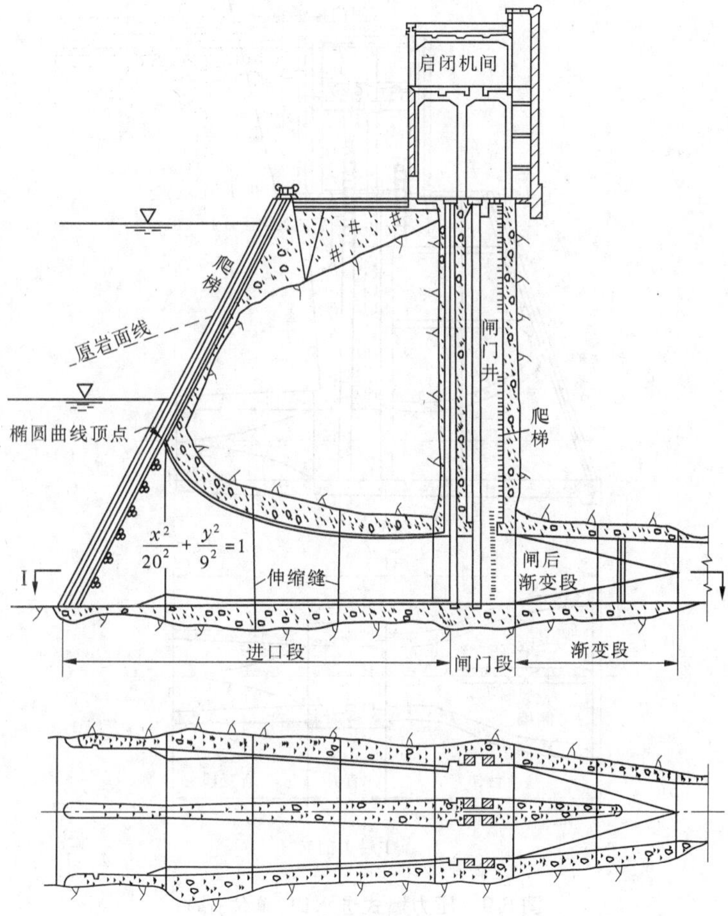

I—I 剖面

图 6-8　隧洞式进水口

4)坝式进水口

当水电站压力水管埋设于混凝土坝内、厂房布置于坝后或坝内时,采用与坝体形成整体的坝式进水口,如图 6-11 所示。这类进水口的结构布置与坝型直接相关。

6.3.4.2　有压进水口的布置

进水口位置的选择应同枢纽总体布置一并考虑。应尽量使流向进水口的水流平顺、对称,不产生回流和漩涡。进水口前若有回流区,则漂浮污物将大量聚集,不仅影响进水,而且会给清污带来困难。为了使水流顺畅地流入进水口,可在进水口上游开挖一段引水渠道,以适应水库的来水方向。

进水口的高程应低于水电站运行中可能出现的最低水位(死水位),且引水道顶部应有一定的淹没深度,以保证不产生漏斗状的吸气漩涡。同时,进水口的底缘(底坎)应高于泥沙淤积高程 1.0m 以上。

若进水口上方产生漏斗状的吸气漩涡,会将空气带入引水道,引起噪音和振动,减少进水流量,从而影响电站的正常运行。一般漩涡和漏斗状吸气漩涡的形成,主要与进水口

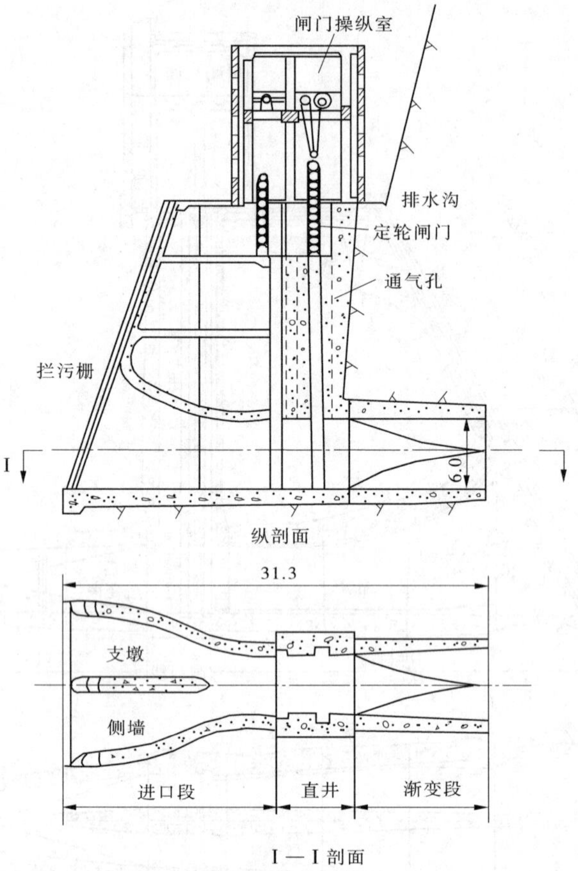

图 6-9 压力墙式进水口(单位:m)

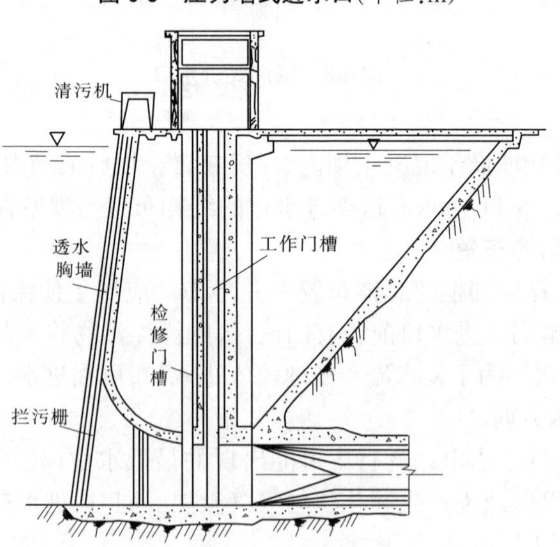

图 6-10 塔式进水口

的几何形状、流速和引水道顶部的淹没深度等因素有关。不产生漩涡的临界淹没深度 d_0 可根据相关经验公式计算。

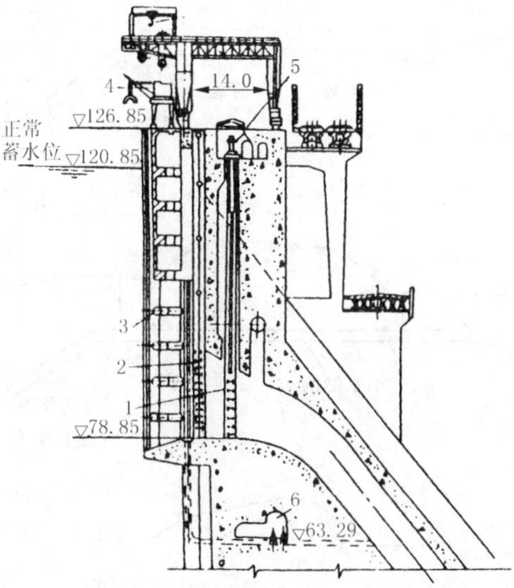

图 6-11　坝式进水口（单位:m）

1—工作闸门;2—检修闸门;3—拦污栅;4—门吊;5—工作闸门起吊设备;6—观测廊道

6.3.5　水电站引水压力水管

压力水管的作用是将水库、压力前池或调压室中的水引入厂房中的水轮机,并将流量在机组间分配。它是水电站枢纽的重要组成部分,其特点是坡度陡,内水压力大。因此在设计和施工方面都必须重视其安全可靠性和经济合理性,压力水管一旦失事将直接危机厂房的安全。

6.3.5.1　压力水管的类型

1)按制作压力水管的材料分类

(1)钢管。钢管一般为钢板焊接而成。它具有强度高、抗渗性能好等优点,故多用于高水头电站和坝后式电站,其适用水头范围可由数十米至一千余米。

(2)钢筋混凝土管。钢筋混凝土管分为现场浇筑的或预制的普通钢筋混凝土和预应力、自应力钢筋混凝土管等类型。它们具有耐久、低廉、节约钢材等优点。普通钢筋混凝土管一般适用静水头 H 和管直径 D 的乘积 $HD<60m^2$ 且静水头不宜超过 50m 的中、小型水电站。

近年来,预应力、自应力钢筋混凝土管有较大发展,它们具有弹性好、抗拉强度高等优点。其适用范围可达 $HD<300m^2$,静水头可达 150m,用以代替钢管可节约大量的钢材,但其制作要求较高。目前,中国广东省在这方面取得了许多成功的经验。

2)按压力水管的结构形式分类

(1)明管。敷设于地表、暴露在空气中的压力水管称为明管,又称为露天式压力水管。无压引水式电站多采用此种结构形式,如图 6-12(a)所示。

(2)地下埋管。埋入地层岩体中的压力水管称为地下埋管,又称为隧洞式压力水管。有压引水式电站多采用此种结构形式,如图 6-12(b)所示。

(3)坝内埋管。埋设于坝体内的压力水管叫做坝内埋管。混凝土重力坝或重力拱坝等坝后式厂房,一般均采用此种结构形式,如图 6-12(e)所示。

压力水管除上述三种结构形式外,尚有回填管、坝后背管等结构形式,如图 6-12(c)、(d)所示。

6.3.5.2　压力水管的路线和布置形式选择

1)压力水管路线的选择

正确选择压力水管的路线是设计压力水管的首要任务,路线选择的合理与否,对于工程造价及运行的安全可靠性影响极大。在进行路线选择时,应与水电站总体布置统一安

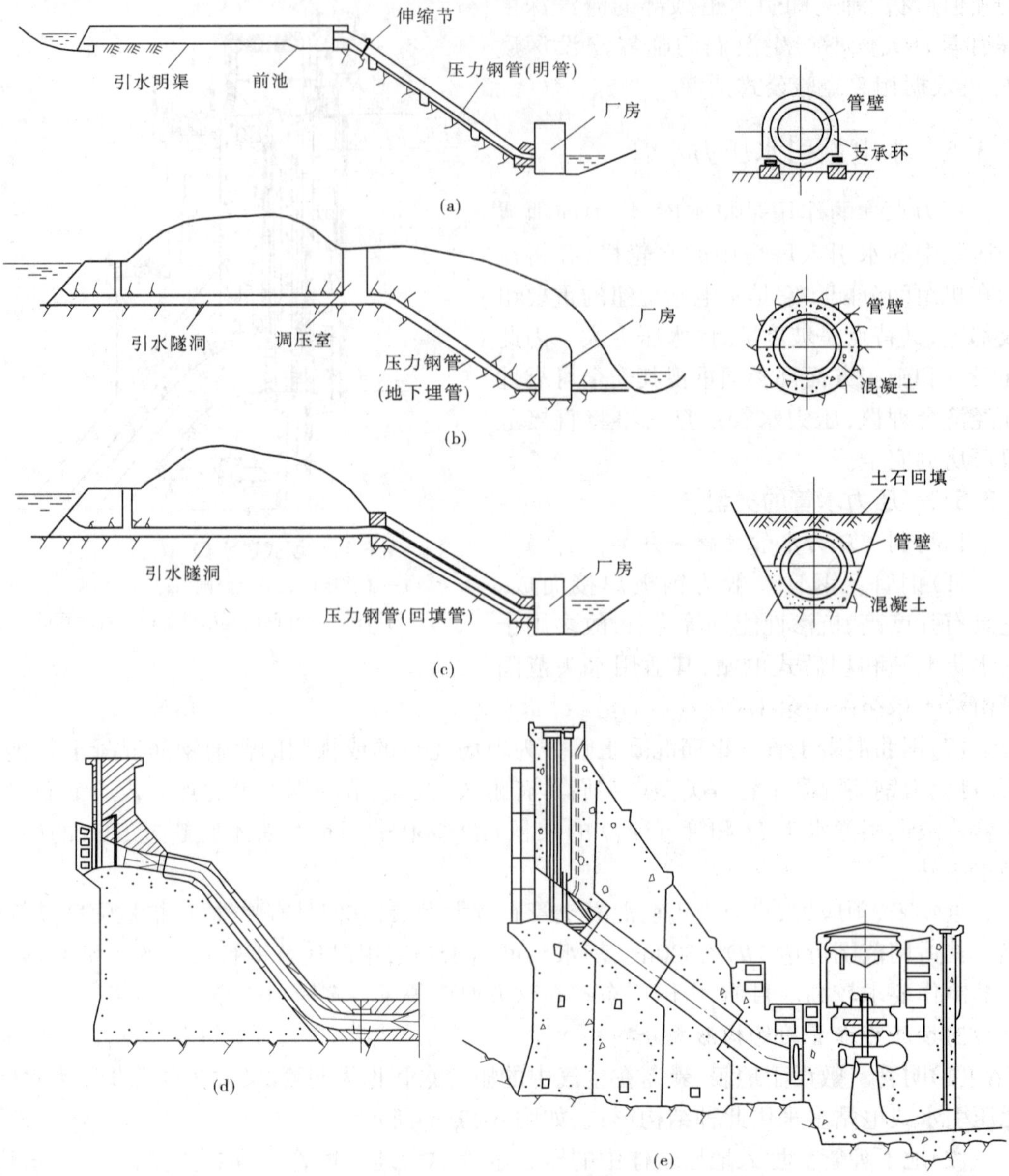

图 6-12　压力水管的结构形式

(a)明管;(b)地下埋管;(c)回填管;(d)坝后背管;(e)坝内埋管

排,并考虑地形、地质条件,经技术经济比较后确定。选择压力水管路线的一般原则为:

(1)一般宜选取短而直的路线,这样不仅可节约管材和工程量,而且也减少了水头损失和水击压力。

(2)明管路线应避开可能发生滑坡、石崩和覆盖层很深的地段。个别管段若无法避开山洪、坠石等影响时,可做成洞内明管、地下埋管或外包混凝土的回填管。地下埋管的路线宜选择在地形、地质条件较好的地区,应尽量避开山岩压力、地下水压力和涌水量很大的地段。坝内埋管的平面位置宜位于坝段中央，其直径不宜大于坝段宽度的1/2。布置管线时应考虑钢管对坝体稳定和应力影响及施工干扰。

(3)为了适应地形、地质的变化，压力水管有时应当转弯，转弯半径不宜小于3倍管径。转弯分为平面转弯、竖直转弯和立体转弯三种，位置相近的平面转弯和竖直转弯宜合并成立体转弯；位置相近的弯管和渐缩管宜合并成渐缩弯管。

(4)明管两侧应设置排水沟，并应在钢管下的地面上设置横向排水沟。应沿管线设置交通道。

(5)对于地下埋管，在地下水压较高的地区宜设置排水设施，排水设施必须安全可靠并易于检修。

2)压力水管的数量和向水轮机的供水方式

压力水管的根数应根椐机组台数、管线长短、机组安装的分期、运输条件、制造安装水平、地形条件、地质条件、电站的运行方式及其在电力系统中的地位等因素，并经技术经济比较后确定。水管向水轮机的供水方式可分为单独供水、联合供水和分组供水三种，如图6-13所示。

(1)单独供水。单独供水是指每台机组各由一条水管自压力前池或调压室向水轮机供水，如图6-13(a)、(d)所示。这种供水方式结构简单，运行灵活可靠，当其中一根钢管或一台机组发生故障需要检修时，其他机组仍可照常运行，但管材用量较多，造价较高。这种供水方式多用于压力水管较短的电站，如果采用其他的供水方式，虽可降低管身造价，却增加了分岔管与弯管等复杂结构，水头损失也因而增大，往往并不经济。此外，当引水流量很大时，若采用其他供水方式，将使管径过大，给制造和施工带来很多困难。

(2)联合供水。联合供水是指由一根总管在末端分岔后向电站所有机组供水，如图6-13(c)、(f)所示。这种供水方式的显著优点是在高水头小流量的水电站中采用可以节省管材，降低造价。其缺点是运行的灵活性和可靠性较单独供水方式差，当总管发生故障或检修时，将使电站全部机组停止运行；而且由于增加了分岔管、弯管等构件，结构上较复杂，且水头损失也较大。

(3)分组供水。分组供水是指每根主管在末端分岔后向两台或两台以上机组供水，如图6-13(b)、(e)所示。这种供水方式的优、缺点同联合供水方式相似，区别只是当一根主管发生故障或检修时，不致造成电站所有机组停止运行。分组供水方式一般适用于管线较长、机组台数较多的电站。

无论采用联合供水或者分组供水，与每根水管相连的机组台数一般不宜超过四台。压力水管的轴线与厂房的相对方向可采用正向(如图6-13(a)、(b)、(c)所示)、侧向(如图6-13(e)、(f)所示)或斜向(如图6-13(d)所示)的布置。正向布置的优点是管线较短，水头损失也较小；缺点是当水管失事破裂时，水流直冲而下危及厂房安全。正向布置方式一般适用水头较低、水管较短的水电站。侧向或斜向在布置时，当水管破裂后，泄流可从排水渠排走，不致直冲厂房，但管材用量增加，水头损失也较大。

在确定上述布置方式时，除考虑各种布置的优、缺点外，还应综合考虑厂区布置要求以及地形、地质条件等因素。

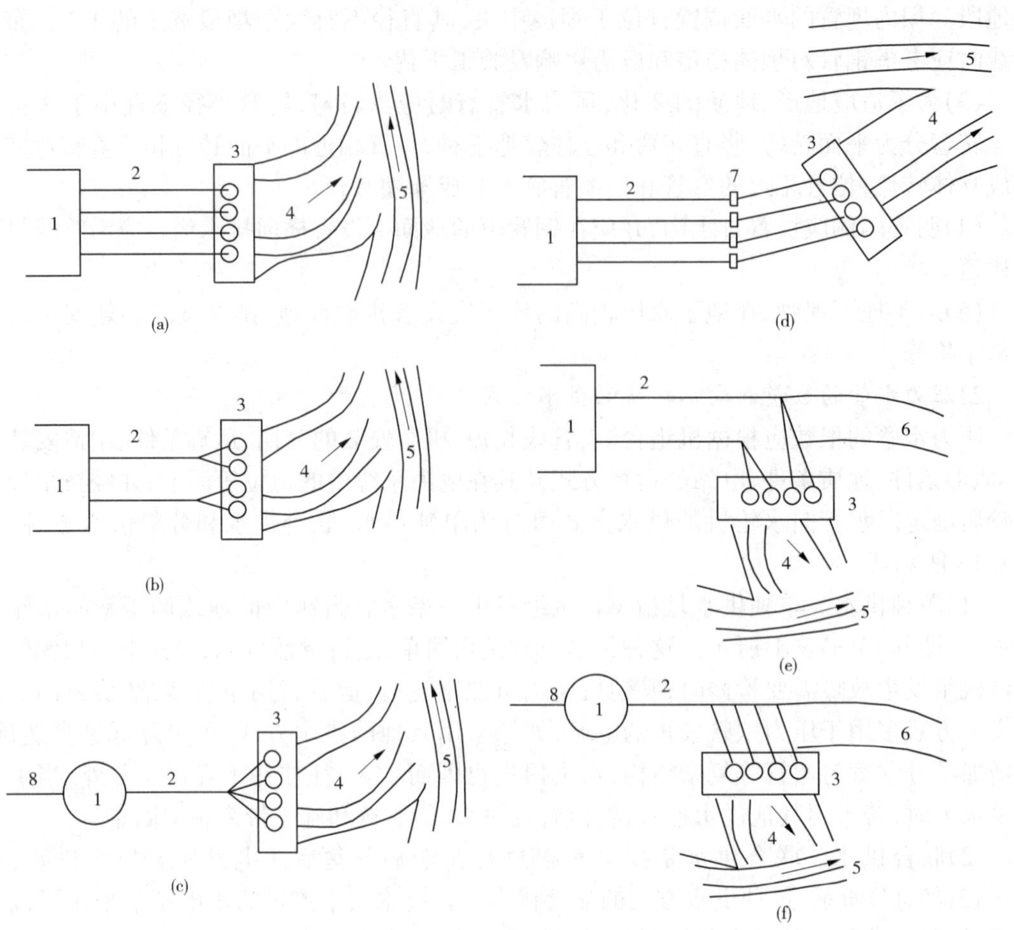

图 6-13 压力水管向机组的供水方式

(a)、(d)单独供水；(c)、(f)联合供水；(b)、(e)分组供水

1—压力前池或调压室；2—压力水管；3—厂房；4—尾水渠；5—河流；6—排水渠；7—镇墩；8—压力隧洞

§6.4 水电站厂区布置

6.4.1 厂区建筑物的组成和厂房的基本类型

6.4.1.1 厂区建筑物的组成

水电站厂房是水能转变为电能的生产场所，是水工建筑物、工业厂房、机械和电气设备的综合体。它的任务是：通过一系列的工程措施，将压力水流平顺地引入水轮机并导向下游；能合理地把各种机电设备布置于恰当的位置并提供良好的安装、检修和运行条件；为运行管理人员创造良好的工作环境。为此，厂房必须有合适的形式、足够的空间和合理的构造，以保证水电站能安全可靠地按电力系统的需要生产电能。

水电站的发电、变电和配电建筑物常集中布置在一起，称为厂区。厂区主要由主厂房、副厂房、主变压器场和高压开关站组成。主厂房是安装水轮发电机组及其控制设备的房间,其中布置有机组主要部件组装和检修的场所是厂区的核心建筑物。

副厂房是由布置控制设备、电气设备、辅助设备的房间以及必要的工作和生活用房所组成,它主要是为主厂房服务的,因而一般都紧靠主厂房。

主变压器场和高压开关站是分别安放主变压器和高压配电装置的场所,它们的作用是将发电机出线端电压升高至远距离送电所要求的电压,并经调度分配后送向电网,一般均布置在露天并靠近厂房,以便于与系统电网连接。

6.4.1.2 水电站厂房的类型

由于水电站的开发方式、枢纽布置方案、装机容量、机组形式等条件的不同,厂房的形式也是多种多样的,通常按厂房的结构及布置上的特点,可分为地面式(包括河床式、坝后式、岸边式)、地下式(包括地下式、半地下式、窑洞式)、坝内式、厂顶溢流式及厂前挑流式等。其中最常见的是坝后式厂房和岸边式厂房。东江水电站厂房是采用坝后式厂房的例子,湖南镇水电站厂房是采用岸边式厂房的例子。这里首先借助于它们的情况来阐述厂房的布置与结构,然后对其他形式的厂房就其特点作简单介绍。

图 6-14 为陆水水电站厂房的横剖面示意图。图 6-15 为该水电站厂区总体布置示意图。

6.4.2 厂区布置

6.4.2.1 厂区布置的任务和原则

厂区也称为厂房枢纽。厂区布置的任务是以水电站主厂房为核心,合理安排主厂房、副厂房、变压器场、高压开关站、引水道(可能还有调压室或前池)、尾水道、交通线等的相互位置。它是水利枢纽总体布置的重要组成部分。

由于自然条件、水电站类型和厂房形式不同,厂区布置是多种多样的,但一般来说应遵循以下主要原则:

(1)综合考虑自然条件、枢纽布置、厂房形式、对外交通、厂房进水方式等因素,使厂区各部分与枢纽其他建筑物相互协调,避免或减少干扰。

(2)要照顾厂区各组成部分的不同作用和要求,也要考虑它们的联系与配合,要统筹兼顾,共同发挥作用。主厂房、副厂房、变压器场等建筑物应距离短、高差小,满足电站出线方便、电能损失小,并便于设备的运输、安装、运行和检修。

(3)应充分考虑施工条件、施工程序、施工导流方式的影响,并尽量为施工期间利用已有铁路、公路、水运及建筑物等创造条件。还应考虑电站要分期施工和提前发电,宜尽量将本期工程的建筑物布置适当集中,以利分期建设、分期安装,为后期工程或边发电边施工创造有利的施工和运行条件。

(4)应保证厂区所有设备和建筑物都是安全可靠的。必须避免在危岩、滑坡及构造破碎地带布置建筑物。对于陡坡则应采取必要的加固措施,并做好排水,以确保施工期和投产后都能安全可靠。

(5)应尽量减少破坏天然绿化。在满足运行管理的前提下,应积极利用、改造荒坡地,尽量少占农田。

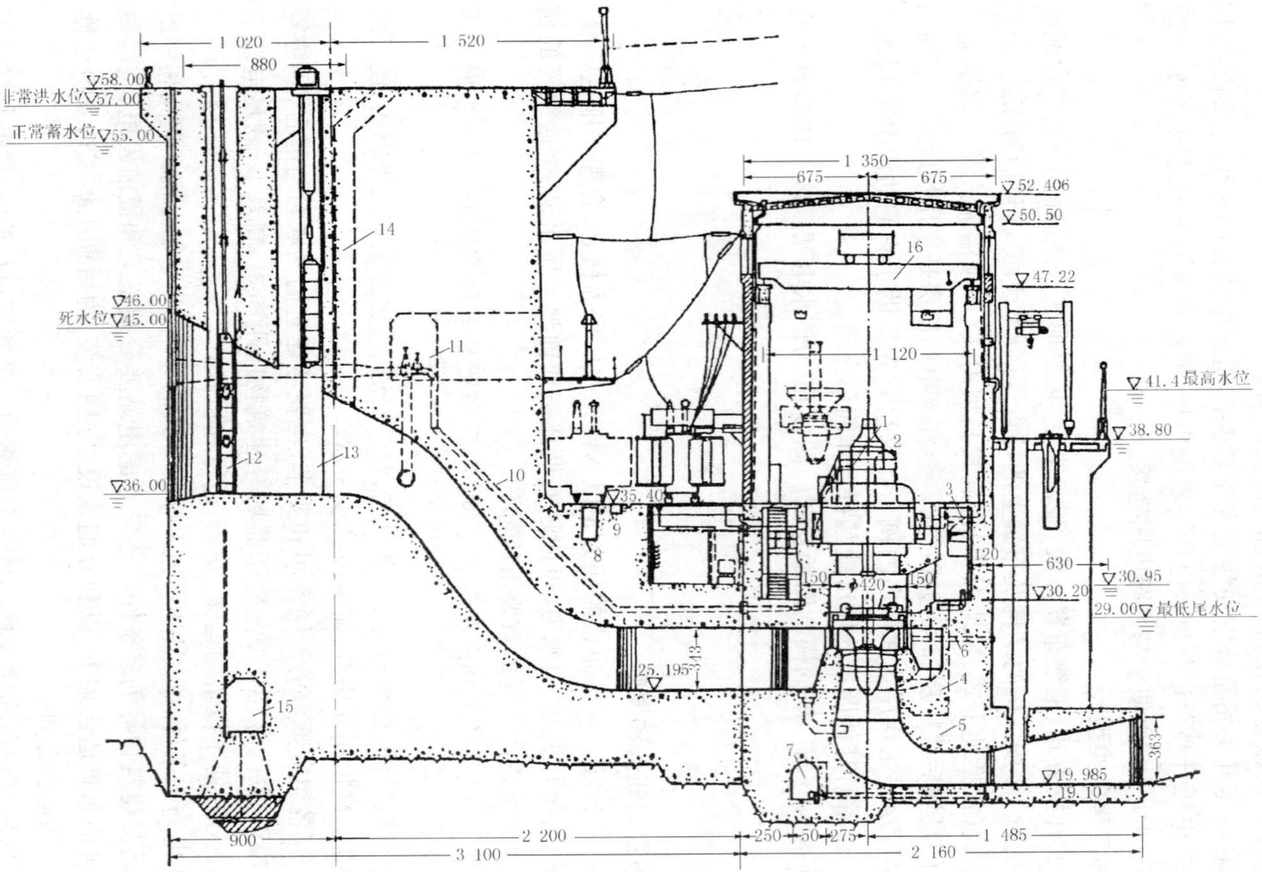

图 6-14　陆水水电站厂房的横剖面图(高程单位:m;其他尺寸单位:cm)

1—调速器;2—压力油箱;3—进风和排风管;4—尾水管进人孔;5—渗漏排水总管;6—机组冷却排水管;7—操作廊道;8—变压器事故油槽;9—电缆沟;10—技术供水管;11—坝体操作廊道;12—检修门槽及拦污栅槽;13—工作门槽;14—通气孔;15—灌浆廊道;16—75/20t 桥吊

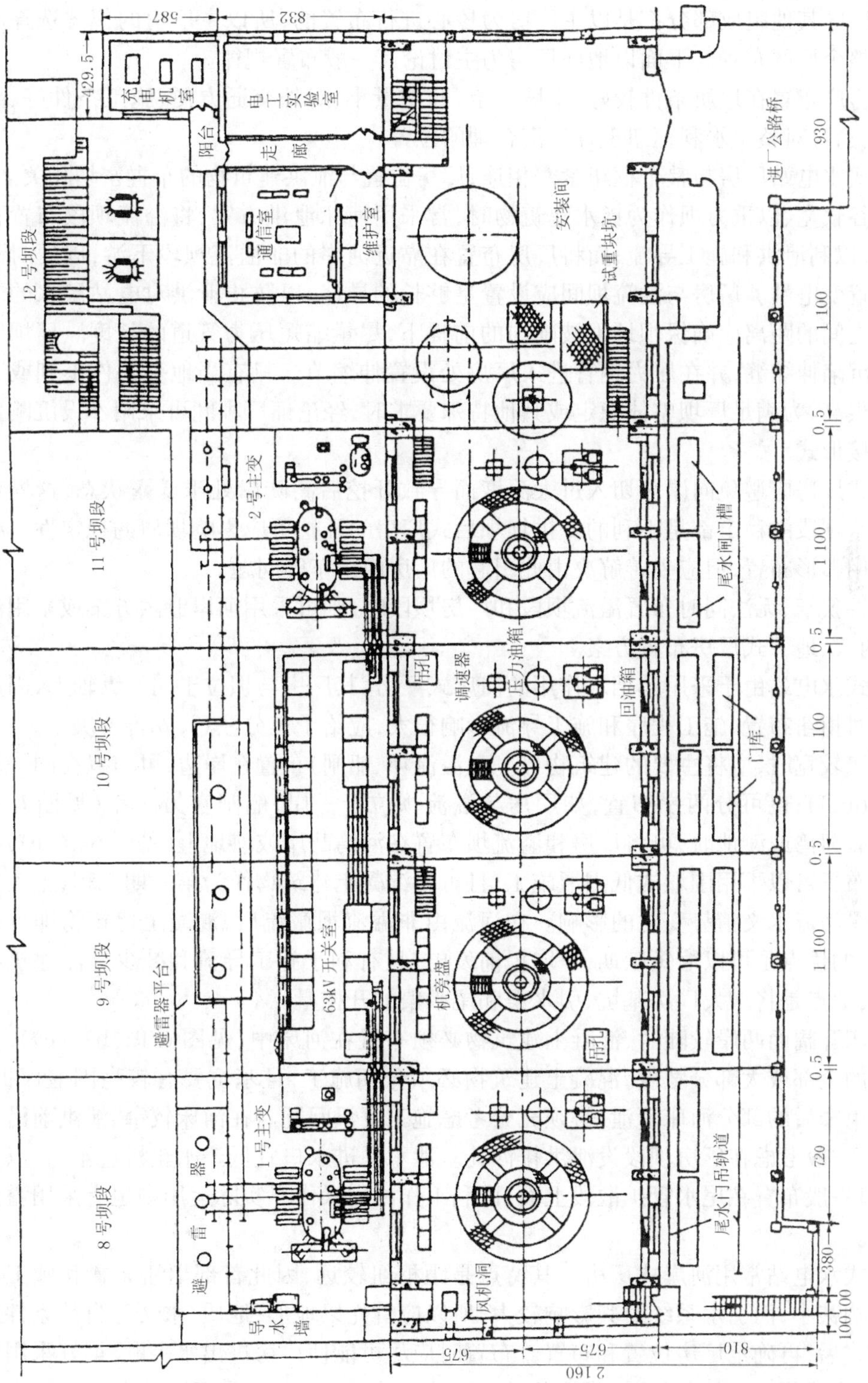

图 6-15　陆水水电站厂区总体布置示意图(单位:cm)

6.4.2.2 主厂房布置

由于厂区其他组成部分都是以主厂房为核心进行布置的，所以主厂房的位置选择和布置影响整个厂区布置。下面以地面厂房为主讨论其一般布置规律。

主厂房应布置在地质条件较好、岸坡稳定、开挖量小、对外交通方便、施工条件好、导流容易解决、且对整个水利枢纽工程经济合理的位置。

坝后式水电站厂房与整个枢纽紧密相连，厂房位置与泄洪建筑物的布置密切相关。

当河谷较宽、以重力坝作为挡水建筑物时，常采用河床泄洪方案，将溢流坝段布置在主河槽中，以利泄洪和施工导流；而将厂房布置在靠近河岸的非溢流坝段下游，以便对外交通和布置变电站。厂房与溢流坝间应设置足够长的导墙，以防止泄洪对电站尾水的干扰。厂坝之间的距离应确保坝址不被削弱的前提下，尽量缩短压力管道的长度。厂坝间一般设有沉陷伸缩缝，并在压力钢管进入厂房处设置伸缩节。只有当地基条件不利或下游洪水位很高、为满足厂坝整体稳定或其他特殊要求时，经论证厂坝间可采用不设沉陷伸缩缝的连接形式。

坝后式厂房应避免向岸坡切入过大深度而导致开挖后高陡岸处于暴露状态，这样对岸坡和挡水坝段的稳定都是不利的。拱坝坝后式厂房的开挖不应影响坝肩的稳定性。必要时可采用弧形布置，但应妥善解决由此引起的厂房内吊车等问题。

当河谷狭窄、无法同时布置溢流坝段和厂房坝段时，则可采用河岸泄洪方案或采用溢流式、坝内式、地下式厂房布置方案。

河床式水电站由于采用起挡水作用的河床式厂房，其厂房与坝位于同一纵轴上，因此厂房位置对枢纽布置、施工程序和施工导流影响很大，应给予充分注意，妥善解决。

当河床较宽时，应将主要的建筑物(厂房、溢流坝、船闸)布置在岸边，可布置在同一岸(见图 6-16(a))；也可分两岸布置，如厂房与溢流坝位于一岸，船闸在另一岸(见图 6-16(b))。当有河湾或滩地时，可将厂房和溢流坝布置在河湾凸岸或滩地上(见图 6-16(c))。

上述布置可以不用围堰或低围堰施工，且可将混凝土建筑物作为第一期工程，施工过程中较少受河流水文情势变化的影响。在河流由非溢流坝截流后，混凝土建筑物即可过水，这样做的优点是可以缩短工期，争取提前发电，且有利于施工导流和减少导流建筑物的工程量；缺点是将增大厂房基坑、引水渠和尾水渠的开挖量。

当河床开阔而两岸较陡时，混凝土建筑物必须布置在河床中(见图 6-16(b)、(c))，占据了河床的全部或大部分宽度，混凝土建筑物必须分期施工，且基坑要有较高围堰保护。洪水通过束窄后的部分河床下泄，必须充分考虑施工度汛问题。在河床较窄、泄洪前沿长度不足时，一般考虑在厂房坝段设泄洪排沙孔。泄水孔进水口宜低于水轮机进水口，以利排沙；出口一般布置在尾水管扩散段上面，以利工作闸门操作。实际运用中也有采用溢流式厂房的。

引水式水电站常用河岸式厂房。其特点是距枢纽较远，因此首部枢纽布置和施工条件对其影响甚小；而引水系统对其影响较大，所以应首先以地形、地质、水文等自然条件选择引水方式后，再确定厂房位置和布置。布置时应尽可能使厂房进出水平顺，最好采用正向进水，尾水渠要逐渐斜向下游，或加筑导墙以改善水流条件，免受河道洪水顶托而产生壅水、漩涡和淤积。

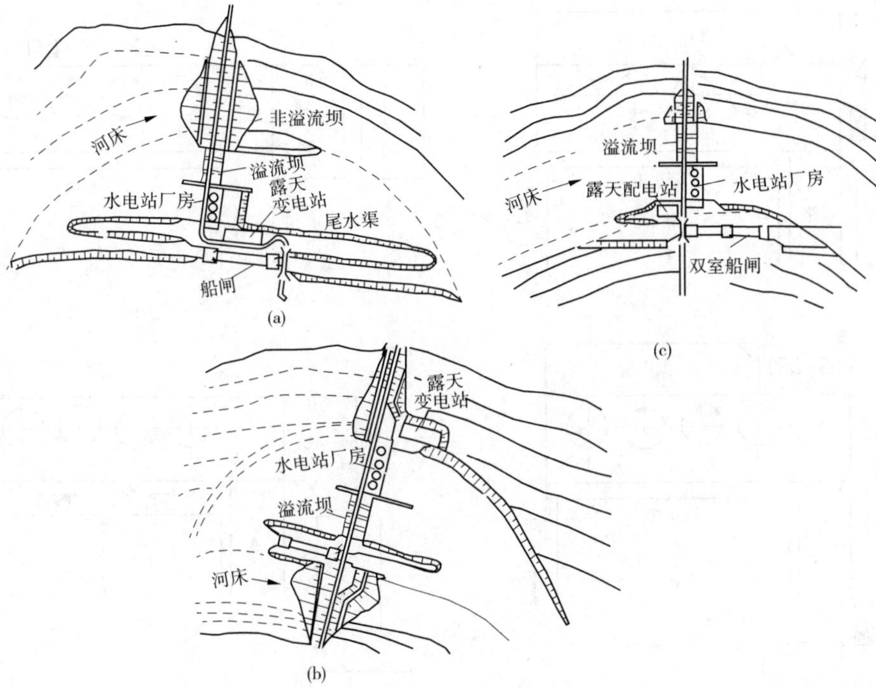

图 6-16　河床式水电站枢纽的可能布置方案

(a)主要建筑物布置在同一岸;(b)主要建筑物分两岸布置;
(c)主要建筑物布置在河湾凸岸或滩地上

厂房背后山坡陡峻,应注意山坡的稳定和处理方法。厂房屋顶结构以及布置在厂房附近的重要机电设备要考虑防坠石破坏的安全措施。

引水系统中的调压室或压力前池应选择在地面较高、地质条件好而又尽量靠近厂房的地点为宜。

6.4.2.3　副厂房布置

大中型水电站都设有副厂房(见图 6-17),小型水电站有时可以不设专门副厂房。水轮机辅助设备尽可能放在主厂房内,而电气辅助设备多装设在副厂房内。副厂房按其作用可分为以下三类。

1)*直接生产副厂房*

直接生产副厂房是布置与电能生产直接有关的辅助设备的房间,如中央控制室、低压开关室等。直接生产副厂房应尽量靠近主厂房,以便运行管理和缩短电缆。

2)*检修试验副厂房*

检修试验副厂房是布置机电修理和试验设备的房间,如电工修理间、机械修理间、高压实验室等。此类副厂房可结合直接生产副厂房布置。

3)*生产管理副厂房*

生产管理副厂房是运行管理人员的办公和生活用房,如办公室、警卫室等。办公用房宜布置在对外联系方便的地方。

副厂房的位置可以在主厂房的上游侧、下游侧或一端。副厂房布置在主厂房上游侧

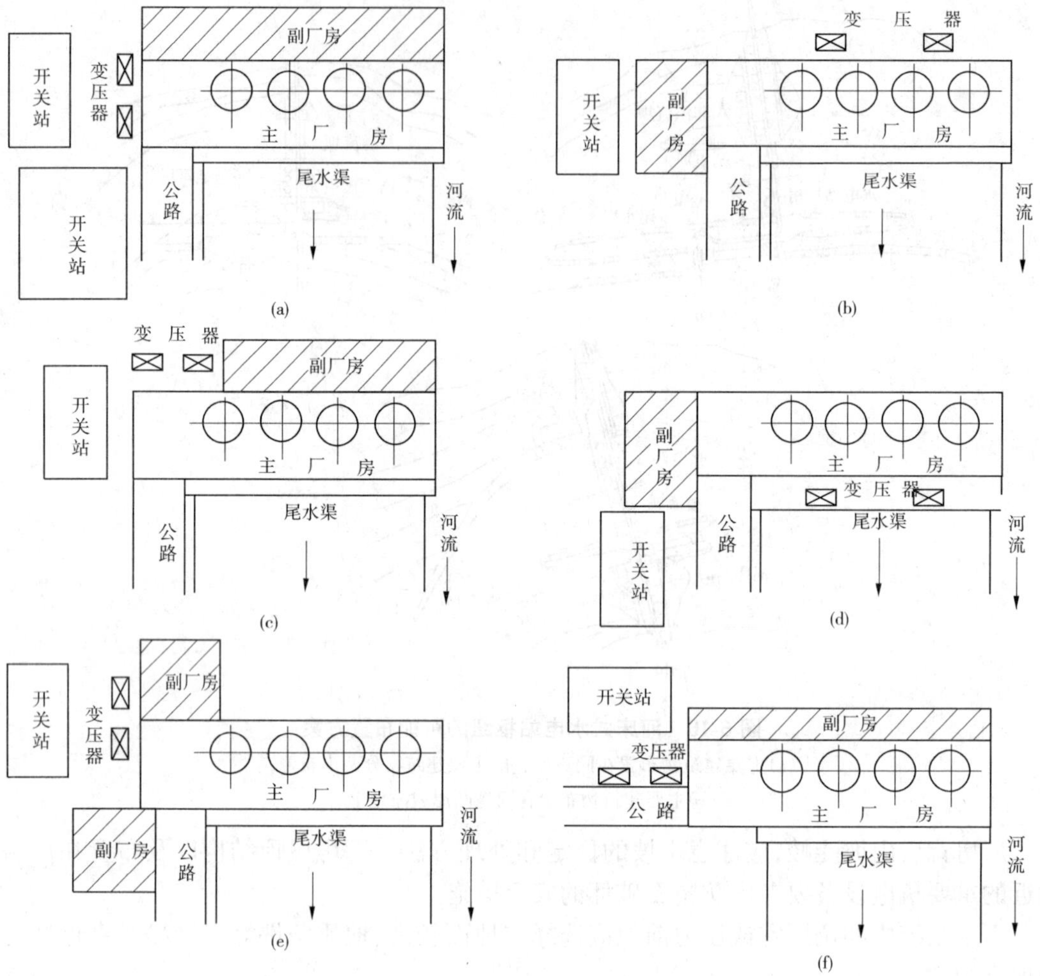

图 6-17　水电站厂区布置方案示意图

(见图 6-17(a)、(c)、(e)、(f))时运行管理比较方便,电缆也较短,又因其在结构上与主厂房连成一体,造价也比较经济。当主厂房上游侧比较开阔,通风采光条件好时可以采用该种布置方式。主厂房布置在下游会影响主厂房通风采光;尾水管加长会增大工程量,且尾水平台一般是有振动的,中控室不宜布置在该处。副厂房布置在主厂房一端时(见图 6-17(b)、(d)),宜布置在对外交通方便的一端,当机组台数较多时,会使电缆及母线加长。

坝后式水电站应尽量利用厂坝间的空间并结合端部布置副厂房。河床式水电站可利用尾水平台以下空间及端部布置副厂房(见图 6-17(d))。引水式水电站的副厂房宜布置在主厂房的一端,或利用主厂房与后山坡之间的空间布置在主厂房的上游侧(见图 6-17(f))。对明管引水的高、中水头引水式水电站,副厂房的布置宜偏离压力水管管槽的正下方。

6.4.2.4　变压器场和开关站的布置

布置变压器场应考虑下列原则:

(1)主变压器尽可能靠近主厂房,以缩短昂贵的发电机电压母线和减少电能损失。

(2)要便于交通、安装和检修。如考虑主变推运到安装间检修,变压器场最好靠近安装间,并与安装间及进厂道路布置在同一高程上,还应铺设运输主变的轨道。要注意将任一台主变运进安装间检修时不影响其余主变的正常工作。

(3)便于维护、巡视及排除故障。为此在主变四周要留有0.8~1.0m以上空间。

(4)土建结构经济合理。主变基础安全可靠,应高于最高洪水位。四周应有排水设施,以防雨水汇集造成危害。

(5)便于主变通风、冷却和散热,并符合保安和防火要求。

主变压器场具体位置应视电站不同情况选定。

坝后式水电站,往往可利用厂坝之间布置主变(见图6-17(b)、(c)),高压引出线可以从埋设在坝坡上的锚筋架线引到开关站。但要注意大坝朝向问题,如大坝正西朝向或厂房有西晒问题,这时对运行不利,特别是中控室和主变位置,要考虑留有自然通风道,或采取必要措施降低夏季运行气温。

河床式水电站上游侧由进水口及其设备占用,因此只能把主变布置在尾水平台上(见图6-17(d))。河床式水电站的水轮机尾水管比较长,有条件建较宽的尾水平台安装主变,平台下面还可布置一副厂房。也有将主变布置在河岸上的,这就需要在厂房上游侧或尾水平台下面做母线廊道。也有个别将主变布置在厂房顶的,但该种布置方式下运行管理检修均不方便。

引水式水电站,厂房多数是顺河流、沿山坡等高线布置,厂房与背后山坡间地方不大。为减少开挖量,可将主变布置在厂房一端的公路旁(见图6-17(f))。当主变台数多、容量大、厂房上游有空间时,宜布置在上游侧,也有布置在下游侧的。

高压开关站一般为露天式。当地形陡峻时,为了减少开挖和平整的工程量,可采用阶梯布置方案或高架方案。

高压开关站的布置原则与变压器场相似,要求高压引出线及低压控制电缆安装方便且线路短;便于运输、检修、巡视;土建结构稳定。因为户外高压配电装置的故障率很低,所以当靠近厂房和主变的山坡或河岸上有较为平坦的场地,出线方向和交通均较方便时,即可布置开关站。当高压出线电压不是一个等级时,可以根据出线回路和出线方向,分设两个以上的高压开关站。

泄水建筑物在泄水时有水雾,对高压线不利,故开关站要距泄水建筑物远些,高压架空线尽量不要跨越溢流坝。

6.4.2.5　尾水渠、交通线的布置及厂区防洪排水

尾水渠应使水流顺畅下泄,应根据地形地质、河道流向、泄洪影响、泥沙情况,并考虑下游梯级回水及枢纽各泄水建筑物的泄水对河床变化的可能影响进行布置。要避免泄洪时在尾水渠内形成壅水、漩涡和出现淤积。坝后式厂房和河床式厂房的尾水渠宜与河道平行,并与泄洪建筑物以足够长的导水墙隔开。河岸式厂房尾水渠应斜向河道下游,渠轴线与河道轴线夹角不宜大于45°,必要时在上游侧加设导墙,以保证泄洪时能正常发电。因为水轮机安装高程较低,故尾水渠常为倒坡。水轮机尾水管出口处水流紊乱、漩涡多,流速分布极不均匀,易发生淘刷,应根据地质情况加强衬砌保护。尾水渠下游河道不应弃渣,以防因弃渣而抬高水位,并在第一台机组发电前将围堰等障碍清除干净。

厂区内外铁路、公路及桥梁、涵洞,应充分考虑机电设备重件、大件的运输。有水运条件时应尽量利用。坝后式厂房及河床式厂房常由下游进厂(见图6-17(a)、(d)),河岸式厂房受地形限制可沿等高线自端部进厂(见图6-17(f))。进厂专用的铁路、公路应直接进入安装间,以便利用厂内桥吊卸货。厂区内还必须有公路与枢纽各建筑物及生活区相通。

厂区内的公路线的转弯半径一般不小于35m,纵坡不宜小于9%,坡长限制在200m内。单行道路宽不小于3m,双车道宽不小于6.5m。厂门口要有回车场。在靠近厂房处,公路最好有水平段,以保证车辆可平稳缓慢地进入厂房。厂区内铁路线的最小曲率半径一般为200~300m,纵坡不大于2%~3%,路基宽度不小于4.6m,并应符合新建铁路设计技术规范的规定。铁路进厂前也要有一段较长的平直段,以保证车辆能安全、缓慢地进入厂房,并停在指定的位置。铁路一般从下游侧垂直厂房纵轴进厂。

厂区防洪排水应得到足够重视,应保证厂房在各设计水位条件下不受淹没。当下游洪水位较高时,为防止厂房受洪水倒灌,可采用尾水挡墙、防洪堤、防洪门、全封闭厂房、抬高进厂公路及安装间高程,或综合采用以上几种措施加以解决。在可能条件下应尽量采用尾水挡墙或防洪堤,以保证进厂交通线及厂房不受洪水威胁;对汛期洪水峰高量大、下游水位陡涨陡落的电站,进厂交通线的高程可以低于最高尾水位,但进厂大门在汛期必须采用密封闸门关闭,同时应另设一条高于最高尾水位的人行交通道作为临时出入口。全封闭厂房不设进厂大门,交通线在最高尾水位以上,通过竖井、电梯等运送设备和人员进厂,但运行不方便,中、小型电站较少采用。

主副厂房周围应采取有效的排水和保护措施,以防可能产生的山洪、暴雨的侵袭。邻近山坡的厂房,应沿山坡等高线设一道或数道有铺设的截水沟。整个厂区可利用路边沟、雨水明暗沟等构成排水系统,以迅速排除地面雨水。位于洪水位以下的厂区,为防止洪水期的倒灌和内涝,应设置机械排水装置。

第7章　防洪治河工程

古往今来,建都立府、农田灌溉、航运交通、人畜饮水等都离不开河流。可以说,河流与人类的生产、生活息息相关。河流亦是发电、航运的主要资源,对社会经济发展起着重要的作用。但同时,洪水也给人们造成了巨大的灾难,随着社会的发展,人类对河流兴利除弊的要求日益提高,防洪治河工程便成了水利工程的重要组成部分。

§7.1　洪水及防洪措施

7.1.1　洪水及其特征值

洪水是指流域内连续降水或冰雪迅速融化,大量地表径流急剧汇聚江河,造成江河水位猛涨、流量剧增的现象。洪水受气候因素影响较大,因此防洪工作主要在夏天雨季和冰雪融化期。

洪水又称汛水,按照洪水出现季节的不同常将洪水分为凌汛、桃汛、伏汛和秋汛。中国南北方气候相差较大,各种洪水出现的概率不同,有些洪水即便出现对沿河两岸的影响也不大,如南方河流的凌汛、北方河流的桃汛。一般来说对河流影响较大的洪水多指伏汛和秋汛。北方地区立春后,天气逐渐转暖,但日夜温差较大,白天河流冰凌融化,顺河而下;而夜间,气候下降,冰凌在河流下游重新凝结,由于冰块相互堆砌形成冰坝。日后随着温度的上升,冰坝溃决,将对下游造成较大的经济损失。2005年2月18日,黄河壶口凌汛造成壶口景区20余间房屋倒塌,停车场等基础设施被破坏,直接经济损失达百余万元。进入夏季后,降雨增多,大雨、暴雨出现概率增加,易于形成伏汛。伏汛一般洪峰流量较大,是引起洪涝灾害的主要洪水,也是防洪治理工程的关键。立秋后,阴雨连绵易形成秋汛,秋汛持续时间长,洪水总量大,易对下游河道造成较大威胁。洪水未必能形成灾害,如何变害为利和利用工程措施将洪水灾害降低到最低程度是防洪治河工程的根本任务。

对于洪水,一般用下列几个特征值来进行描述。

7.1.1.1　洪峰流量

洪峰流量是指一次洪水从涨水至落水过程中出现的最大流量值。

7.1.1.2　洪峰总量

洪峰总量是指一次洪水过程中,从洪水来临到回落的基流流量的整个洪水历时内的总水量。

7.1.1.3　洪水频率

洪水频率是数理统计学中概率原理在水文学中的应用。如将某站多年实测雨量、洪水资料,分别按大小顺序排列后可以看出,大暴雨、大洪水出现的机会少,特大暴雨、特大洪水出现的概率更少;而一般暴雨、一般洪水出现的机会较多。反映某一暴雨在多年内发生的概率值叫做暴雨频率;反映某一洪水在多年内可能出现的概率值称为洪水频率,通常折合为某一百年内可能出现的次数,用百分数表示,它的倒数值称为洪水重现期。在水利工程设计中,通常用洪水频率划分设计标准,称为设计洪水频率。采用的洪水频率愈小,设计标准愈高。

7.1.1.4 防洪标准

防洪标准是指河道防洪工程(堤防、水库等)防御洪水的设计标准。常用洪水频率来表示,也有的防洪工程采用历史上发生过的某一次洪水作为标准。防洪标准一般根据工程保护区的重要性、该河段的历史洪水情况及政治和经济条件等决定。

7.1.1.5 洪水过程线

以时间为横坐标、流量为纵坐标,将某次洪水实测数值点绘在图纸上,并连成光滑的曲线称为洪水过程线,该次洪水所经历的时间称为洪水历时。

7.1.1.6 洪峰水位

洪峰水位是指一次洪水过程中出现的最高水位。洪峰水位一般与洪峰流量是相对应的,但也有些河流例外。

7.1.2 防洪治河工程措施

防洪治河工程措施是防洪规划的具体表现。防洪工程措施是指采取修建水利工程防止洪水对人类生活形成灾害或将洪水灾害降低到最低程度。防洪工程措施一般有水土保持、堤防工程、分(蓄、滞)洪工程、河道整治工程措施等。除此之外,还有非工程性防洪措施,如洪水预报、社会保险、社会救济等。

7.1.2.1 水土保持

水土保持是指在山地沟壑区采用水土保持措施防止或减少地表径流对地面土壤形成冲蚀。同时,由于水土保持措施的采取,有效地减少了地表径流,从根本上消除了洪水灾害,水土保持常采取的措施有生物措施、农业措施和水利措施。生物措施包括造林、种草、培育植被、封山育林等;农业措施有修筑梯田、耐旱作物品种种植、合理耕作等;水利措施包括修建蓄水池、淤地坝、山坡雨水集蓄利用等。

7.1.2.2 蓄水工程

蓄水工程是指在山区干支流适宜地段兴建水库拦蓄洪水的工程措施。蓄水工程不但能有效地防止下游河道洪水的发生,还能在干旱季节供下游作物用水。除满足灌溉外,还可利用水库修建水电站、开发旅游、渔业养殖等进行综合利用。

7.1.2.3 堤防工程

堤防工程是在河流的两岸修筑防护堤,以增加河道过水能力,减轻洪水威胁,保护两岸农田及沿岸村镇人民生活安全。堤防工程是目前河流防洪治河采取的主要工程措施之一。

7.1.2.4 分洪工程

分洪工程是在河流适当位置修建分洪闸将一部分洪水泄入滞洪区,待河道洪水位下降后再将滞洪区洪水排入河道,防止行洪期间洪水冲毁堤防对两岸人民造成灾害。分洪工程常常与滞洪工程配套使用。

7.1.2.5　河道整治

河道整治是指由于河道冲淤演变妨碍了正常的行洪、航运、引水灌溉、工业与生活用水等,这种现象在北方多泥沙河道上尤为突出,因而必须采取相应措施,使河道得到控制和改善。河道整治一般包括河床整理、疏浚、裁弯、护岸等工程措施。

防洪工程措施不是孤立的,对同一条河流,必须遵循上下游和左右岸统筹兼顾、近远期结合的原则,全面规划,综合治理。

§7.2　河道整治工程

河道整治是以综合治理为目的,除防止洪水灾害外,还有航运、取水、保护滩地等方面要求。河道整治的目的不同,具体措施亦不相同。因此在制定河道整治方案之前,要征求各部门的意见,做到协调合理,统筹兼顾。

7.2.1　河道整治规划内容和基本方法

河道整治之前要编制河道整治规划,河道整治规划是流域规划的一个重要组成部分,在整治目标明确的前提下,应充分考虑河道管理部门及当地财力、物力,制定河道整治的总体计划及工程实施方案,其具体内容有以下几个方面。

7.2.1.1　河道整治的任务和要求

河道整治规划分近期与远期和整治区国民经济发展过程中对河道的要求等,指标为设计防洪水位和流量、最小航深、取水水位及引水流量。河道整治的要求是指沿河今后一定时期内对用水的要求。对流域规划中其他水利设施情况、已有河道整治工程情况、建筑材料及运输能力和条件等有关资料,也应提出具体要求。

7.2.1.2　河道整治的基本原则

河道整治的基本原则是全面规划,综合治理,因势利导,重点整治。

7.2.1.3　河道性状分析

全面地、客观地、正确地分析河道性状参数是河道整治规划方案的依据。河道性状参数主要包括:河流的自然地理、地质地貌、水文泥沙及河床演变规律。对河道上已修建水利工程的(如水库),还应找出已建工程对下游河道水文泥沙、河床演变的影响。

7.2.1.4　设计参数、整治方案编制

设计参数是河道整治方案编制的依据,其内容主要有:设计泄水流量、整治线、设计河宽、整治措施、近期整治工程项目、远期整治工程项目、洪水平衡计算等。一般将整治线、工程布置图、整治建筑物平面图布放在 1:2 000 地形图上,同时根据方案内容估算整治工程总投资。

7.2.1.5　方案比较与论证

通常整治方案有好多种,最后要对不同方案进行综合分析,充分论证,主要从工程可行性、工程效益和社会效益等方面进行比较,最后选定最优方案。

7.2.2　河道整治的基本措施

河道整治要有全面意识,对河道上下游、左右岸、近远期、干支流等各方面统筹考虑,

对整治建筑物的建设还应考虑当地的经济、交通运输分期实施。河道整治的基本措施有护岸、浅滩整治、裁弯取直、分汊河道整治、卡口整治、河口整治等。

7.2.2.1 护岸工程

护岸工程是平原河流常用的整治措施。平原性河流两岸多系砂质土壤，抵抗水流冲刷能力较小，特别是河岸弯曲的凹岸水流对河床淘刷更为严重。采用护岸工程可以改善这一状况，保护河岸并控导水流。护岸建筑物通常有护坡护底、坝、垛（见图 7-1），其布置应遵循以下几个原则：

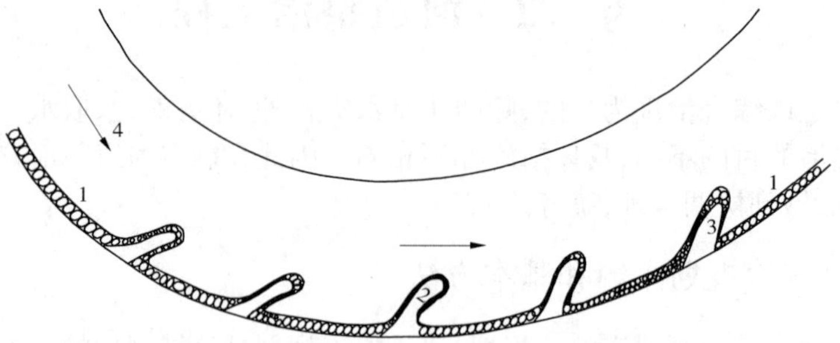

图 7-1 护岸工程示意图

1—护坡；2—丁坝；3—人字坝；4—流向

（1）护岸工程应沿河岸线布设在凹岸，布设长度必须大于河岸冲刷的长度，以防止主流位置发生变化时，水流在岸边顶冲位置移动而引起冲刷。

（2）对河道较宽、主流变化幅度较大的河流宜采用丁坝护岸，其特点是具有挑流和导流的作用，工程防守重点突出、战线短；但工程量较大，增加了河道的糙率系数。

（3）对相对较为稳定的河段宜采用护岸护底，尽量保持原水流状态，避免因工程修建使水流产生移动。

（4）河流位于丘陵地区的护岸工程以短丁坝或丁坝与护岸护底结合方式较好。

7.2.2.2 浅滩整治

北方河流含沙量较大，洪水过后会在河道形成淤积，在靠近两岸处形成大面积边滩，严重影响河道的泄洪和通航。

整治浅滩常用疏浚的办法。疏浚是采用挖泥船或水力冲砂的办法扩大河道断面，增加泄洪能力，稳定航道。采用挖泥船就是把河道上影响泄洪或航运的淤泥、硬埂挖除并运走。水力冲砂则是利用快速水流将淤泥带入外河，保证河道泄洪与航运。

7.2.2.3 裁弯取直

水流在河道弯曲处比较紊乱，主流靠凹岸底部会不断对凹岸形成淘刷，加大弯道的弯曲程度。当弯到一定程度时，既不利于泄洪又不利于通航，特别是当河道弯曲成近似弧形河流时，水流与河床之间的矛盾更加突出。在环道颈口采用人工裁弯取直，加速了河流自然裁弯取直的进程，并人为控制，有效地避免自然灾害的发生。

河流裁弯取直后，由于流程缩短，糙率降低，一般会使上游水位下降，裁弯后上游的浅滩碍航程度加剧，下游则往往会产生淤积，这些问题在设计时应予以充分考虑。图 7-2 为裁弯取直示意图。

7.2.2.4 分汊河道整治

游荡性河流由于泥沙沉积不均匀，易形成分汊河道。分汊河道流量分散，水深相对较浅，不利通航。同时，分汊河道主流不明晰，给过流建筑物设计带来麻烦。分汊河道的整治，一般采用堵塞汊道，具体工程措施有丁坝、顺坝、护坡护底、导流堤锁坝等。

当河道汊道流量相差较悬殊时，一般采用丁坝、顺坝封堵较小流量汊口，将水流挑向主河槽，并在下游采取封堵措施，防止水流回流，见图 7-3。

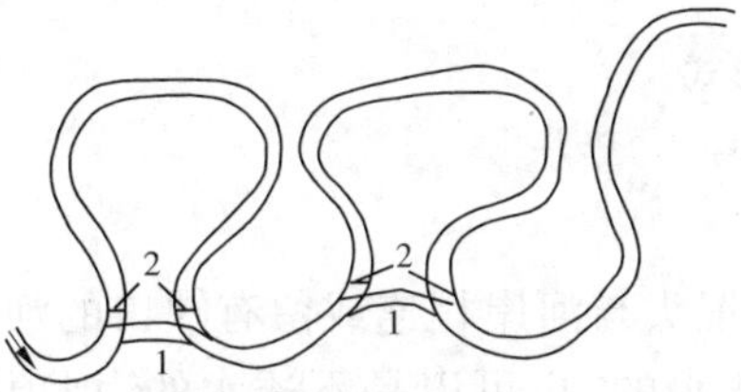

图 7-2　裁弯取直示意图

1—引河；2—锁坝

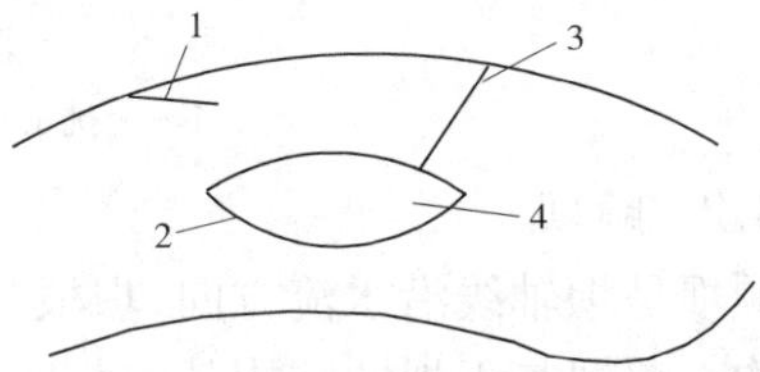

图 7-3　分汊河道整治示意图

1—丁坝；2—护坡；3—封堵堤；4—中心岛

7.2.2.5 卡口整治

由于人为修建过河建筑物或河道自然条件形成河道局部束窄的现象称为卡口。卡口的存在，使河道局部过流断面面积减小，在卡口前出现局部壅水，卡口处则由于水流流速提高，冲刷加剧，对防洪十分不利，宜采用拓宽或改道的办法来整治。

凡具备拓宽条件的尽量采用拓宽的办法，确因条件限制或河道附近有重要的城镇，可考虑采用改道的方法。

7.2.2.6 河口整治

河流进入海口，由于水流流速降低，泥沙沉积，河床抬高，随着河口的不断延伸，在入海口处形成三角洲淤积。同时，受潮汐冲刷在入海口易形成多汊道的喇叭口。河口的淤积与多汊影响了河道的航运和泄洪。整治的措施是采取工程方法形成相对稳定的入河口，并防止外河潮汐对入河口的侵袭，在近乎垂直内河岸线建设丁坝固定河槽，见图 7-4。

7.2.3 河道整治建筑物

以整治河道为目的而修建的各种形式的建筑物统称为河道整治建筑物。河道整治建筑物的形式与河道整治的目的、使用的材料、河道水流条件等因素有关。常用的形式有：堤防工程、分(蓄、滞)洪工程、护坡护底工程、垛、坝工程。堤防工程、分(蓄、滞)洪工程在本章第 7.3 节、第 7.4 节专门介绍。垛、坝工程主要可分为丁坝、顺坝、锁坝、潜坝等。

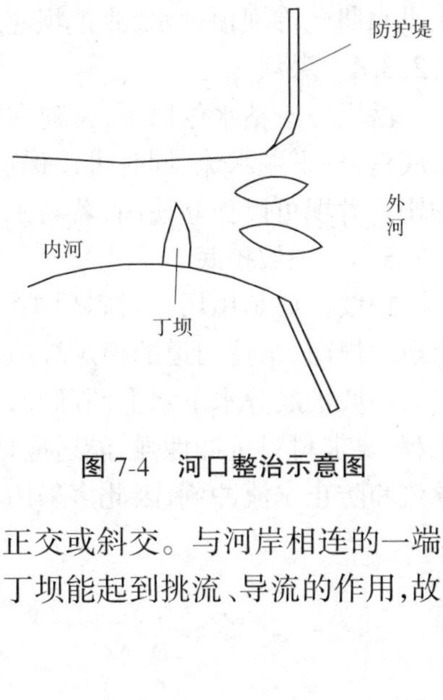

图 7-4　河口整治示意图

7.2.3.1 丁坝

丁坝是束窄河床、保护河岸的坝型建筑物。它一端与河岸相连，另一端伸向河槽，坝轴线与水流方向正交或斜交。与河岸相连的一端称为坝根，伸到外河槽的一端称为坝头，中间是坝身。因丁坝能起到挑流、导流的作用，故又称为挑水坝。丁坝种类繁多,根据坝轴线长短可分为长丁坝、短丁坝;根据坝轴线与水流方向的夹角可分为上挑丁坝、垂直丁坝和下挑丁坝(见图 7-5);根据筑坝材料可划分为土丁砍、抛石丁坝和柳石丁坝。

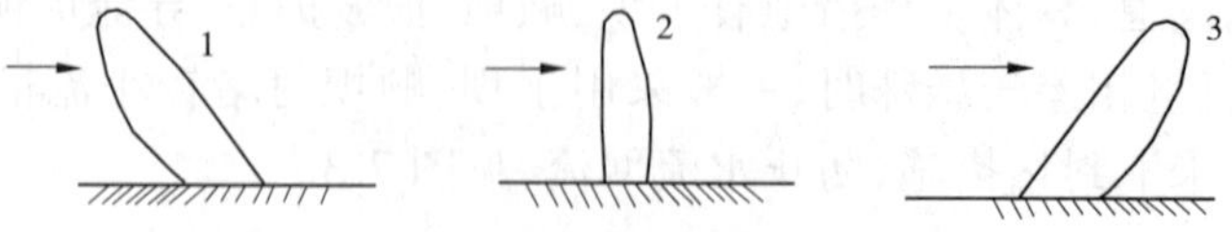

图 7-5　丁坝形式

1—上挑丁坝;2—垂直丁坝;3—下挑丁坝

7.2.3.2　顺坝

顺坝是坝轴线沿水流方向,坝根与河岸相连,坝头与河岸相连或留有缺口的河道整治建筑物。顺坝与丁坝的结构基本相同,既可以是透水的,也可以是不透水的,坝顶高程因坝体作用而异。其主要作用是束窄枯水河床,增加通航水深或用以导引水流,改善水流条件。一般顺坝与格堤联合使用,用于增加顺坝坝身结构稳定性并加速顺坝与河岸之间的淤积,如图 7-6 所示。

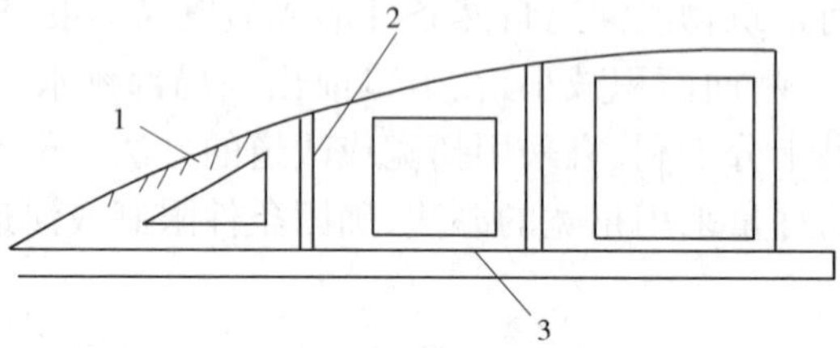

图 7-6　顺坝与格堤布置

1—河岸;2—格堤;3—顺坝

7.2.3.3　锁坝

锁坝是堵塞汊河的河道整治建筑物,坝体两端与河床相连,其结构与丁坝相同。锁坝在洪水期允许坝顶过水,故锁坝应对顶部进行保护,多采用石料修筑。

7.2.3.4　潜坝

潜坝位于枯水位以下,常建在深潭或河道低洼处,因此其可以增加枯水期水深,调整河底糙率、平顺水流,同时可以保护河底、顺坝外坡底脚及丁坝坝头等部位铺设,免遭水流冲刷。潜坝可以独立使用,若与丁坝、顺坡配合使用效果更好。

7.2.3.5　护坡护底

护坡护底是用圬工材料保护河岸或丁坝、顺坝表面,防止水流冲刷淘蚀,用以改变水流运动规律,维持河道的稳定性或保护其他建筑物。

护坡护底分水下水上两部分,水下部分又称护根。水下部分是维持护坡稳定的基础工程,要求材料抗冲性强,能适应地基变形,因此多采用抛石和柳石枕。水上部分主要是导流和防止水流冲刷,因此多采用干砌石或浆砌石修筑,如图 7-7 所示。

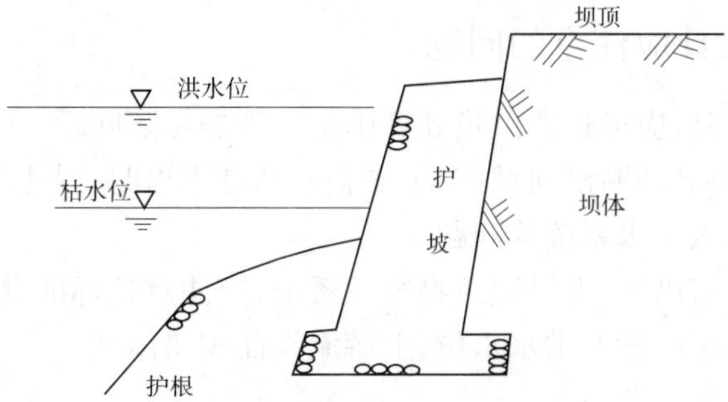

图 7-7　砌石护坡护底示意图

§7.3　堤防工程

堤防是沿河岸顺水流方向修建的治河工程，其目的是束范洪水，平顺水流，减轻洪水对下游灾害，保护沿河两岸人民生命财产安全。堤防虽不是防治洪水的惟一措施，但如今仍是重要的防洪工程措施。下面就堤防工程设计及管理作简要介绍。

7.3.1　堤防的选线原则

堤线的选择是规划设计的前提，堤线选择合理与否，对河道泄洪、当地经济、防汛抢险影响很大，故在选线时要考虑以下几点：

(1)堤线尽量与河流流向保持一致，两岸堤线基本平行，避免出现局部突然变窄或变宽的现象，以利洪水宣泄。

(2)堤线与主河槽保持一定距离，在河道弯曲处，不宜离凹岸河槽太近，以防洪水主流顶冲，造成坍塌、危及堤防安全。

(3)堤线应选在地质情况良好的地带，并尽量沿等高线修建，避免通过流沙、淤泥地带，以降低工程造价。

(4)堤线不宜随河道局部较小弯曲而弯曲，应沿河槽弯曲外沿布设。对于河道较大弯曲，堤线布设时应有较大的转弯半径，并在堤防临水面采取贴护措施，避免局部过分突出而影响洪水宣泄。

7.3.2　堤防断面构造形式

堤防多采用土石料填筑，断面一般为上下游均有一定坡度的梯形断面，当堤防较高时，为增加堤防断面稳定并防止渗透水流沿堤坡渗出，常在背水一侧修戗台。迎水面则根据具体情况，在风浪较大地区，可采取砌石或混凝土块护坡，在无风区或风浪较小区采用草皮护坡。堤防断面的构造形式如图 7-8 所示。

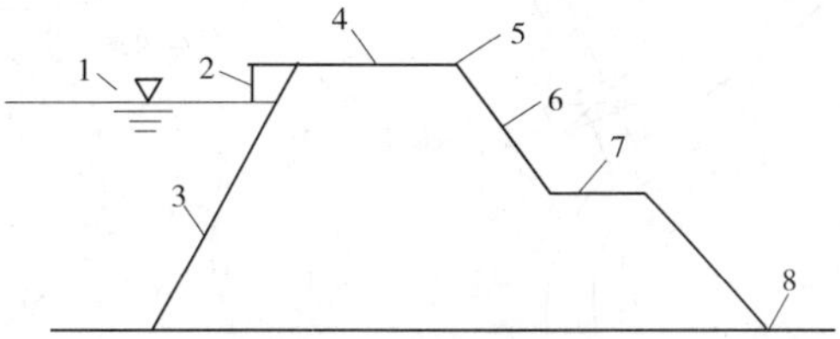

图 7-8　堤防断面示意图

1—设计洪水位；2—超高；3—迎水坡；4—堤顶；5—堤肩；6—背水坡；7—戗台；8—堤脚

7.3.3 堤防规划设计应注意的问题

(1)堤防规划设计时,应通过泄洪量计算确定合理的堤防间距。

(2)堤防的修建,势必切断沿河城市、工矿企业的排水出路,因此应注意协调解决洪水时堤防排涝、洪水倒流入排水系统等问题。

(3)堤防建设应与滞洪区、泄洪建筑物统一考虑,应注意超标准洪水的解决对策。

(4)堤防建设提高了同标准洪水水位,上游淹没面积将增加。

§7.4 分(蓄、滞)洪工程

平原性河流、游荡性河流河道宽浅,淤积严重。主槽左右摇摆,洪水期易造成淹没,主要依靠堤防来防洪。目前,我国大部分河流堤防防洪标准偏低,出现超标准洪水将会给沿河两岸造成巨大的经济损失。因此,针对中国堤防工程这一现状,应有目的、有步骤地采取分(蓄、滞)洪措施,确保沿河两岸城镇及农田防洪安全,把洪灾降低到最低程度。

分洪工程是利用泛区(滞洪洼淀)修建分洪闸,分泄河道部分洪水,将超过下游河道泄洪能力的洪水通过分洪闸泄入滞洪区或通过分洪道泄入下游河道或相邻其他河道,减小下游河道的洪水负担。滞洪区多为低洼地带、湖泊、人工预留滞洪区、废弃河道等。当洪水位达到堤防防洪限制水位时,打开分洪闸,洪水进入滞洪区;待洪峰过后适当时间,滞洪区水再经泄洪闸进入原河道。

分洪工程形式虽有所不同,但目标都是削减原河道洪峰,减小洪水对沿河两岸城镇、工矿企业、农田的威胁。依据分洪工程的作用,将分洪工程分为三类:

(1)将洪水分泄于其他河流、湖泊、低洼地带等地方的分洪工程称为减洪,如图 7-9 所示。

(2)将洪水存入泛区,待洪峰过后,再将洪水输入原河道的分洪工程称为滞洪,如图 7-10 所示。

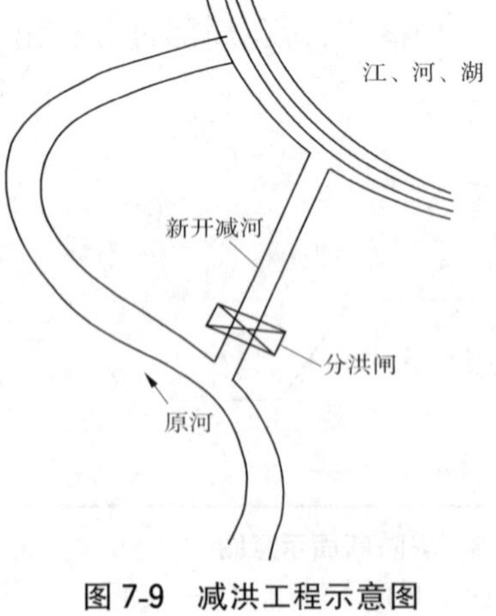

图 7-9 减洪工程示意图

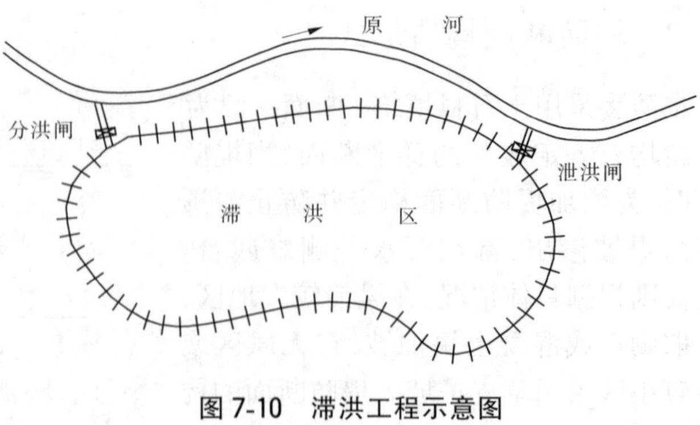

图 7-10 滞洪工程示意图

(3)在河道上修建水库,利用防洪库容拦蓄洪水的称为蓄洪,如图 7-11 所示。

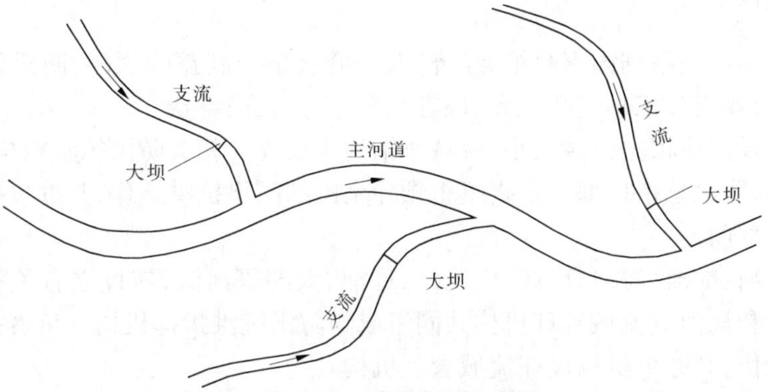

图 7-11　蓄洪工程示意图

分洪闸一般情况下不开闸,只有当河道洪水上涨到一定高度从而危及到下游河道安全时,方开闸泄水。当河道水位降低到一定程度后,再将滞洪区的水排入原河道。滞洪区在枯水年份或枯水季节,要考虑安排农业生产,故滞洪区还需修建灌排渠系,干旱期引河道水灌溉,多雨季节排降内涝积水。排水系统出口应尽量与泄洪出口协调统一,这样可以降低工程造价。滞洪区内的居民应建在较高的台地上,并在居民区周围加设围堤,以保护居民区安全。滞洪期间,居民应撤离滞洪区。

规划分洪工程时,一般应将分洪垦植结合起来。做到有计划、有安排、分洪与垦殖有序,充分利用土地资源。一般来说,分洪区在规划时应考虑以下几个方面的因素:

(1)利用河道两岸的湖泊、洼地作为分洪区,既能对洪水进行调节,又能减小分洪时过多地占用土地。

(2)分洪区应尽可能接近被保护区,因为分洪的作用在分洪口附近最显著。

(3)分洪区选择应根据洪峰大小进行确定,力求经济合理、少占用耕地。

(4)分洪区规划应与分洪区建筑物统一考虑。

分洪工程常修建的建筑物有:分洪闸、分洪道、泄洪闸、居民区围堤、河道整治建筑物等。分洪建筑物的设置应结合分洪区的具体情况而定。

§7.5　防汛抢险

河流在社会历史的发展中占有举足轻重的作用,河流孕育了人类的发展,为人类提供了一个连接内陆和海洋的特殊通道。但是,洪水对人类也造成了极大的危害。我国有洪泛区近 100 万 km^2,全国约 1/3 的耕地、600 多座城市,还有一些重要的油田、工矿企业、公路和铁路都受到洪水的威胁。我国土地面积广阔,河流众多,洪灾频繁且危害范围广,对国民经济影响严重。20 世纪 90 年代,洪灾造成的直接经济损失约 12 000 亿元人民币,其中 1998 年洪水造成的直接经济损失达 2 500 亿元人民币。因此,防汛抢险是一个具有长期性、艰巨性、广泛性、群众性、科学性的工作,必须做好防汛抢险工作,把洪水灾害降低到最低限度,以确保社会秩序健康有序发展。

7.5.1 防汛组织

防汛工作是一项关系到国家政策、经济、人民群众贴身利益的大事,防汛的首要任务是做好组织工作,要充分依靠党政领导、地方驻军、广大人民群众。

防汛组织的设定应根据流域大小、流域所辖地区设立。相关防洪抢险机构主要有:

(1)国家设立防汛总指挥部。负责组织领导全国的防汛抗洪工作,其办事机构设在国务院水行政主管部门。

(2)长江、黄河、淮河、海河、珠江、松花江、辽河、太湖等河流,应设立有关省、自治区、直辖市人民政府和该河流流域管理机构共同组成的防汛抗洪指挥机构。负责指挥所辖范围的防汛抗洪工作,其办事机构设在流域管理机构。

(3)有防汛任务的县级以上地方人民政府设立防汛指挥部。指挥部由有关部门、当地驻军、人民武装部负责人组成。各级政府应在上级防汛部门统一领导下,制定各项防汛抗洪措施,统一指挥本区域内的防汛抗洪任务。

(4)河道管理机构。水利水电工程管理单位和江河沿岸在建工程的建设单位,必须加强对所辖水利工程设施及防洪工程的维护与管理,保证其安全正常运行,组织并参与防洪抢险工作。

河道管理机构与其他防洪管理部门应结合平时的管理任务,组织本单位的防汛抢险队伍,做好防汛抗洪工作。

7.5.2 防汛准备

防汛准备工作是在各级防汛部门的领导下,按照流域综合规划、防洪工程实际状况和国家规定的防洪标准,制定防御洪水方案(包括对特大洪水的处置措施)。除此之外,防汛主管部门与河道管理机构还要加强日常河道工程管理,河道疏浚、清除水障、堤防维护、险工地段工程加固等工作。防御洪水方案经批准后,防汛抗洪机构及有关地方人民政府必须严格执行。

水库、水电站、拦河闸坝等工程的管理部门,应当根据工程规划设计、防御洪水方案和工程实际情况,在兴利服从防洪、保证安全的前提下,制定汛期调度运行计划,经上级主管部门审查批准后,报有管辖权的人民政府防汛指挥部备案,并接受其监督。地方政府则应根据辖区河道防洪要求,除建设和完善江河堤防、水库、蓄滞洪区等防洪设施外,还应建设并维护当地的防汛通信及报警系统。

防汛准备工作具有长期性、复杂性、科学性、组织性等特点,除做好防御洪水方案之外,还应做好以下几个方面工作。

7.5.2.1 群众的思想工作

防汛抗洪的目的是最大限度地减小洪水对人类造成的灾难。一旦发生洪灾,重者造成家破人亡,轻者毁坏家园,使人背井离乡。历来,我国政府非常注重防汛抗洪工作。在防汛期间,要做好广大人民群众的思想工作,使广大参与防汛的人员及洪泛区的群众充分认识到防汛抗洪工作的重要意义,明确防汛的目的和任务,了解汛情的概念和特点,坚定防汛的思想准备,克服侥幸心理,避免麻痹思想滋生。

7.5.2.2 防汛材料的准备

防汛抢险所需的主要物资应由计划主管部门在年度计划中支出,受洪水威胁的单位和群众应当储备一定的防汛抢险物料。防汛的主要材料有:砂石料、铅丝、木桩、麻袋、苇席篷布、绳缆等,防汛物料品种和数量应在汛期到来之前全部准备到位,不得延误,以免影响正常防汛工作。

7.5.2.3 防汛抢险技术准备

防汛抢险工作任务艰巨,时间紧迫,既有时间的紧迫性,又有技术的针对性,故在汛期来临之前应对参与防汛的人员进行防汛抢险技术培训。参训人员既要掌握防汛抢险的基本知识和技能,又要学会险性的判断和鉴别。防汛抢险工作技术性强、涉及面广、工作强度大,因此,技术准备工作应针对防汛抢险一线人员,要求做到培训内容通俗易懂,图文并茂,必要时应开展现场教学和抢险演习。

7.5.2.4 灾区群众迁移及安置

在制定防御洪水方案时,应同时制定灾区群众迁移及安置措施,这主要包括预报洪水、避洪、撤离道路、迁移地点、安置措施、紧急撤离和救生准备等汛前准备工作,并报上级防汛指挥部门批准同意。群众迁移和安置是一项重要而又复杂的工作,首先,防汛指挥部门要向洪灾区群众做好宣传,克服侥幸心理,要向群众讲清洪水可能造成的危害及可能造成的严重后果;其次,要做好村干部、共产党员的思想工作,发挥村干部、共产党员的先进性和带头示范作用;最后,要做好安置区群众的吃饭、防寒、穿衣和卫生防疫工作,保证群众的思想稳定。政府和社会各界应加大对灾区人民的关怀,使灾区群众在政府的支持下,对灾后重建充满信心。

7.5.3 防汛与抢险

7.5.3.1 技术方法

在汛期应成立防汛抢险队伍,分区分片负责巡查、联络和抢护工作,要注意对大坝、堤防、护坡护底等防洪工程的运用情况进行巡逻与检查,检查其是否有裂缝、坍塌、滑坡、洞穴等不正常现象发生。对堤防背水面的检查易被忽视,背水面检查时应注意有无渗水、管涌、流土、滑裂、蚁穴等现象。对堤脚100m以内的沟塘、水井也要加强巡查,检查其有无管涌、渗水等现象。有渗水现象时,要注意观察渗水是否变浑浊,一旦渗水变浑浊,表明渗透破坏性变大,应引起足够重视。对溢洪道等泄水建筑物应检查有无淤积堵塞,两岸边坡有无松动、脱落和崩塌危险。穿越堤防的交叉建筑物的土石结合部是工程质量的弱点,应注意检查有无接触管涌、接触流土现象发生。临水面、背水面、建筑物顶部都是检查的重点,任何一处出现险情都将导致严重的后果。汛期检查时要做到"四到"、"五时"、"三清"、"三快"。

1)"四到"

(1)手到——用手指触摸或检查建筑物隐蔽部位,注意木桩、绳缆的松紧程度。

(2)眼到——用眼观察堤防、临水坡、背水坡有无险情,水流表面有无异常现象,堤防背水坡渗水面积是否扩大或是否发生渗水变浑现象。

(3)耳到——用耳朵听,来判别水流声音有无变化、有无石块崩落,特别是晚上,这样做有助于发现隐患。

(4)脚到——用脚检查堤防土质松软程度,以帮助判别是否有跌窝、崩塌的可能。

2)"五时"

(1)吃饭时——巡查人员较少,易漏查。

(2)黎明时——天色昏暗看不清楚,巡查人员困乏,注意力不集中。

(3)黄昏时——天色渐黑,检查人员注意力集中在走路上,险情不易被发现。

(4)刮风下雨时——受风雨干扰,视线不清,检查注意力不够集中。

(5)河水回落时——思想松懈,心情舒缓,易产生洪水已过的心理,此时堤防上游易产生塌滑。

3)"三清"

(1)险情要查清——在检查时发生险情,应弄清险情可能造成的危害及险情出现的原因。

(2)险情要报清——发现险情,应及时向防汛指挥部报告,在报告时要报清出现险情的时间、地点、现象,能弄清原因的还应报清险情出现的原因,以便及时组织力量进行防护。

(3)报警信号要记清——发现险情后,要严格按照规定发出险情信号,以便抢险指挥部正确安排人员赶赴出事现场。

4)"三快"

(1)险情发现快——巡查时要正确运用汛前培训知识及时发现险情,避免险情进一步扩大。

(2)险情报告快——发现险情时,无论大小应及时向防汛指挥部门报告。

(3)险情抢护快——发现险情时,应及时组织人力、物力进行抢护,避免险情进一步扩大。

7.5.3.2 注意事项

在防汛抢险过程中,各级政府部门要严格贯彻防汛指挥部命令,步调一致,精诚合作,树立抗大汛、防大洪的思想,严禁推诿扯皮,影响防汛抗洪工作。防汛抢险过程中需要注意的问题主要有以下几点:

(1)省级人民政府防汛指挥部应根据当地的洪水规律,规定汛期起止日期。当江河、湖泊、水库的水情接近保证水位或安全流量时,或者防洪工程设施发生重大险情、情况紧急时,县级以上地方人民政府可以宣布进入紧急防汛期,并报告上级人民政府防汛指挥部。

(2)防汛期内,各级防汛指挥部必须有负责人主持工作。有关责任人员必须坚守岗位,及时掌握汛情,并按照防御洪水方案和汛期调度运用计划进行调度。

(3)在汛期,水利、电力、气象、海洋、农林等部门的水文站、雨量站,必须及时准确地向各级防汛指挥部提供实时水文信息;气象部门必须及时向各级防汛指挥部提供有关天气预报和实时气象信息;水文部门必须及时向各级防汛指挥部提供有关水文预报信息;海洋部门必须及时向沿海地区各级防汛指挥部提供风暴潮预报信息。

(4)在汛期,河道、水库、闸坝、水运设施等工作管理单位及其主管部门在执行汛期调度运用计划时,必须服从有管辖权的人民政府防汛指挥部的统一调度指挥或者监督。

(5)在汛期,河道、水库、水电站、闸坝等水工程管理单位必须按照规定对水工程进行巡查,发现险情时,必须立即采取抢护措施,并及时向防汛指挥部和上级主管部门报告。其他单位和个人发现水工程设施出现险情,应当立即向防汛指挥部和水工程管理单位报告。

(6)在汛期,公路、铁路、航运、民航等部门应当及时运送防汛抢险人员和物资;电力部门应当保证防汛用电。

(7)在汛期,电力调度通信设施必须服从防汛工作需要;邮电部门必须保证汛情和防汛指令的及时、准确传递,电视、广播、公路、铁路、航运、民航、公安、林业、石油等部门应当运用本部门的通信工具优先为防汛抗洪服务。

(8)在紧急防汛期,地方人民政府防汛指挥部必须由人民政府负责人主持工作,组织动员本地区各有关单位和个人投入抗洪抢险。所有单位和个人必须听从指挥,承担人民政府防汛指挥部分配的抗洪抢险任务。

(9)在紧急防汛期,公安部门应当按照人民政府防汛指挥部的要求,加强治安管理和安全保卫工作。必要时有关部门可依法实行陆地和水面交通管制。

(10)在紧急防汛期,为了防汛抢险需要,防汛指挥部有权在其管辖范围内,调用物资、设备、交通运输工具和人力,事后应当及时归还或者给予适当补偿。因抢险需要取土占地、砍伐林木、清除阻水障碍物的,任何单位和个人不得阻拦。

(11)当河道水位或者流量达到规定的分洪、滞洪标准时,有管辖权的人民政府防汛指挥部有权根据经批准的分洪、滞洪方案,采取分洪、滞洪措施。采取上述措施对毗邻地区有危害的,必须经有管辖权的上级防汛指挥机构批准,并事先通知有关地区。

(12)当洪水威胁群众安全时,当地人民政府应当及时组织群众撤离至安全地带,并做好生活安排。

(13)按照水的天然流势或者防洪、排涝工程的设计标准,或者按经批准的运行方案下泄的洪水,下游地区不得设障阻水或者缩小河道的过水能力;上游地区不得擅自增大下泄流量。

7.5.4　灾后工作

灾情发生后,物资、商业、供销、农业、公路、铁路、航运、民航等部门应积极主动做好灾区救灾物资的供给与运输;民政、卫生、教育等部门应当做好灾区群众的生活供给、医疗防疫、学生复课、恢复生产等救灾工作;水利、邮电、通信、公路等部门要做好辖区水毁工程的修复与建设;各级人民政府防汛指挥部要按照国家要求核实并统计上报辖区范围内的洪涝灾情,不得虚报、瞒报;各级人民政府应积极组织和帮助灾区群众恢复生产、重建家园。

灾后重建是关系到地方经济和政治的大事,各部门、机关团体、个人都有责任和义务帮助灾区人民尽快恢复到正常的生活中来,任何团体和个人都应顾全大局,为灾区人民的生活建设贡献自己的力量。

7.5.5 险情抢护措施

险情抢护方法多种多样，主要可分为工程措施和非工程措施，如图 7-12 所示。防汛人员要掌握各种险情的鉴别和险情的抢护方法，由于险情的种类较多，本书在此仅介绍一些常见的险情鉴别及险情抢护的工程措施。

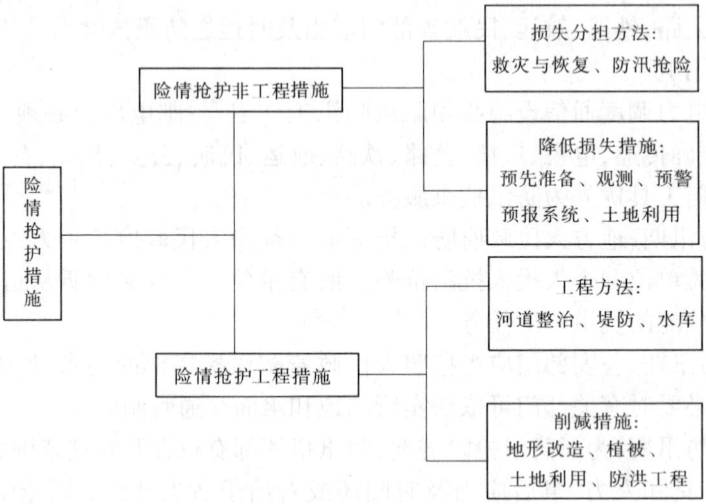

图 7-12 险情抢护措施分类

7.5.5.1 洪水漫顶

当上游河道发生特大洪水，跨河建筑物(如桥梁)束窄了河道过水断面，河道堤防设计标准偏低等原因导致洪水超越堤顶称为洪水漫顶。

洪水漫顶的抢护原则是做到水涨堤高。其具体工程措施有加设子堤、防浪墙后加后戗等。

1)堆筑子堤

子堤修筑常用的材料有：纯黏土料、土袋、木板和埽捆等材料。

纯黏土子堤指在堤顶(坝顶)上拆除原有路面及表面杂草，将表层土层疏松，然后分层填筑黏土夯实而成的子堤。为防止结合面渗漏，常沿子堤中心修建结合槽，使原堤与子堤紧密结合，子堤顶宽一般取 0.6～1.0m，顶高高出最高洪水位 0.5～1.0m，上游边坡不陡于1∶1.5，下游边坡不陡于 1∶1。黏土子堤常在土料方便的地段修建。

土袋子堤是用草袋、蒲包、麻袋和编织袋装土修筑的子堤。用土袋填筑子堤时应注意与堤顶紧密接触，防止沿接触面产生集中渗漏，填筑时，应将堤顶表层土刨松，然后将土袋装土七成左右，紧缝袋口，由下而上依次堆砌。土袋子堤多用于砂质土料或风浪较大的堤段。

木板或埽捆子堤通常用在土料缺乏、堤顶较窄、洪水主流靠近堤防、风浪较大的情况下。修筑时，沿上游堤肩 0.5～1.0m 处楔入一排木桩，木桩背水面钉一层木板或用铁丝将埽捆绑扎在木桩上，然后在木板或埽捆后填土夯实，如图 7-13 所示。

2)防浪墙加后戗

在土石坝水库工程中防洪时，可利用大坝防浪墙，在防浪墙后用土或土袋加戗，与防

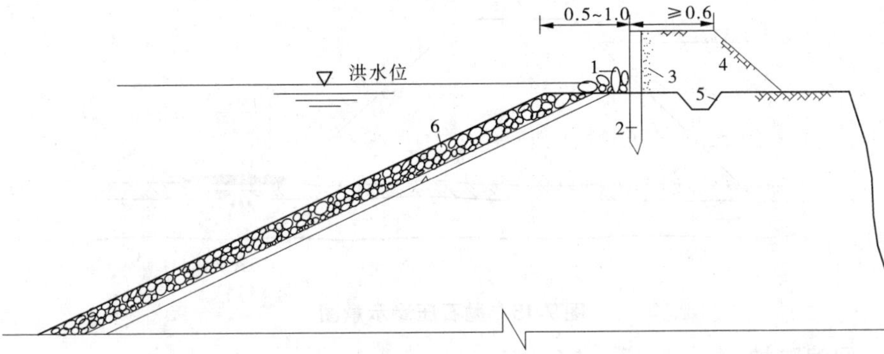

图 7-13　埽捆子堤(单位:m)

1—沙袋或石;2—木桩;3—埽捆子堤;4—填土;5—接合槽;6—护坡;7—坝顶

浪墙一起构成防洪子堤。

7.5.5.2 管涌的防护

当洪水位超过迎水坡坡脚、迎水面受到洪水浸泡时,在背水坡坡脚附近或周围的沟槽、洼地、稻田中出现洪水逸出的现象称为管涌。管涌可能独立出现也可能出现管涌群,管涌的发展将会引起堤身坍塌甚至导致堤防溃决。管涌抢护的工程措施有围井滤水、抛石压渗、蓄水减渗等方法。

1)围井滤水

当地基透水量较小、管涌范围不大时,可在管涌所形成的沙环外围用土袋修筑一个不很高的井,在井内抛填粗砂、细石、块石铺成反滤层,每层料厚一般为 0.2~0.3m。随着井内水位逐步壅高,临、背水坡水头差减小,渗透压力逐渐降低。减小渗透破坏可防止险情发生,渗水通过反滤层渗入井内,然后通过埋设在围井上部的管子导出井外,如图 7-14 所示。

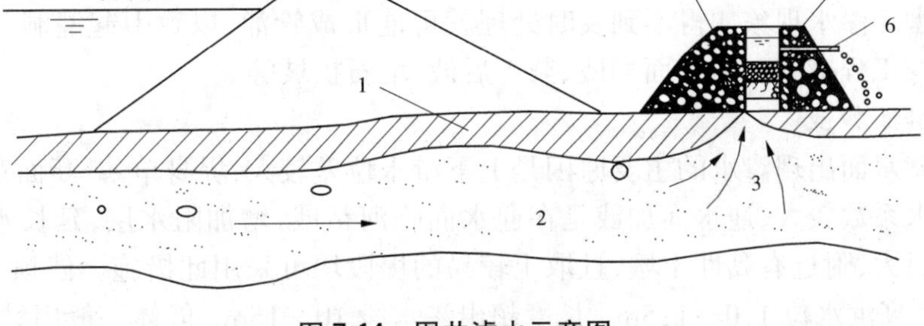

图 7-14　围井滤水示意图

1—覆盖层;2—坝基透水层;3—三层反滤;4—土袋;5—黏土;6—竹管

2)抛石压渗

抛石压渗是指在出现管涌群的情况下,在管涌群地区抛填石料,以防止渗透水流带走土粒导致骨架破坏。抛填石料时应从小到大依次抛填,每层抛石厚为 20~30cm,一般抛填 3~4 层,如图 7-15 所示。

3)蓄水减渗

蓄水减渗是指在管涌部位用填筑一定高度的土埂围成水池,利用池内水压减小渗透水流,控制管涌发展。

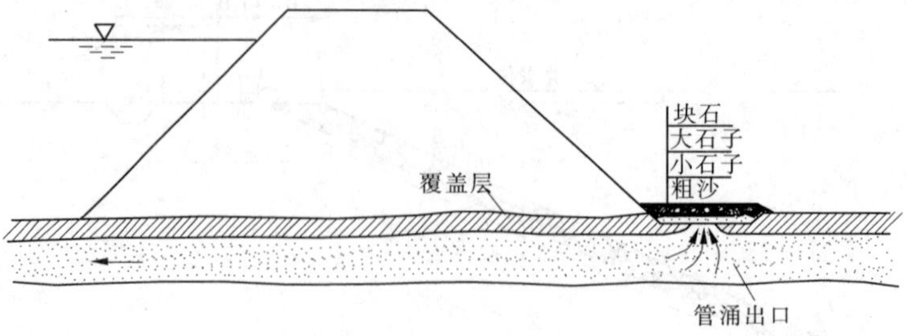

图 7-15 抛石压渗示意图

7.5.5.3 风浪防护

汛期水位上涨，河道水深增加，在风浪作用下水流连续冲击并淘刷迎水表面，以致形成坍塌、滑坡等现象。防止风浪破坏常采用的措施有：土袋防浪、浮柴防浪、桩柳防浪。

1）土袋防浪

土袋防浪是指在缺乏秸秆、柳枝等材料而风浪又较大的区段，用草袋、编织袋装土七成左右，扎紧袋口成鱼鳞状迭次沿迎水坡铺放进行防护。

2）浮柴防浪

浮柴防浪是指在风浪较大的堤防迎水面，用铅丝将柴草、柳枝扎成捆或用铅丝将圆木捆成浮排放入水中，同时在堤防顶或背水坡打木桩，用铅丝将柴捆成浮排固定在木桩上防止顺水流漂走。

3）桩柳防浪

桩柳防浪是指在堤防受风浪冲击部位打桩铺柳直到超出水面 1m 左右。其可以增加风浪阻力、减少小风浪对堤防的冲刷。

7.5.5.4 渗水的处理

汛期堤防在高水位浸泡下，背水面及附近地面出现土壤潮湿或有微小清水渗出的现象称为渗水。渗水现象如得不到及时处理就可能形成管涌，以致引起漏洞、滑坡等险情。渗水处理的工程措施有迎水面加戗、柴土后戗、堆石护坡等。

1）迎水面加戗

堤防背水面出现渗水的主要原因是上下游水位差较大，堤身单薄、断面宽度不足或堤防土质透水系数较大，迎水面加戗是在迎水面临河帮戗，增加阻水层，延长水流渗径。凡临河水深不大，附近有黏性土壤，且取土较易的堤段均可采用此措施。戗顶一般宽为 3～5m，高出最高洪水位 1.0～1.5m，长度超出渗水段 10～15m，戗体一般用黏性土、黏壤土修筑，如图 7-16 所示。

2）柴土后戗

当渗水逸出点较高时，可采用在背水面加柴土后戗的措施。柴土后戗既能满足渗水排出，又能加宽培厚堤体，增加堤防抗洪能力。柴土后戗修筑时应高出逸出点 1.0m 左右，戗顶宽 0.7～1.0m，戗坡略缓于堤防背水坡，如图 7-17 所示。

3）堆石护坡

当地有足够的碎石料时，可在堤防背水坡后沿堤坡堆砌一层石料来防渗，堆石护坡构造简单，石料用量少，能防止背水坡在汛期受雨水冲淋。堆石厚度一般不小于 0.7～

1.0m,堆石顶应高于逸水点 1.0m 左右,下部应伸入到堤脚以下并保证全部铺盖渗水区域,如图 7-18 所示。

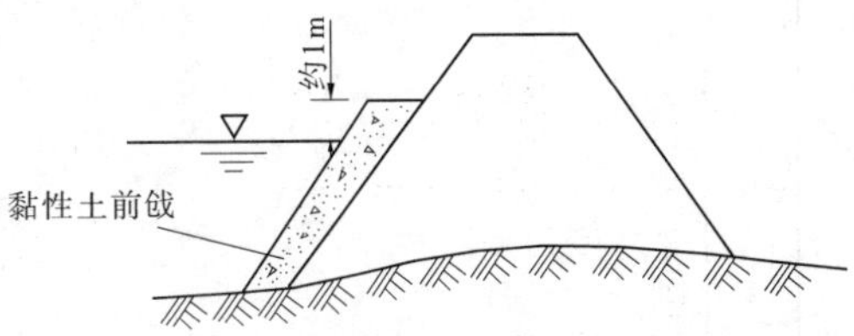

图 7-16　堤防迎水面加戗示意图

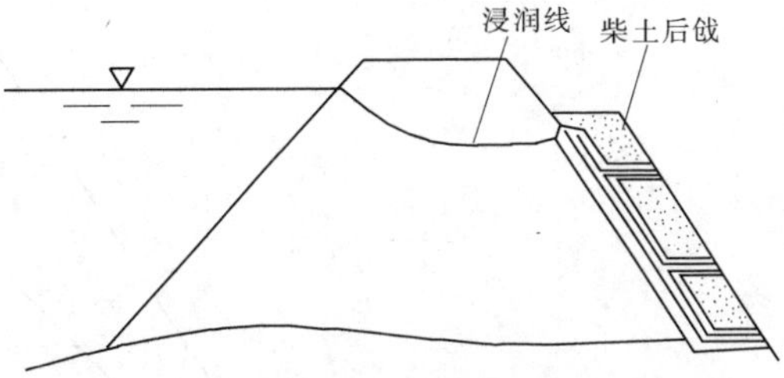

图 7-17　堤防背水面加柴土后戗

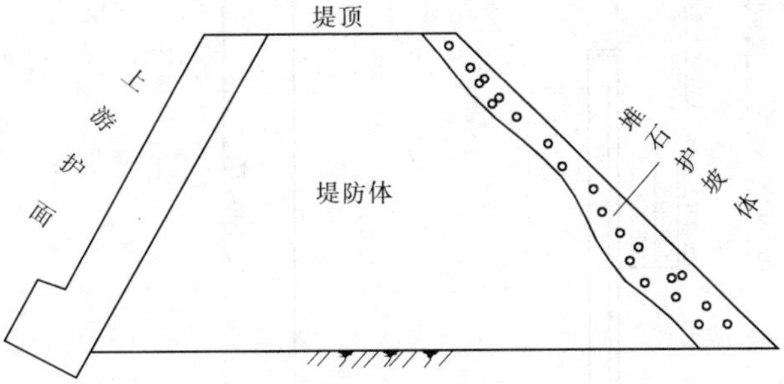

图 7-18　堆石护坡示意图

7.5.5.5　滑坡的防护

当土坝或堤防迎水面长期(较长时间)处于高水位时,由于上下游水位差存在,水流沿坝体渗流,以致土粒之间胶结能力降低,造成下游土体局部产生滑动的现象称为滑坡。滑坡虽属于局部破坏,但若不及时处理,将最终导致坝体(堤防)坍塌。对滑坡处理的措施有滤水土撑、加宽坝体。

1)滤水土撑

滤水土撑是指在背水坡滑坡范围埋设滤管、导渗沟等工程措施。该措施可减小渗透水压力并降低浸润线,消除滑坡产生的条件,然后将滑裂面下游土体削减,用非黏性土材料回填培高,回填时应分层夯实,每层厚一般为 0.3~0.5m,培厚土体应高出浸润线逸出点,土体后应加设块石固脚,如图 7-19 所示。

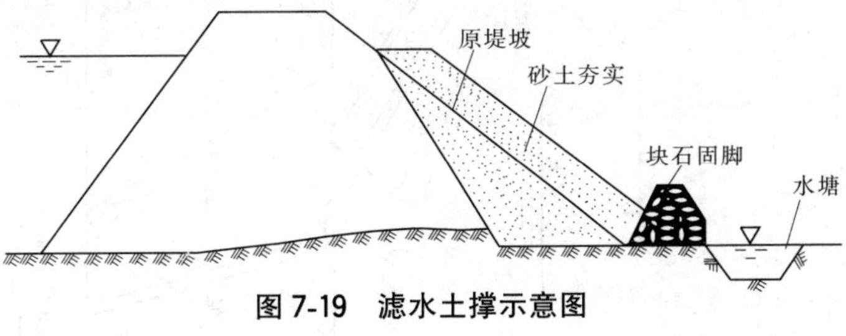

图 7-19　滤水土撑示意图

2)加宽坝体

加宽坝体是指在原堤防剖面基础上,将背水坡表面残渣清除,表层土壤疏松,然后铺设同样土料,分层夯实直到堤顶,如图 7-20 所示。

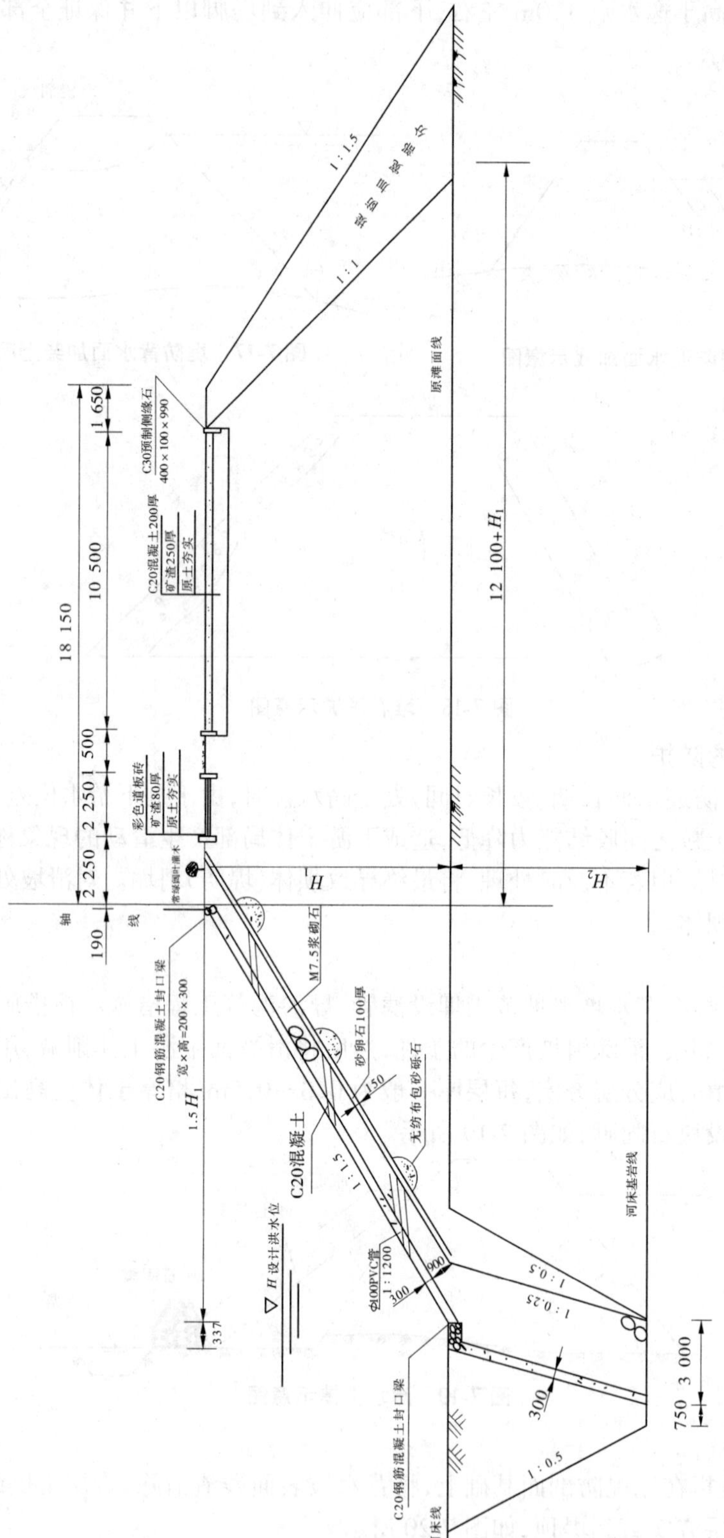

图 7-20　堤防体加宽示意图(单位:mm)

7.5.5.6 漏洞的防护

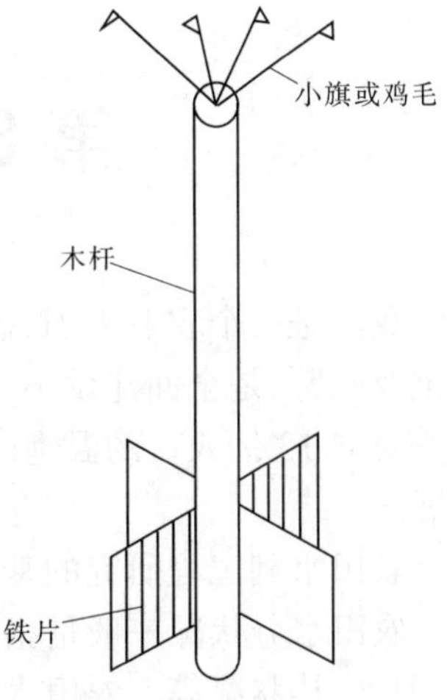

图7-21 探测杆示意图

临河水位较高,在堤防背水坡或堤脚附近出现大股水流,水流由清逐渐变浑称为漏洞。漏洞是一种危害较大的险情,若不及时根治,将可能引起溃堤。漏洞产生的主要原因是堤身存在明显的渗水通道或堤防中有树根、洞穴等隐患。在抢护漏洞时应首先探明洞口位置。常用的漏洞口探测方法有观察法、探测杆法和潜水探摸法。观察法即是用肉眼观察水流表面是否有漩涡,若发生漩涡,则漩涡处便是洞口,此法仅适用洞口离水面较近的情况。探测杆法是将一根1～2m的木杆一端锯开成十字形,将两块正交的白铁皮插入锯口处并系牢,木杆另一端插上小旗或鸡毛(如图7-21所示),然后放入水中,若遇洞口,则会被漩涡卷入洞中,此处即为洞口。潜水探摸法则是由潜水员或熟悉水性的人员探摸、弄清漏洞口位置。

漏洞常用的处理方法有:软帘覆盖、抛袋堵漏、不透水器皿堵洞等。

1)软帘覆盖

当对漏洞口较多、洞口土质软化时,可采用篷布或棉被卷成圆形筒状,筒内置重物,沿堤坡顺坡滚下,随滚随覆盖土袋,最后使漏洞闭气。

2)抛袋堵漏

对于漏洞口较深、洞口较大又一时难以找到漏洞口的具体位置时,可用麻袋、草袋或编织袋装土,扎紧袋口抛入洞口附近,抛袋应超出洞口一定范围,待抛入水面后,抓紧集中铺盖黏土闭气。

3)不透水器皿堵洞

在入口处洞口较小、周围土质较硬时,则可利用不透水的器皿(如铁锅、盆等)和门板覆盖洞口,然后集中铺土闭气。

第 8 章　农业水利工程

我国是一个农业大国,搞好农业生产是关系到我国改革开放和社会主义现代化建设的重要问题,是全面建设小康社会的前提和基础,只有大力发展农业水利工程才能有效地解决我国 13 亿人口的温饱问题,才能使我国社会主义建设事业健康、持续、协调、有序的发展。

农田水利工程研究的基本内容是:①调节农田水分状况;②改变和调节地区水情。

农田水分状况一般是指农田中的土壤水、地面水、地下水的状况及其相关的土壤养分、通气、热状况等。农田水分不足或过多,都会影响作物的正常生长和作物的产量。调节农田水分状况的水利工程措施是灌溉与排水。

我国水资源在时间和地域上都变化较大,供需水之间矛盾突出,这是影响农作物稳产、高产的主要原因之一。因此,改变和调节地区水资源分布是确保农作物稳产、高产的有效途径。

§8.1　灌排制度与灌水技术

8.1.1　灌溉制度与排水制度

农作物因其需水特性和当地气候、土壤性质、农业生产技术及灌溉方式不同,所需求的灌溉制度和排水制度亦是不相同的。

灌溉制度是指为作物高产及节约用水而制定的适时适量的灌水方案。灌水方案是指在一定的自然条件和耕作制度下,某种作物在整个生长过程中(包括播前)需要的灌水次数、灌水时间及每次灌溉用水量。其主要内容包括灌水定额、灌水时间、灌水次数和灌溉定额。

灌水定额是指一次灌水单位灌溉面积上的灌水量。灌溉定额是指播种前和作物全生育期内单位面积上的总灌水量,即各次灌水定额之和。灌水定额和灌溉定额的单位常以 m^3/亩或 mm 表示。

排水制度和灌溉制度类似,其具体内容也有排水次数、排水时间和排水定额。排水定额是单位面积农田一次排出的水量。

灌溉制度与作物品种、自然条件、农业生产技术和灌水技术有关。通常采用以下三种方法来确定灌溉制度:

(1)总结当地群众的丰产灌水经验;

(2)根据灌溉试验资料制定灌溉制度;

(3)按水量平衡原理分析制定作物灌溉制度。

8.1.2　灌水技术

灌水技术根据其水流特点,水流输运到田间的方式和水流湿润土壤的方式可分为全面灌溉和局部灌溉两大类。

8.1.2.1　全面灌溉

全面灌溉根据灌溉时湿润整个农田及活动层内的土壤又可分为地面灌溉和喷灌两大类。

1)地面灌溉

地面灌溉是指灌溉水在田面依靠重力和毛细管作用湿润作物根系层的灌水方法。

我国灌溉土地有98%采用地面灌溉,地面灌水技术具有投资少、设备少、技术简单、操作方便、群众易于掌握等特点。除我国外,地面灌水技术也是世界上应用最广的一种灌水技术。常见的地面灌溉形式有以下几种:

(1)畦灌。畦灌是将灌溉农田用土埂分成许多小畦,畦长30～50m,畦宽2～3m,畦田坡度0.001～0.002 5,入畦流量3～6L/s。灌溉时,将水引入畦田,在畦田上形成很薄的水层,并沿畦长方向流动,在流动过程中水流依靠自重湿润土壤根系层。畦灌一般多用于小麦、谷子等窄行密播作物及牧草地灌溉,其缺点是易破坏土壤团粒结构,表面易板结,灌溉水利用系数低。

(2)沟灌。沟灌是在作物行间开挖灌水沟,水从输水沟进入灌水沟后,在流动过程中借助毛细管作用湿润土壤,同时雨季还可以起排水作用。灌水沟断面呈梯形,一般上口宽30～40cm,沟深15～25cm,纵坡一般为0.005～0.02,入沟流量一般为0.2～1.5L/s。沟灌适用于宽行距的中耕作物,如玉米、草莓、棉花等,沟灌不会破坏作物根部土壤结构,不会导致田面板结,还能减小田间蒸发损失。

(3)淹灌。淹灌又称格田灌,是用土埂将灌溉土地划分成许多格田,灌水时使格田内保持一定深度的水层,借重力作用湿润土壤。格田表面应较平整,其田面高差不得大于淹灌水深。该法主要适用于水稻和冲洗灌溉。

(4)波涌灌。波涌灌又称涌流灌溉或间歇灌溉,是把灌溉水断续地按一定周期向灌水沟(畦)供水,逐段湿润土壤直到水流推进到灌水沟(畦)末端为止的地面灌溉新技术。波涌灌与地面灌不同,它向灌水沟(畦)供水是不连续的,其灌溉水流也不是一次灌水就推进到灌水沟(畦)末端,而是在第一次输入到灌水沟(畦)一定距离后,暂停供水,然后过一定时间后再继续供水,如此分次间歇反复向灌水沟(畦)供水。目前,波涌灌的主要方式有:定时段—变流程方式,定流程—变时段方式,定流程—变流量方式。

(5)长畦分段灌。长畦分段灌俗称小白龙灌,是将一条长畦(沟)分为若干段,然后用塑料软管自下而上依次逐段向畦(沟)里灌水,直到全部短畦(沟)灌完为止的灌水技术。

(6)地膜覆盖灌溉技术。地膜覆盖灌水是在地膜覆盖栽培技术基础上,结合传统地面沟灌、畦灌而发展起来的一种新型节水灌溉技术。目前其常见的方式主要有:揭膜畦沟灌、膜侧沟灌、膜上灌、膜孔灌、膜缝灌等。

2)喷灌

喷灌就是利用水泵和管道系统,在一定的压力下把水喷射到空中,碎成细小的水滴,均匀降落到田间,供给作物水分的一种灌溉方式。其优点是节水效果好,对地形的适应性强,保土、保肥,可综合利用,便于实现灌溉机械化、自动化。

8.1.2.2 局部灌溉

局部灌溉是指灌溉时只湿润作物根部周围土壤,远离作物根部的行间或棵间的土壤仍保持干燥的灌水方法。局部灌溉的主要形式有滴灌、微喷灌和渗灌。

1)滴灌

滴灌是利用滴头、滴灌带(滴头与毛管制成一体)等灌水器,以水滴或细流形式湿润土壤的灌水方法。通常毛管和灌水器放在地面上,有时为方便田间作业,防止毛管损坏或丢失,也可将其埋在地下30~40cm,又称为地下滴灌。其优点是非常省水,自动化程度高,可以使土壤局部湿度始终保持在最优状态;缺点是对水质要求高,滴头易堵塞,一次性投资大。滴灌适用于果树、蔬菜和花卉。

2)微喷灌

微喷灌是指利用微喷头将水喷洒以湿润土壤的表面。微喷灌湿润土壤面积较滴灌大,因此流量、出口流速也要求大一些。微喷灌适用于果树、蔬菜和花卉。

3)渗灌

渗灌是指灌溉水以滴渗方式湿润作物根系层实现对作物灌溉。目前,工程上的做法是将灌溉水通过低压渗灌管管壁上的微孔(裂纹、发泡孔)由内向外呈发汗状渗出,随即通过管壁周围土壤颗粒及颗粒间孔隙的吸水作用向土体扩散,以实现对作物灌溉。渗灌水进入土壤后,仅湿润作物根系层。渗灌适合宽行距的行播作物灌溉。

§8.2 灌排渠系的布置

8.2.1 灌排渠系组成

灌溉渠系是指由水源取水、渠道输水、田间工程三大部分组成的有机综合体。在进行灌溉渠道规划布置时,应与排水系统统筹考虑,以达到两者互相配合、协调运行,共同构成完整的灌区灌排系统,如图8-1所示。

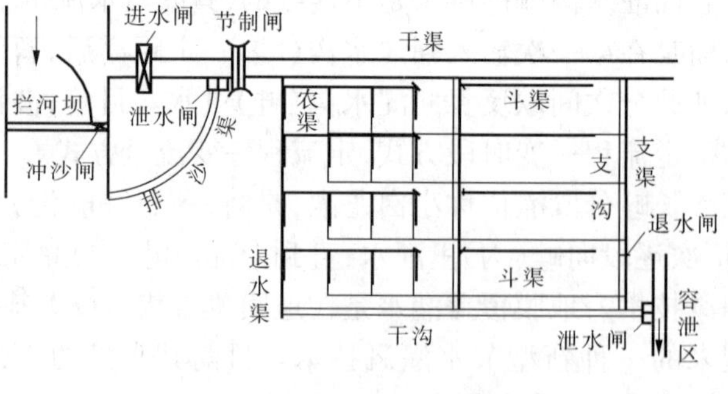

图8-1 灌排系统示意图

灌溉渠道按控制面积大小和水量分配层次一般可分为干渠、支渠、斗渠、农渠、毛渠五级。灌溉面积在30万亩(2万 hm^2)以上或地形复杂的大型灌区,可增设总干渠、分干渠、分支渠、分斗渠等;灌溉面积较小的灌区可根据实际情况适当减少渠道级数。农渠以下的田间小渠道一般为季节性临时渠道。

排水系统一般由干、支、斗、农四级排水沟组成,排水沟应布置在田间末端较低位置,要求沟内水面低于田面,必要时沟内水面应满足降低地下水位的要求。

8.2.2　灌溉渠系规划布置原则

灌溉渠系布置应根据灌区地形、地质、居民情况、灌溉标准等要求通盘考虑,通过方案优化对比进行。一般来说,灌溉渠系规划布置时应遵循以下几条原则:

(1)沿高地布置、力求获得较多的自流灌溉面积,对局部高地宜采用提水灌溉的方式。

(2)灌排结合,统筹考虑。排水沟渠应尽可能布置在灌区的最低处,力求获得最佳的排水效果。

(3)渠线布设时尽量短、直,交叉建筑物要尽量少,还要少占耕地,少拆迁民房。

(4)渠线布设时应避免深挖方、高填方和难工险段,并保证用水安全稳定。

(5)与行政区划结合,尽量使用水单位有独立的取水口和灌溉渠道。

(6)尽可能满足不同用水部门的要求,做到一水多用。

(7)要考虑灌区远景用水要求,做到远近结合。

§8.3　渠道工作制度

渠道工作制度也就是渠道供水秩序,也称渠道配水方式,一般分为轮灌和续灌两种。

8.3.1　轮灌

轮灌是指在一次灌水延续时间内,上一级渠道向下一级渠道分组轮流输水的工作方式。其优点是渠道流量集中,输水时间短,有利于与农业措施结合并能提高灌溉工作效率。缺点是渠道流量大,造成渠道工程量增加,灌水时劳动力紧张。轮灌的方式有以下两种。

(1)分组集中轮灌。分组集中轮灌是指按相邻的渠道进行编组,上级渠道按组依次轮流供水,如图 8-2 所示。

(2)分组间隔轮灌。分组间隔轮灌是指将渠道间隔交叉分组,上级渠道按组轮流供水,如图 8-3 所示。

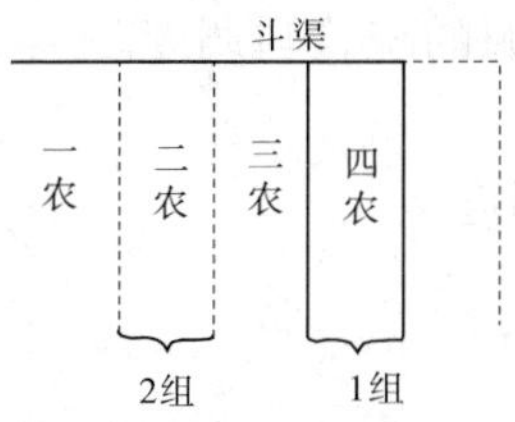

图 8-2　分组集中轮灌

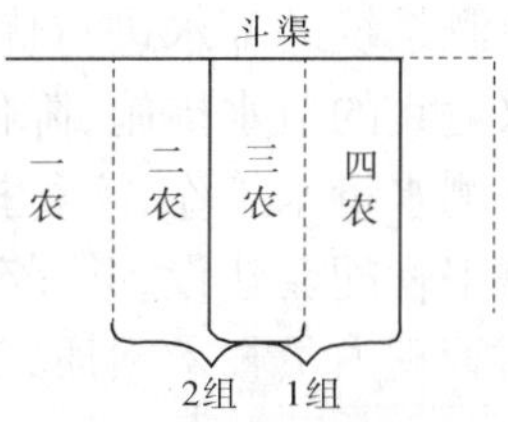

图 8-3　分组间隔轮灌

轮灌组数目不宜太多也不宜太少,一般以 2～3 组为宜;划分轮灌组时,应使各轮灌组控制的灌溉面积相近,便于配水。

8.3.2 续灌

续灌是指灌溉时上一级渠道向下一级渠道同时供水。这种灌水工作方式用水均匀,灌溉持续时间长,劳动力强度小。一般在灌溉面积较大的灌区中,干、支渠多采用续灌。

灌溉工作方式应根据灌区实际情况,因地制宜地选定。在灌溉渠系中,可以分级采用续灌、轮灌组合的方式,使各灌溉单位受益均衡,便于调配劳动力。

§8.4 节水灌溉

8.4.1 节水灌溉的内涵

节水灌溉是遵循农作物生长发育需水机制进行的适时灌溉,又是把各种水损失降低到最小限度的适量灌溉。它包括三个方面的内容:即工程节水措施,农业节水措施,管理节水措施。

8.4.1.1 工程节水措施

常用的工程节水措施主要有以下几种:

(1)为解决输送过程的损失而使用的措施主要有两种:渠道衬砌防渗措施及管道输水措施。

(2)为解决输送及田间两个途径的节水而使用的主要措施有:喷灌,微喷灌,滴灌,小管出流灌,渗灌等。

(3)为解决田间节水常用的措施有:小畦灌,膜上灌,膜下灌,膜侧灌,秸秆覆盖灌等。

8.4.1.2 农业节水措施

常用的农业节水措施主要有:抗旱节水品种筛选,秸秆覆盖,地膜覆盖栽培,田间作物套种,碾压覆盖,少耕免耕和调整产业结构以及使用化学药剂如抗旱剂、保水剂、增水剂等。

8.4.1.3 管理节水措施

常用的管理节水措施主要有以下几种:

(1)实行计划用水、科学用水,避免人为损失。

(2)建立测试预报系统,为用水管理提供水情、土壤水分状况等数据。

(3)因地制宜制定最佳灌溉排水制度,适时适量灌溉。

(4)对灌溉系统的配水进行优化管理,实施区域水资源的统管与调度。

(5)采取适宜的节水措施,降低灌溉用水量。

(6)搞好测水量水工作,实行按量配水,提高用水透明度。

(7)搞好工程配套建设,并做到及时改造和维修。

(8)提高管理人员技术素质,健全责任管理制度。

8.4.2 节水灌溉技术的现状与展望

国内外现阶段采用的主要节水灌溉技术包括节水工程技术、节水农业技术和节水管理技术。主要节水工程措施为:渠道防渗技术、低压管道输水灌溉技术、喷微灌技术及各种地面灌溉改进技术等。

8.4.2.1　渠道防渗技术

渠道是大多数灌区的主要输水手段,渠道防渗衬砌是提高渠道水利用率的主要措施。渠道防渗效果在很大程度上取决于衬砌材料。目前各国普遍采用的材料为刚性材料、土料和地膜料三类,其中刚性材料(尤其是混凝土)占主导地位。目前,渠道衬砌逐步由单一材料向复合材料发展,断面形式由梯形断面向弧形断面发展。

8.4.2.2　低压管道输水技术

由于管道输水效率高、占地少、易管理,灌溉渠道管道化已经成为各国的共同发展趋势。国外低压管道输水灌溉技术已趋成熟,今后的发展方向是开发性能更好、价格更低的新型管材和各种先进量(放)水设备及适合于多目标利用的系统与形式。中国低压管道输水灌溉技术从 20 世纪 80 年代开始发展,“九五”期间已经取得了较为丰硕的成果:在管材开发方面,中国研制开发出一批输水性能好、机械性能优、用材省的新型管材;在管件方面,也研制开发出数十种出水口、给水栓、安全装置及量水装置;在工程规划设计方面,运用系统工程理论进行优化设计,已使工程建设更加经济合理。

8.4.2.3　喷灌与微灌溉技术

由于世界性淡水资源的短缺,各国都十分重视研究、推广最具节水效果的喷灌、微灌技术。世界观察研究所托克斯指出:“20 世纪末,主要粮食生产国都将面临严重缺水的问题,都在搞大规模运河调水工程,但若采用喷灌、滴灌措施,其费用仅为修运河、建水库的一小部分,而且对于生态平衡亦大有好处,应大力发展。”

中国的喷灌、微灌研究开始于 20 世纪 50、60 年代,但真正起步却是 70 年代以后的事。1970 年,国家将喷灌技术列为重点科研项目,组织水利、农机、农业等部门联合攻关。1978 年,国家又将其列入农田水利基本建设计划,有力地促进了喷灌、微灌技术的快速发展,期间虽几经波折,但全国喷灌、微灌面积仍稳定中并有发展。

8.4.2.4　地面灌溉改进技术

地面灌溉仍是当今世界采用较多的灌水方式。由于这一古老方法存在较为严重的浪费水现象,因此在水资源日趋紧缺的今天,各国都在研究改进办法,使地面灌溉技术朝着节水方向迈进,其中最具代表性的研究可归纳为以下几种。

1)*波涌灌溉*

波涌灌溉也称间歇灌溉,它是 20 世纪 70 年代美国学者推出的一种地面灌水新技术。其具体做法是:作物灌溉时先用较大流量把水推进一段距离,暂停灌水,间隔一定时间之后再次放水,如此断断续续,使水流呈波涌状推进。由于这种灌水方法水流推进速度快,土壤孔隙会自动关闭,在土壤表层形成一个封闭层,从而大大减少深层渗漏。

2)*地面浸润灌溉*

地面浸润灌溉是 20 世纪 80 年代日本研究出的一种新型地面灌溉技术。灌水作业时由土壤借助毛细管吸力自动地从一个含水层的散发器吸水,当土壤达到一定饱和度时,吸力变小,系统自动停止供水。

3)负压差灌溉

负压差灌溉的做法是将多孔管埋入地下,依靠管中水与周围土壤产生的负压差进行自动灌溉。负压差灌溉的特点是:整个系统能适应管四周土壤的干湿状况,自动调节用水量,灌水管理方便。

4)膜上灌

膜上灌是我国新疆科研人员在覆膜种植基础上探索出的一种灌溉新方法,其突出特点是可通过调整膜畦首尾的渗水孔数及孔的大小来调整畦(沟)首尾的灌水量,以获得较普通地面灌溉方法相对高的灌水均匀度,从而实现节水、增产的目的。

5)节水农业技术

节水工程技术的基础是发展节水农业技术,从而实现节水、高产、优质、高效。节水农业技术是当今世界各国研究的重点之一。美国、以色列等国家利用滴灌系统对作物同步供给水分及养分,做到水肥同步,促进了农作物的生长发育,提高了水肥利用率。美国、前苏联在利用耕作措施调控农田水分利用状况,充分发挥水、光、热等自然资源,提高农田生产率和水分利用效率方面提出了许多行之有效的技术措施。

中国节水农业技术研究也取得一定进展,耕作保墒、覆盖保墒、化学制剂节水、选育耐旱品种等技术在一定范围内开始试验推广,并收到明显节水增产效果。

节水灌溉管理技术是指根据农作物的需水、耗水规律来控制、调配水源,以最大限度地满足作物对水分的需求,实现区域效益最佳的农田水分调控管理。它包括土壤墒情监测与预报技术,节水高效灌溉制度的制定,以区域总效益最大为目的的灌溉预报技术,输配水与灌水水量的量测和流量调节控制技术等几个方面。

土壤墒情监测与预报在国内外均有悠久的历史。20 世纪 70 年代后期,美国、澳大利亚等发达国家采用高空红外线遥感遥测大范围监测土壤墒情,但由于其费用高、技术难度大,现在正逐步转向利用计算机模拟进行土壤墒情的监测与预报。我国干旱、半干旱地区历来十分重视土壤墒情的监测与预报,如播种日期、种植面积、作物品种选择等都要通过中长期墒情预报决定。

20 世纪 80 年代初开始,许多国家的研究者一改传统的丰产灌溉制度的研究,转向非充分灌溉的试验研究。以色列大量的试验统计表明,在大量节水的情况下可获得相当于最高产量 85%～95%的产量。中国从 20 世纪 50 年开展了灌溉制度方面的研究,并绘制出全国主要农作物需水量等值线图,建立了全国灌溉试验资料数据库,为灌区的规划设计和科学用水提供了基础资料。

第9章 水利水电工程施工

§9.1 概 述

水利水电工程施工是指按照水利工程设计内容和要求进行的建筑与安装工程施工。

9.1.1 水利水电工程施工特点

水利水电工程施工的全过程都直接与水紧密相联,并与当地的地形、地质、水文、气象、施工环境等密切相关,因此处理好各类矛盾,确保实现水利工程多目标开发的各种效益,是水利工程施工的根本任务。水利工程施工的特点主要有:①水利工程承担挡水、蓄水和泄水等任务,因而对水工建筑物的稳定、承压、防渗、抗冲、耐磨、抗冻、抗裂、抗震、抗腐蚀等性能都有特殊要求,需按照水利工程的技术规范,采取专门的施工方法和措施,确保工程质量。②水利工程对地基的要求比较严格,工程又常处于地质条件比较复杂的地区和部位,处理不当会留下隐患,难以补救,需采取专门的地基处理措施。③水利工程多在河道、湖泊及其他水域施工,需根据水流的自然条件及工程建设的要求进行施工导流、截流或水下作业。④水利工程施工受气候的影响较大,如降雨、降雪、冰冻等,有时根据质量要求,在高温夏季或严寒冬季施工时需采取降温或保温措施才能确保工程质量。⑤水利工程多为规模较大的工程,并与当地自然环境关系密切,对当地社会、经济影响较大,与国民经济发展和人们生命财产安全都直接有关。水利工程又常须利用枯水期施工,工期紧、施工强度大,因此,需合理安排计划,精心组织施工,及时解决施工过程中的防洪、度汛等问题。

9.1.2 水利水电工程施工内容

水利水电工程施工内容主要包括以下九个方面:

(1)施工准备工程。包括施工交通、施工供水、施工供电、施工通信、施工供风及施工临时设施等。

(2)施工导流工程。包括导流、截流、围堰及度汛、临时孔洞封堵与初期蓄水等。

(3)地基处理。包括桩工、防渗墙、灌浆、沉井、沉箱以及锚喷等。

(4)土石方施工。包括土石方开挖、土石方运输、土石方填筑等。

(5)混凝土施工。包括混凝土原材料制备、储存,混凝土制备、运输、浇筑、养护,模板制作、安装,钢筋加工、安装,埋设件加工、安装等。

(6)金属结构安装。包括闸门安装、启闭机安装、钢管安装等。

(7)水电站机电设备安装。包括水轮机安装、水轮发电机安装、变压器安装、断路器安装以及水电站辅助设备安装等。

(8)施工机械。包括挖掘机械、铲土运输机械、凿岩机械、疏浚机械、土石方压实机械、混凝土施工机械(如水泥储运系统、砂石集料加工系统、混凝土搅拌设备、混凝土运输设备、混凝土平仓振捣设备)、超重运输机械、工程运输车辆等。

(9)施工管理。包括施工组织、监督、协调、指挥和控制。按专业划分为计划、技术、质量、安全、供应、劳资、机械、财物等管理工作。全面实行项目法人责任制、招标承包制、建设监理制。一些大型工程还建立有信息管理系统,对工程进行及时、全面、准确的监控。

9.1.3 水利水电工程施工技术的发展

中国水利水电工程施工有悠久的历史。公元前250多年修建的都江堰,不仅在规划设计上取得成就,在施工技术方面也有创造,如离堆的开凿、鱼嘴与飞沙堰的卵石砌护以及杩槎围堰的应用等,其中卵石砌护的施工方法沿用至今。又如黄河大堤、钱塘江海塘、京杭运河等工程也都显示了古代水利工程施工的成就。特别是在河工方面,由于中国有着几千年与洪水斗争的历史,在险工和堵口截流等方面积累了丰富的施工经验。

随着现代科学技术的发展、新型建筑材料的出现及大型专用施工机械的研制与改进,水利工程已逐步由传统的人力施工转向机械化施工。工业发达的国家从20世纪30年代以来,中国从50年代以来,在水利工程建设中都先后体现了这种变化。

(1)施工导流工程。在大江大河立堵截流,各种大流量条件下导流建筑物(围堰、明渠、导流洞、底孔等)的修建、拆除与封堵,各类围堰拦洪或过水度汛,施工期通航,围堰挡水提前发电等各个方面都积累了十分丰富的经验。当今世界最大规模的中国三峡水利枢纽导流明渠(长3 410m,宽350m,导流设计流量83 700m^3/s)的顺利通航,以及中国二滩水电站最大过流断面17.5m×23m的导流洞的成功运行,都是水利工程科学技术的综合体现。

(2)土石方开挖工程。在建的中国三峡水利枢纽土石方开挖总量达1.21亿m^3。不少水利工程在建设过程中还面临着各种复杂的高陡边坡治理问题,以及各类复杂地质条件下的大型地下厂房开挖与衬砌支护问题。这些问题的解决除提高施工机械化程度和水平外,还采用了许多新的技术,如在爆破方面,普遍采用预裂爆破、光面爆破、微差挤压爆破;在岩体支护方面,广泛采用锚洞、锚杆、锚桩、预应力锚固及喷射混凝土等。

(3)地基处理工程。中国高压水泥灌浆技术已成功地应用于喀斯特和非喀斯特地层的帷幕灌浆和固结灌浆,为高坝大库防渗、高压输水道围岩的结构稳定和渗流稳定提供了保证。各类防渗墙技术发展得很快,世界上最深的防渗墙已达131m。1969年法国首先在围堰工程中采用了自凝灰浆防渗墙,墙体可承受较大变形而不开裂。近代的自凝灰浆防渗墙造孔作业时间已不受初凝时间限制,墙的渗透系数已降低至10^{-9}cm/s左右。中国小浪底水利枢纽施工中的混凝土防渗墙深度达到82m;在冶勒工程中完成了深达101m的造墙试验。高压喷射灌浆成墙技术也广泛用于围堰及坝基覆盖层防渗,沉井、抗滑桩和振冲加固技术也用于一些特殊要求的地基处理。

(4)土石坝工程。世界最高的土石坝已超过300m(塔吉克斯坦努列克(Hypek)斜心墙土石坝),建于深厚覆盖层上的中国黄河小浪底水利枢纽黏土斜心墙堆石坝高达154m,施工中最高月填筑强度超过150万m^3。中国清江水布垭混凝土面板堆石坝坝高达

233m，在提高混凝土面板抗裂、防渗和耐久性，改进周边缝止水结构和材料以及面板滑模施工技术等方面都有发展和创新。

(5)混凝土工程。保证混凝土质量，首先要优选原材料和优化混凝土配合比设计。世界各混凝土坝，除优先选用当地合格的天然砂石料外，还选用人工砂石料。石灰岩、正长岩、玄武岩、花岗岩以至流纹岩、石英岩等强磨蚀性岩石都已成功地加工成了砂石集料。中国二滩水电站建成了以正长岩为料源的人工砂石料系统，产品质优价廉；长江三峡水利枢纽工程以花岗岩为料源，并大量利用开挖料，建成了世界规模最大的人工砂石料系统。

在混凝土配合比方面，除注重强度及抗渗性外，更注重改善和提高混凝土耐久性、抗裂性及抗蚀性；提倡选用引气、缓凝、高效复合减水剂。

随着混凝土坝施工综合机械化程度和水平的提高，浇筑强度有明显提高。中国三峡工程 1999 年混凝土浇筑强度达到 458 万 m^3/年，2000 年又达到 520 万 m^3/年。

在温控措施方面，采用水冷、风冷骨料以及加冰拌和等强冷工艺后，夏季可产生 7～10℃低温混凝土。

强力成组振捣器的使用、模板类型及技术的革新、缝面处理与表面保护技术的改进等，都较大地提高了工程质量及施工效率。

碾压混凝土筑坝技术有了新的进展，中国、美国、日本等国都有各自的特点。中国碾压混凝土施工的特点是：高掺粉煤灰、低稠度、短间歇，薄层全断面碾压、快速连续上升。2001 年开工的龙滩碾压混凝土坝初期坝高达 192m，后期建成坝高达 216.5m；在建的沙牌碾压混凝土薄拱坝高达 129m，处于当今世界同类型坝高前列。

(6)快速施工与质量控制。水利工程设计水平的提高、新材料和新工艺的采用、施工机械化程度和水平的发展、施工经验的日益积累、施工管理体制的改革等，促进了施工工期缩短及质量进一步提高。中国二滩水电站拱坝高 240m，大型地下厂房装机 3 300MW，地形险峻，地质条件复杂，施工难度大，1991 年 11 月主体工程开工，1993 年 11 月截流，1998 年 8～10 月第一批 2 台机组(单机容量 550MW)相继并网发电。从开工到开始发电工期不到 7 年，从截流到发电不到 5 年，拱坝年最大上升高度达 80m，工程质量优良。

§9.2　施工导流

在河流上修建水利水电工程时，为了使水工建筑物能在干地上进行施工，需要用围堰围护基坑，并将河水引向预定的泄水建筑物往下游宣泄，这就是施工导流。

施工导流是水利水电工程施工中的关键问题之一，情况复杂，影响因素多，且直接关系到整个工程的施工进度及完工日期、施工方法、施工场地布置和工程造价，有时甚至影响到水工建筑物的型式选择和布置。

9.2.1　导流方式

导流方式大体分两类：①河床外导流，又称一次拦断导流，或称全段围堰法，即用围堰一次拦断全部河床，将河道水流引向河床外的明渠或隧洞等导向下游。②河床内导流，又称分段围堰法，采用分期导流，即将河床分段用围堰挡水，使河道水流分期通过被束窄的河床或坝体底孔、缺口、隧洞、涵洞、厂房等导向下游。此外，按导流泄水建筑物还可分明渠导流、隧洞导流、涵洞导流、底孔导流、缺口导流、厂房导流等。一个完整的施工导流方案常由几种导流方式组成，以适应围堰挡水的初期导流、坝体挡水的中期导流和施工期拦洪蓄水的后期导流等 3 个不同导流阶段的需要。

9.2.1.1　全段围堰法

主河道被围堰一次拦断，水流被导向旁侧的泄水建筑物下泄的导流方式，又称一次拦断导流。全段围堰法适用于狭窄河谷地区或土石坝工程，如图 9-1 所示。

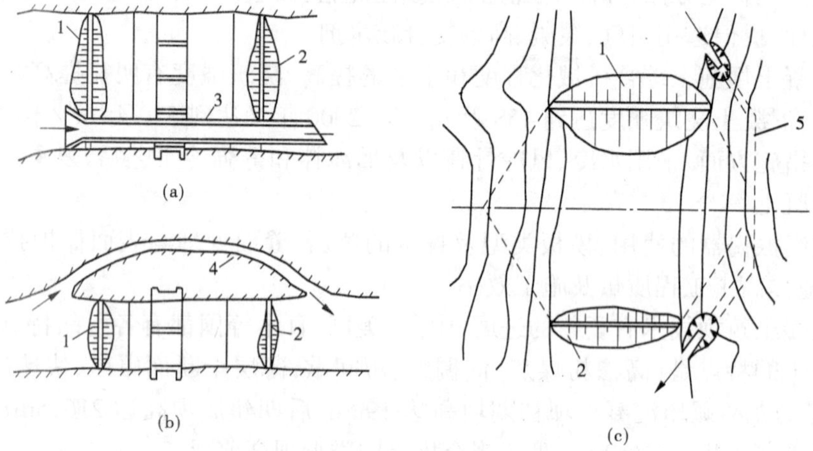

图 9-1　全段围堰法

(a)渡槽泄流；(b)明渠泄流；(c)隧洞泄流

1—上游围堰；2—下游围堰；3—渡槽；4—明渠；5—隧洞

根据泄水建筑物的不同，一次拦断导流又可划分为隧洞导流、明渠导流、涵洞导流的方式。而对于流量较大、河槽深窄但河床一侧有较宽台地、垭口或古河道的坝址，常采用一次拦断、明渠导流的方式。

涵洞通常用于土石坝下的钢筋混凝土结构或砌石结构中。其坝下埋管不宜太多，以免对坝身结构产生不利影响或干扰大坝施工，且单管尺寸不宜过大。因此，涵洞导流多用于流量较小的中小型土石坝工程。

渡槽一般只适用于导流流量小(通常不超过 20～30m^3/s)的小型工程的枯水期导流。

为了优选水利工程施工导流方式，通常应综合考虑河流的水文特征、地形、地质及水文地质条件等各种因素的影响，进行技术、经济等方面的比较论证，并结合风险分析进行决策。

9.2.1.2　分段围堰法

分段围堰法也称为分期围堰法，即用围堰将全河床的水工建筑物分为若干段，分期分段完成整个工程施工。第一期一般围住河床的左(右)岸或两岸，使河水从束窄的河床通过；第二期再完全截断河流，使河水从已经建成的建筑物通过，如图 9-2 所示。

分段围堰法前期由束窄的河道导流，后期利用事先修建好的泄水道导流。此法适用于河床较宽、流量大、施工期较长的工程。我国的新安江、丹江口、葛洲坝等水电站均采用

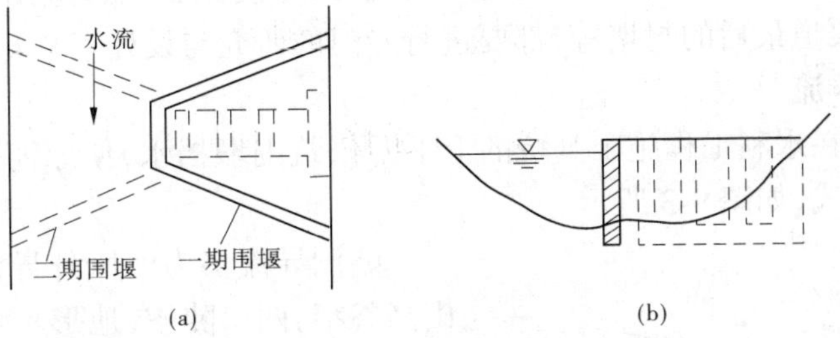

图 9-2　分段围堰法

(a)平面图;(b)剖面图

这种方法导流。

在分段围堰导流布置中,垂直于水流方向的围堰称为横向围堰,平行于水流方向的围堰称为纵向围堰。纵向围堰的位置选定要满足河床束窄后的河水流速对施工通航、河床冲刷的要求,不得超过允许流速。各期主体工程的工程量和施工强度要相对均衡。一般束窄后的河床宽度是原河床宽度的 40%～70%。

9.2.2　导流方法

9.2.2.1　明渠导流

在水利工程施工基坑的上下游修建围堰挡水,使原河水通过明渠导向下游的施工导流方式,称为明渠导流。

明渠导流多用于岸坡较缓,有较宽阔滩地或岸坡上有溪沟、老河道可利用,施工导流流量大,地形、地质条件利于布置明渠的工程。明渠导流费用一般比隧洞导流少,过流能力大,施工比较简便,在有条件的地方宜采用明渠导流。截至 2000 年,世界最大的河床外明渠导流是印度大比(Tapi)河乌凯(Ukai)土石坝导流明渠,长 1 372m,梯形断面,渠底最大宽度 235m,设计导流流量 45 000m^3/s,实际最大流速 13.72m/s(1970 年 8 月),浆砌石衬护。若河谷开阔或有分汊,河道中有岩石岛屿利于修筑纵向围堰,施工导流流量较大,地形、地质条件有利于布置明渠时,也可将明渠设于河床内,进行分期导流。世界最大的分期导流明渠是中国葛洲坝水利枢纽设有闸孔的导流明渠,其最大设计导流流量达 86 000 m^3/s,梯形复式断面,上导渠底宽 300m,下导渠底宽由 570m 缩窄到 350m。

若有通航要求时,导流明渠布置要满足航运的一切规定;不能完全满足通航要求时,宜采取配合明渠通航的措施。中国三峡水利枢纽施工过程中,除明渠通航外,还建造了临时船闸通航,当明渠、临时船闸因汛期流量太大而暂时封航时,另设置了转运货物的码头及客、货车。一般导流明渠需力求水流顺畅,泄水安全,挖方量较小,施工方便,渠道进出口与上下游水流平顺衔接,与河道主流夹角一般小于 30°;离上下游围堰坡脚距离,要使回流不淘刷围堰地基为原则;明渠水面与基坑水面之间最短距离要大于渗透破坏要求的距离;转弯半径不小于明渠底宽的 3～5 倍。河流两岸地质条件相同时,明渠宜布置在凸岸;多沙河流则可考虑布置在凹岸。明渠断面多取梯形或矩形,过水断面湿周力求小一些,尽量减小渠道糙率,争取较大的流量系数。渠道的设计过水能力需与渠道内泄水建筑物过水能力相适应。渠道的防冲、防淤、防渗,上下游水流的衔接,渠道转弯处的横向坡降限制，渠道挖方量的利用，大型渠道的过渠交通，跨年度施工渠道进出口防汛保护及渠成后进出口爆破，渠道最后的封堵等，都要进行专门的研究与设计。

9.2.2.2 隧洞导流

隧洞导流是在水利工程施工基坑的上下游修筑围堰挡水，使原河水通过隧洞导向下游的施工导流方式，如图9-3所示。

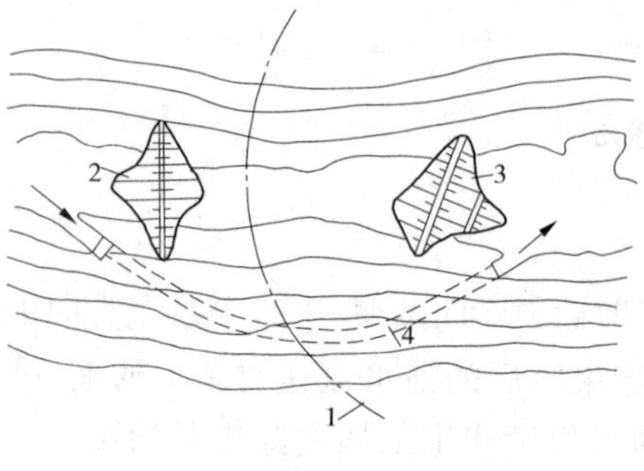

图9-3　隧洞导流示意图

1—坝轴线；2—上游围堰；3—下游围堰；4—导流隧洞

隧洞导流多为河床外导流，用于山区河流，山高谷窄，两岸陡峻，地形不利于开挖明渠而有利于布置隧洞的工程。

导流隧洞的断面形式主要取决于地质条件、隧洞的工作条件、施工条件及断面尺寸等。常见的断面形式有圆形、马蹄形和方圆形（城门洞形）三种。就施工方便快速和安全而论，方圆形是有利的，方圆形断面高宽比一般为1.2～1.5。

隧洞的造价较高，通常均将导流隧洞与永久性建筑物结合，达到一洞多用的目的。为了满足不同施工期及不同库水位的泄洪要求，隧洞的进口可以设置在不同高程，但需重视最下层隧洞封堵时，隧洞闸门所受的水压力很大，闸门启闭难度也很大。确定隧洞的进出口高程，要综合考虑泄流能力、截流落差、挖方量大小、施工条件、出渣线路、封堵及改建条件等因素，进行技术经济论证确定。导流隧洞泄流能力不能满足施工期度汛要求时，需考虑与其他导流设施联合宣泄汛期洪水。

9.2.2.3 涵洞导流

涵洞导流是在水利工程施工基坑上下游修筑围堰挡水，使原河水通过涵洞导向下游的施工导流方式。涵洞导流一般用于中小型土石坝、水闸等工程，分期导流的后期导流也有采用涵洞导流方式的。

涵洞比隧洞具有施工工作面大，施工灵活、方便、速度快，造价低等优点。涵洞既可依山布置或置于表露的岩滩上，又可在坝下的基岩中开出沟槽，做好衬砌，顶部加上混凝土或钢筋混凝土顶拱，形成涵洞。在涵洞穿过土石坝坝体心墙或斜墙部位的洞段，要做好防渗工作。特殊情况下，涵洞布置在硬土层上时，洞基应做适当处理，要考虑因土层压缩变形产生不均匀沉陷，造成涵管破坏事故。一般采用明流泄水涵洞，或在涵洞内设置钢管泄水而成为有压流。

涵洞宜尽量布置成直线，进出口有良好的形式，使水流顺畅，不产生冲淤，防止渗漏，避免空蚀，出口消能可靠。为防止沿涵洞渗漏，多用截渗环，间距一般为10～20m，环高1～2m，厚度为0.5～0.8m。

9.2.2.4 底孔导流

底孔导流是在混凝土坝施工过程中，采用坝体内预设临时或永久泄水孔洞，使河水通过孔洞导向下游的施工导流方式，如图9-4所示。

底孔导流多用于分期修建的混凝土闸坝工程中，在一次拦断导流法的后期施工中，也常采用底孔导流。在导流流量很大的条件下,底孔常与坝体预留缺口等联合泄流。

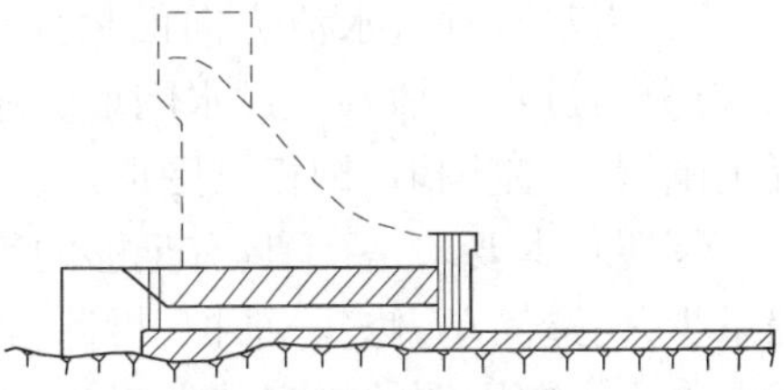

图 9-4　底孔导流示意图

底孔断面形式有方圆形、矩形或圆形。底孔的数目、尺寸、高程设置,主要取决于导流流量、截流落差、坝体削弱后的应力状态、工作水头、封堵(临时孔洞)条件等因素。中国三峡水利枢纽三期导流中的大明渠截流,采用22个底孔导流(6.5m×8.5m),进口水头达33m左右时,泄流能力达23 000m^3/s。巴西图库鲁伊(Tucurui)水电站施工期的导流底孔为40个(6.5m×13m),泄流能力达35 000m^3/s。

9.2.2.5　缺口导流

缺口导流是混凝土坝施工过程中,在导流设计规定的部位和高程上,预留规定大小的缺口,宣泄洪水期一定流量的临时性辅助导流度汛措施,如图9-5所示。缺口完成辅助导流任务后,仍按设计要求建成永久性建筑物。

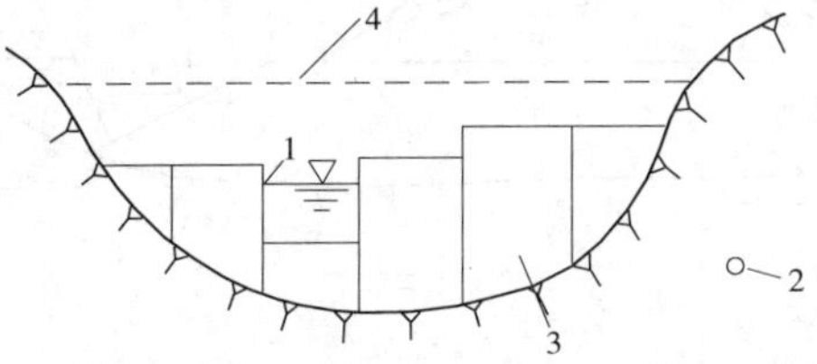

图 9-5　坝体缺口导流示意图

1—过水缺口;2—导流隧洞;3—坝体;4—坝顶

在全段围堰法和分段围堰法的后期,如果使洪水完全从导流隧洞或导流底孔等导流建筑物通过,势必造成导流建筑物的工程量和工程投资急剧增加。将导流隧洞等导流建筑物按照枯水期的标准设计相应流量。在洪水期,将部分坝体停止施工,预留出缺口,使其配合其他导流建筑物宣泄洪峰流量,其余部分坝体继续上升,枯水期再将缺口继续上升到与其他坝体相近的高程。坝体缺口导流可以大大降低导流隧洞或导流底孔等建筑物的尺寸,降低造价。此法比较简单,有高低缺口时其高差应不超过4～6m为宜。缺口导流适合于重力坝等大体积混凝土坝。

9.2.2.6　厂房导流

厂房导流是利用正在施工中的厂房某些过水部位,将河水导向下游的施工导流方式。

水电站厂房是水电站的主要建筑物之一,由于水电站的水头、流量、装机容量、水轮发电机组型式等因素及水文、地质、地形等条件各不相同,厂房型式各异,布置也各不相同。若厂房本来是与泄水建筑物相结合的,则可考虑施工过程中利用(或部分利用)其泄水建筑物进行施工导流。若不能,则应根据厂房特点及发电的工期安排,考虑是否需要和可能利用厂房进行施工导流。

厂房导流主要方式有:①来水通过未完建的蜗壳及尾水管。②来水通过泄水底孔,底孔可以布置在尾水管上部。③来水通过泄水底孔进口,经设在尾水管锥形体内的临时孔进入尾水管。当厂房导流的能力不能满足要求时,需考虑与其他导流设施组合导流。

9.2.3　围堰

围堰是围住水工建筑物施工基坑避免水中施工而修建的临时挡水建筑物。根据施工组织设计的安排,围堰可围占一部分河床或全部拦断河床。按围堰轴线与水流方向的关系,可分为基本垂直水流方向的横向围堰及顺水流方向的纵向围堰;按围堰是否允许过水,可分为过水围堰及不过水围堰。通常按围堰所用材料可分为:土石围堰、草土围堰、混凝土围堰、木笼围堰、钢板桩围堰。

围堰基本要求是:①具有足够的稳定性、防渗性、抗冲性及一定的强度;②造价低,工程量少,构造简单,修建、维护、拆除方便;③围堰之间接头及与岸坡的联结要安全可靠;④混凝土纵向围堰的稳定与强度,需充分考虑不同分期导流、双向先后承受水压的特点。

9.2.3.1　土石围堰

土石围堰是围住水工建筑物施工基坑,避免水中施工,用土石材料修建的临时建筑物,如图 9-6 所示。

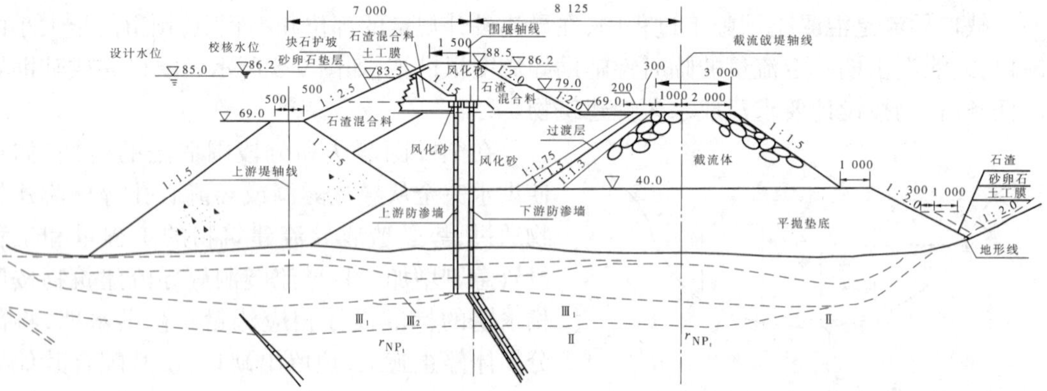

图 9-6　三峡工程二期上游土石围堰典型剖面图(高程单位:m;其他尺寸单位:cm)

土石围堰能充分利用当地材料,构造简单,施工方便,对地形地质条件要求较低,便于加高培厚,应用较广。在水利工程中,土石围堰通常是用土和石渣(或砾石)填筑而成,其上下游坡取决于堰高及填土的性质,用砂土、黏土及堆石建造土石围堰,一般将堆石体放在下游,砂土和黏土放在上游以起防渗作用。堆石与土料接触带设置反滤层,最小厚度不小于 0.3m。用砂砾土及堆石建造土石围堰,则需设置防渗体。若围堰高度、方量较大,往往要考虑将堰体作为土石坝体的组成部分,这时对围堰质量的要求完全与坝体相同。

土石围堰常用土质斜墙或心墙防渗。不少工程也用混凝土心墙防渗,并在混凝土防渗墙上部接土工防渗墙。当河床覆盖层浅,可在挖除覆盖层后直接在基岩上浇混凝土心墙,但更多的工程则是结合堰基覆盖层在堰体内,并穿过覆盖层造孔浇筑各种类型的混凝土防渗墙。早期的堰基覆盖层多用黏土铺盖加水泥灌浆防渗,20 世纪 90 年代以来,高压喷射灌浆防渗逐渐兴起,效果较好。

土石围堰还包括土围堰(如图 9-7 所示)、堆石围堰(如图 9-8 所示)。

土围堰是采用各种土料填筑或水力冲填而成。按围堰结构分为均质和非均质土围堰,后者设斜墙或心墙防渗,土围堰一般不允许堰顶溢流。堆石围堰主要是用石料填筑,设防渗斜墙或心墙,采取护面措施堰顶可溢流。

9.2.3.2　草土围堰

草土围堰是围住水工建筑物施工基坑,避免河道水流影响,用麦草、稻草和土为主要

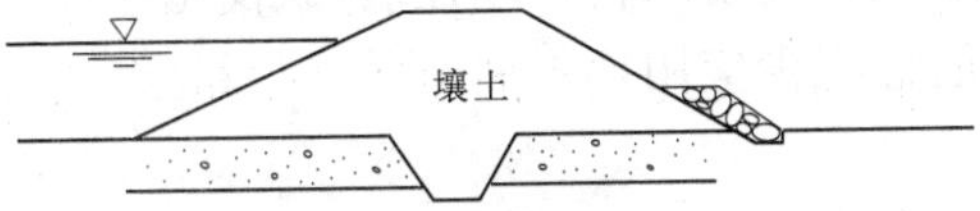

图 9-7　土围堰

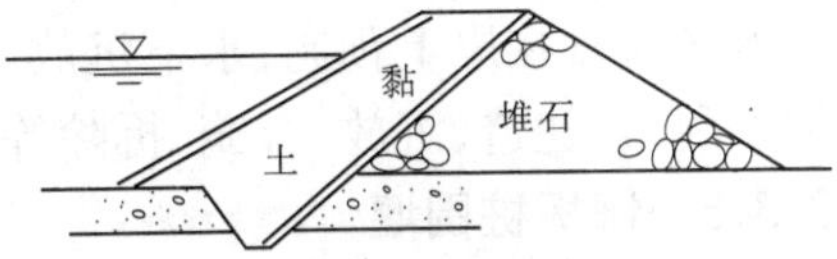

图 9-8　堆石围堰

材料建成的临时挡水建筑物。

远在 2000 多年以前，中国已将草土材料广泛使用于灌溉工程及黄河堵口工程。20 世纪 50 年代以后，这种传统的草土材料施工方法又发展应用于青铜峡、刘家峡、八盘峡等大型水利工程施工中做成围堰。草土围堰断面如图 9-9 所示，在黄河流域的渠道堵口工程中，至今仍被广泛采用。

草土围堰底宽约为堰高的 2～3 倍，围堰的顶宽一般采用水深的 2.0～2.5 倍。在堰顶有压重并能保证施工质量且地基为岩基时，水深与顶宽比可采用 1∶1.5。内外边坡按稳定要求核定，一般为 1∶0.2～1∶0.5。每立方米土用草 75～90kg 草土体的密度约为 1.1t/m³，稳定计算时草与砂卵石、岩石间的摩擦系数分别采用 0.4 和 0.5，草土体的逸出坡降一般控制在 0.5 左右，堰顶超高采用1.5～2.0m。

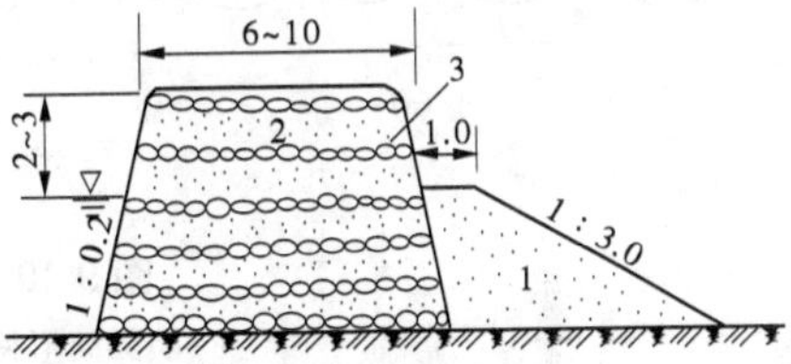

图 9-9　草土围堰断面示意图(单位：m)

1—戗土；2—土料；3—草捆

草土围堰具有就地取材、施工简便、拆除容易、适应地基变形、防渗性能好、特别在多沙河流中可快速闭气等特点。但这种围堰不能承受较大水头，一般适用于水深不超过 6～8m，流速低于 3.5m/s 的条件。它的沉陷量较大，一般为堰高的 6%～7%。草料易于腐烂，使用期一般不超过 2 年。在草土围堰的接头，尤其是软硬结构的联结处，比较薄弱，施工时需要特别注意。

9.2.3.3　混凝土围堰

混凝土围堰是围住水工建筑物施工基坑，避免水中施工，用混凝土(含碾压混凝土)修建的临时挡水建筑物。混凝土围堰断面较小，易与永久性混凝土建筑物结合，抗渗性好，抗冲力强，堰顶可溢流，既可作横向围堰，又可作纵向围堰，应用较广。混凝土围堰对地基要求较高，多建于岩基上。修建混凝土围堰，往往要先建临时土石围堰，并进行抽水、开挖、清基后才能修筑。混凝土围堰的形式主要有重力式及拱形。

施工中采用分期导流时，常用重力式混凝土围堰作为纵向围堰，两侧均能挡水，第一期、第二期工程可以兼用，并可作为永久建筑物组成部分，如隔墙、导墙等。

拱形混凝土围堰一般适用于两岸陡峻、坚硬的峡谷岩基或河谷覆盖层不厚的河流上。这种围堰可以溢流，一般高度较高，挡水水头在 20m 以上，能适应较大的上下游水位差、单宽流量，技术上也较可靠。拱形围堰与重力式围堰相比，断面较小，节省混凝土方量，施工速度较快，水利工程中采用较多。

9.2.3.4　木笼围堰

木笼围堰是用方木或两面锯平的圆木叠搭而成的框格结构，内填块石或卵石，耐冲，能承受较高水头,断面较小,既可作横向围堰,又可作纵向围堰,顶部经处理后还可允许过水。木笼通常在岸上预制,水下沉放。由于木笼围堰耗费木料较多,过多砍伐树林对环境保护不利,且建造、沉放、合笼、拆除等都不方便,已很少应用。

9.2.3.5 钢板桩围堰

钢板桩围堰是围住水工建筑物施工基坑,避免水中施工,用特制钢板桩组成的临时挡水建筑物。钢板桩可布置成单排、双排或格型体,以格型体用得最多。格型体平面形式有圆筒形、扇形(或弓形)及花瓣形格体,一般多采用圆筒形,如图 9-10 所示。钢板桩围堰边坡可直立,断面小,抗冲力强,安全可靠,但耗费钢材,施工机械化程度要求高。

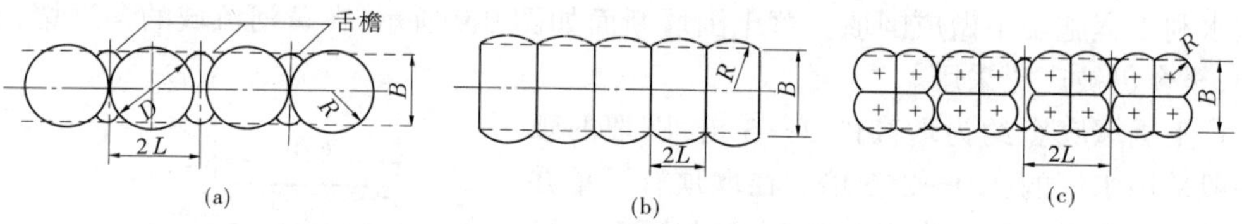

图 9-10　钢板桩格型围堰平面形式

(a)圆筒形格体;(b)扇形格体;(c)花瓣形格体

9.2.4 导流标准

导流标准是导流建筑物规模的设计依据,它的选择影响施工导流的经济性和安全性,实际上是风险决策的问题。导流标准与工程所在地的水文气象特性、地质地形条件、永久建筑物类型、施工工期等直接相关,需要结合工程实际,全面综合分析其技术上可行性和经济上的合理性,合理确定导流建筑物级别及设计洪水标准,使导流设计流量尽量符合实际施工流量,以减少风险,节约投资。

9.2.4.1 导流设计标准

水利工程在整个施工期间都存在的导流问题,根据工程施工进度及各个时期的泄水条件。施工导流可分为三个阶段:①初期导流,即围堰挡水阶段的导流。在围堰保护下,在基坑内进行抽水、开挖、坝体施工等工作。②中期导流,即坝体挡水阶段的导流。此时导流泄水建筑物尚未封堵,但坝体已达到围堰高程或具备挡水条件,坝体挡水。随着坝体的升高、库容加大,防洪能力也逐渐增大。③后期导流,即从导流泄水建筑物封堵到大坝全面修筑到设计高程时段的导流。在这一时段永久泄水建筑物已投入运行。

导流设计标准是对导流设计中所采用的设计流量频率的规定,它一般随永久建筑物级别不同而有所不同。同一工程不同的导流阶段,也有不同的导流设计标准,应根据水文特性、流量过程线特性、围堰类型、永久性建筑级别、不同施工阶段库容、失事后果及影响等确定。总的要求是:初期导流阶段的标准可低一些,中期和后期导流阶段的标准应逐步提高;当要求工程提前发挥效益时,相应的导流阶段的设计标准应高一些;对于特别重要的工程或下游有重要工矿交通设施及城市时,导流设计标准可适当提高。

导流设计标准及流量的选择应结合工程具体情况进行分析、论证。

确定导流设计洪水标准的方法主要有三种:①实测资料分析法。该方法实用简便,但一般应有较长的水文系列，以洪峰、洪量均较大的典型洪水过程作比较后，选用设计典型年。②常规频率法。主要按国家统一的规范执行，一般应有 20～30 年以上的水文系列，多用风险率的概念进行分析、计算。③经济流量分析法，根据不同的设计流量，计算各相应的年施工费用及年损失费用(含现场施工、淹没、溃堰等损失)，对应总费用最小流量即为经济导流流量。在实际应用中，往往两者或三者结合考虑，综合分析，以估计其安全性和经济性。

中国 SDJ338—89《水利水电工程施工组织设计规范》规定的导流建筑物所采用的洪水标准见表 9-1，导流阶段度汛的洪水标准见表 9-2、表 9-3。不同的国家导流标准相差较大，这是由各国国情及经验决定的。

表 9-1　导流建筑物洪水标准划分

导流建筑物类型	导流建筑物洪水标准划分		
	Ⅲ	Ⅳ	Ⅴ
	洪水重现期(年)		
土石	50～20	20～10	10～5
混凝土	20～10	10～5	5～3

表 9-2　坝体施工期临时度汛洪水标准

坝型	拦洪库容(亿 m^3)		
	>1.0	1.0～0.1	<0.1
	洪水重现期(年)		
土石坝	>100	100～50	50～20
混凝土坝	>50	50～20	20～10

表 9-3　导流泄水建筑物封堵后坝体度汛洪水标准

坝型		大坝级别		
		Ⅰ	Ⅱ	Ⅲ
		洪水重现期(年)		
混凝土坝	设计	200～100	100～50	50～20
	校核	500～200	200～100	100～50
土石坝	设计	500～200	200～100	100～50
	校核	1 000～500	500～200	200～100

9.2.4.2　导流时段

按照导流程序划分的由围堰(或坝体)挡水施工的延续时间，又称挡水时段。划分导流时段，应研究降低导流设计流量的可能性和合理性，使导流方案达到安全与经济的统一。

导流时段的划分是为了确定主体工程施工顺序和施工期间不同时期宣泄不同导流流量的方式。影响导流时段划分的主要因素有河道水文特性、主体建筑物形式、导流方式、施工进度及工期等。

例如,某工程为混凝土拱坝,采用全段围堰法施工,混凝土围堰。第一时段枯水期施工,隧洞导流,洪水期基坑淹没。导流流量采用枯水期的洪水重现期流量。第二时段坝体已上升到一定高程,底孔形成,全年施工洪水期底孔和隧洞共同导流。导流流量标准按全年洪水重现期确定。第三阶段封堵导流隧洞,表孔形成,由底孔和表孔过流,完成上部坝体和全部工程。

§9.3　施工截流

施工水流控制中,在临时导流泄水建筑物(隧洞、明渠、底孔等)完成以后,截断原河床,迫使河水经临时泄水道下泄的过程,称为施工截流。施工截流是水利水电工程施工过程中重要的控制性环节。施工截流的成败往往直接影响到整个工程的进展,稍有不慎,可能将整个工期推迟一年。

截流的基本方法:定向爆破截流、闸门截流、抛石截流。定向爆破截流适用于全段围堰法。闸门截流一般用于分期导流的后期,关闭导流隧洞、导流底孔或导流明渠前期导流建筑物上预留的闸门,最后截断河水。下闸后,水库即开始蓄水投入运行。

在施工截流中,最常用的方法是抛石截流,具体方法有立堵法和平堵法。

9.3.1　截流方法

9.3.1.1　立堵法

立堵法是将截流材料从龙口两端向中间或从龙口一端向另一端抛投进占截流材料,逐渐束窄龙口,直至截断河床水流,如图 9-11 所示。截流材料通常用自卸汽车从进占戗堤的端部直接卸料到水中,少数巨大的截流材料用起重机或推土机投放到水中。

图 9-11　立堵法截流示意图

(a)双向进占;(b)单向进占

1—截流戗堤;2—龙口

立堵法的截流程序为:

(1)戗堤进占。在河床的一侧或两侧或向河床中填筑截流戗堤,束窄河床,形成龙口。

(2)龙口加固。龙口形成以后,收窄后的龙口处局部水流流速较大,需要对龙口采取防冲设施进行加固,防止龙口戗堤端部被水流冲毁。

(3)合龙。龙口在最后合龙阶段要克服水流流速,往往采用抗冲流速较高的混凝土多面体等大型块体材料,用较特殊的措施来封堵龙口。葛洲坝工程在截流合龙的最后时刻,采用铁链将多个大型四面体混凝土块拴连在一起抛入水中,成功地完成截流任务。合龙是立堵法最后冲刺阶段,也是最关键的环节,成败在此一举,需要动员较多的人力物力,狭义上也称合龙为截流。

(4)闭气。抛石合龙后,需要在龙口部位的戗堤迎水面设置防渗体系,堵住漏水。

立堵法准备工作简单、造价低、设备条件限制小,但龙口单宽流量和最大流速都较大,分布不均匀,对龙口及下游的河床冲刷较严重,需要重量较大的单个块体。立堵法是我国的一种传统方法,适用于大流量、岩基或覆盖层较浅的河床。

葛洲坝工程采用的是立堵法,用35小时36分钟使龙口全部合龙,单个块体25t,最大流速7.5m/s,截流流量4 400～4 800m^3/s。

9.3.1.2 平堵法

平堵法截流(见图9-12)前在龙口上架设浮桥或栈桥,用自卸汽车在沿龙口的浮桥或栈桥上全线均匀地逐层抛填截流材料,使戗堤均匀上升,直至戗堤堤顶高出水面。

平堵法截流时,龙口的单宽流量小,最大流速也较小,水流条件较好,对龙口及下游冲刷较轻,不需要大型块体截流材料。但在水深流急的情况下,架桥困难,使该法受到限制。

截流方法的选择要经过必要的水力计算及模型试验后,进行方案比较确定。有时,也可采用平堵和立堵相结合的方法。如三峡工程二期截流,龙口深度达60m,采用先期平铺垫底,然后采用立堵法推进合龙。

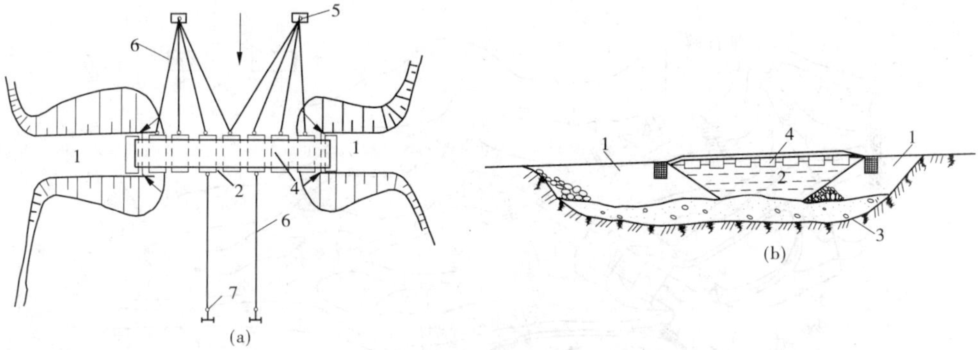

图9-12　平堵法截流示意图

(a)平面图;(b)龙口断面图

1—截流戗堤;2—龙口;3—覆盖层;4—浮桥;5—锚墩;6 钢缆;7—铁锚

9.3.2　截流日期和截流流量

截流时间应该选择在枯水期初、河道流量显著下降的时候。

截流时,河道流量大小是影响截流成败的主要因素,截流时的水流流速越大,截流难度越高。截流选择在枯水期势所必然。河道截流以后,第二年汛期来到之前,需要及时完成围堰加固、基坑排水等工作。截流时间选择要结合后期基坑工作留下足够的时间。因此,在满足截流要求的情况下,不一定要选在流量最小的时候。

截流设计流量一般按工程重要程度选用截流期 $P=5\%\sim10\%$ 的旬或月流量,再根据当时实际情况和水文预报加以修正后准备各项截流准备工作。在工程实际中,需提前作好截流准备工作,截流具体日期要根据水文短期预报和施工进度情况而定。

9.3.3 龙口位置和截流材料

龙口应选择在河床主流部位,方向力求与主流相顺直,以便截流时河水能顺畅地下泄。龙口处河底应能抵御合龙时的水流冲刷。龙口附近应有较宽阔的场地,以便布置截流运输路线,堆放截流材料。龙口宽度应尽可能窄一些,减少合龙工程量和合龙时间。

主要的截流材料有:块石、装土草袋、铁丝石笼、木杩槎、木笼、梢捆、混凝土四面体等。

9.3.4 基坑排水

围堰合龙闭气后,基坑内的积水应立即排除。初期排水流量可根据地质情况、工程等级、工期长短和施工条件等因素,参考实际工程经验确定。基坑水位允许下降速度视围堰型式、地质特性和坑内水深而定,基坑水位不宜下降太快,避免基坑边坡坍塌。一般下降速度控制在 0.5~1.5m/d 以内。排水设备一般用离心式水泵,排水设备容量根据初期排水量确定即可满足要求。为了方便运行,可采用容量不同的水泵组合使用。

基坑积水排干以后,围堰内外水位差增大,通过围堰和基础的渗流量相应增大,加之降水时基坑积水,需要经常性排水。图 9-13 为二滩工程截流平面布置图。

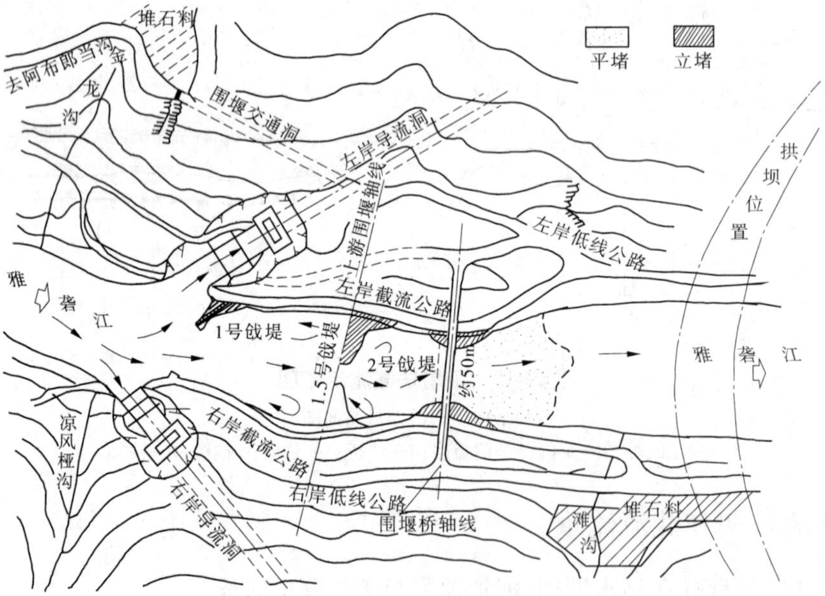

图 9-13 二滩截流平面布置图

第 10 章　水利水电工程管理

§10.1　概　述

水利工程建成后,必须通过有效的管理,才能实现预期的工程效益并验证原来规划、设计的正确性。水利工程管理的根本任务:利用工程措施,对天然径流进行实时的时空再分配,即合理调度,以适应人类生产和生活的需求。水工建筑物管理的目的在于:保持建筑物和设备经常处于良好的状况,正确使用工程设施,调度水资源,充分发挥工程效益,防止工程事故。水利工程管理包括水利工程建设管理和运行管理两大部分。水利工程运行管理又包括水工建筑物管理和水利工程经营管理。本章主要介绍水工建筑物管理知识。由于水工建筑物种类繁多,功能和作用又不尽相同,所处客观环境也不一样,所以管理具有综合性、整体性、随机性和复杂性的特点。

水工建筑物管理内容有以下几个方面:

(1)检查与观测。通过管理人员现场观察和仪器的测验,监视工程的状况和工作情况,掌握其变化规律,为正确管理运用提供科学依据;及时发现不正常迹象,采用正常措施,防止事故发生,保证工程安全运用;通过原型观测,对建筑物原设计的计算方法和计算数据进行验证;根据水质变化动态做出水质预报。检查观测的项目一般有:观察、变形观测、渗流观测、应力观测、库区浸没观测、水工建筑物抗震监测、隐患探测、河流观测以及观测资料的整编及分析等。

(2)养护修理。对水工建筑物、机电设备、管理设施以及其他附属工程等进行经常性养护,并定期检修,以保持工程完整、设备完好。养护修理一般可分为经常性的养护维修、岁修和抢修。

(3)调度运用。制定调度运用方案,合理安排除害与兴利的关系,综合利用水资源,充分发挥工程效益,确保工程安全。调度运用要根据已批准的调度运用计划和运用指标,结合工程实际情况和管理经验,参照近期气象水文预报情况,进行优化调度。

(4)水利管理自动化系统的运用。主要项目有:大坝安全自动监控系统,防洪调度自动化系统,调度通信和警报系统,供水调度自动化系统。

(5)科学试验研究。针对已经投入运行的工程,为保证安全,提高社会经济效益,延长工程设施的使用年限,降低运行管理费用以及在水利工程中采用新技术、新材料、新工艺等方面进行试验研究。

(6)积累、分析、应用技术资料,建立技术档案。

目前,中国已颁布了《中华人民共和国水法》,国务院又颁布了关于大坝安全管理等一系列条例、规范,这些都是水工建筑物管理的依据。

§10.2　水工建筑物监测

10.2.1　水工建筑物检查

水工建筑物检查是指对水工建筑物及周围环境的外表现象进行巡视检查的工作，主要凭感官的直觉(如眼看、耳听、手摸等)或辅以必要工具进行。水工建筑物检查是工程管理、维护的重要内容。水工建筑物的工作状态，一方面表现在某些观测到的物理量及其变化上；另一方面表现在某些表面现象上，如表面裂缝、剥蚀、翻沙、冒水等，往往是由检查首先发现的，又如金属结构锈蚀、回流淘刷坝脚等现象，只能靠人工巡视检查来发现。而地震观测等，在获得物理量的同时，必须配合发生的现象进行解释。巡视检查具有及时、易行的特点，常可较快地发现或察觉建筑物发生的缺陷或缺陷先兆，是必不可少的检查手段。世界各国在努力提高观测技术的同时，仍然十分重视巡视检查工作。

巡视检查的一般内容有：①对于土工建筑物，应注意有无裂缝、塌坑、滑坡、隆起、风浪淘刷、集中渗漏、散浸、翻沙、冒水、渗水浑浊、雨淋沟、蚁兽危害、冻胀和冰凌破坏、排水设施受堵或损坏等迹象。②对于混凝土建筑物，应注意有无裂缝、变形、渗漏、剥蚀、磨损、空蚀、碳化、冰凌破坏、止水填充料流失等迹象。③对于金属结构物及启闭设备，应注意有无裂纹、锈蚀、磨损、开焊、振动、零件松脱或损坏等迹象。④对于附属工程，应注意动力、照明、交通、通信、避雷设施、安全设施和观测设备等是否完好。⑤对于建筑物附近地区，应注意有无山坡塌滑、地表排水系统受阻或破坏、泄水流态异常或回流淘刷坝脚、下游地带沼泽化或积水、漂浮物撞击建筑物或卡堵泄水口门、禁区放牧或乱挖砂石等。在水工建筑物初期运行阶段(如初期挡水、初期泄水等)以及受外界不利因素影响(如暴雨、较大风浪、较高水位、较大泄量、较大地震、温度骤降、水位骤变等)，或发现建筑物存在缺陷时，都应加强巡视检查。

中国古代对堤防的巡视检查有“四防”(昼防、夜防、风防、雨防)、“三巡”(春巡、伏巡、冬巡)的例规。20世纪50年代以来，随着水工建筑物的迅速增多，中国在有关规程中制定了对水工建筑物进行经常检查、定期检查和特别检查等规定，90年代制定的有关技术标准中则称为日常巡视检查、年度巡视检查和特别巡视检查。世界许多国家也有类似规定。

10.2.2　水工建筑物观测

水工建筑物观测是指对水工建筑物的运行状态及其变化进行的观测。在水工建筑物施工、运行中，除对其进行经常的人工巡视检查外，还要在水工建筑物表面、内部及周围环境中，选择有代表性的部位或断面，按需要使用或安装埋设仪器设备，对某些物理量进行经常、系统的观测。

水工建筑物的观测目的主要有：①了解建筑物在荷载和各种因素作用下的工作状态和变化情况，据以对建筑物质量和安全程度作出正确判断和评价，为施工控制、安全运行提供依据。②及时发现不正常现象，分析原因，以便改变运行或进行有效的处理，确保工程安全。③验证设计,并为科学研究积累资料。

观测项目主要有:变形监测、渗流监测、应力监测、泄流观测、冰情观测、抗震监测、隐患探测、混凝土建筑物温度监测和河道观测等。按照水工建筑物的类型和现代化管理需要,可选择若干监测项目,形成自动监测系统。

观测测次安排应按照有关技术标准进行:①一般情况下,能掌握建筑物运行状态及其变化过程,保持资料的连续性。②在建筑物运行状态变化较快的阶段或运用初期,测次应较多。③建筑物运行状态变化基本稳定后,测次可适当减少。④遇到大洪水、有感地震或建筑物运行状态出现异常等特殊情况,对重点部位的有关项目应增加测次。

1891 年德国艾斯巴克(Eschback)重力坝开始变形监测。20 世纪 30 年代,由于大型坝工建设的需要,一些国家努力探索监测手段,并用于实践。监测目的偏重于采集设计所需数据,常称之为原体观测或原型观测。50 年代以后,数起大坝失事引起了对大坝安全和监测工作的进一步重视。监测目的也转为偏重于采集安全分析所需的数据,故又称安全监测。60 年代以来,法国、德国、美国、意大利、日本等许多国家开发了监测和数据处理自动化系统及自动报警系统。中国水工建筑物监测工作于 20 世纪 50 年代开始系统进行,首先在丰满、官厅、佛子岭、南湾、上犹江、流溪河等工程上开展。50 年代中期,制成多种大应变计,并致力研制各种差动电阻式仪器,60 年代已广泛投入使用。70 年代,研制成多种测压管水位遥测设备,并开展了激光位移监测、垂线法和引张线法位移监测在混凝土大坝上使用。80 年代以来,监测技术迅速发展,研制成功了一系列新型监测仪器设备,提高了现场测试和遥测水平,在几十个工程设置了自动监测系统,实现了主要监测项目的数据采集、数据处理自动化。许多工程利用计算机整编、分析资料。1984 年南京成立了大坝监测资料分析中心,1985 年在杭州成立了水电站大坝安全监察中心,1988 年在南京成立了水利部大坝安全监测中心,1994 年成立了水利部大坝安全管理中心。1989 年颁发了 SDJ336—89《混凝土大坝安全监测技术规范(试行)》,1994 年颁发了 SL60—94《土石坝安全监测技术规范》。

10.2.3　水工建筑物变形监测

水工建筑物变形监测是指用仪器和设备对水工建筑物在内、外荷载和各种影响因素作用下产生的结构位置和总体形状的变化所进行的量测。通过变形监测掌握水工建筑物的状态变化及其过程,判断该建筑物是否安全正常,为水利工程安全运行提供依据,并验证设计数据,评定施工质量。变形监测是分析评价水工建筑物运行和安全状态的重要手段之一。水工建筑物异常变形往往是其发生严重破坏或崩溃的前兆。系统地进行变形监测,及时掌握异常变化情况并进行分析,以便采取相应措施,确保工程安全。

水工建筑物变形监测分为外部变形监测和内部变形监测。

外部变形监测是指将监测仪器和设备设置于水工建筑物的表面或廊道、孔口表面,用以量测结构表面测点的宏观变形量。其监测项目有 5 种:水平位移监测、垂直位移监测、倾斜监测、裂缝与结构缝监测和表面应变监测。外部变形监测通常使用光学测量仪器,部分监测项目使用电子遥测仪器。

内部变形监测是指将监测仪器和设备埋设在水工建筑物或地基内部,用以量测内部测点的宏观变形或微观变形，其监测项目有 5 种：内部水平位移监测、内部垂直位移(内部沉降)监测、内部倾斜监测、内部裂缝监测和内部应变监测。内部变形监测仪器主要是利用各种类型的传感器制成的电子遥测仪器，也有用水、气传动以及机械结构制成的人工监测仪器。

资料整理分析是指运用数理统计理论和有关数学方法、水工建筑物设计计算理论和有关力学知识，对水工建筑物变形监测资料进行分析，研究其变形规律，建立数学模型，寻求各种客观因子对水工建筑物变形影响的大小，进行变形值的预测、预报，辨识水工建筑物变形的异常变化，为水工建筑物的安全运行及养护修理或除险加固提供科学依据。监测资料整理分析工作一般运用电子计算机辅助进行，现已有监测资料整理分析专用软件。

10.2.3.1　水平位移监测

水平位移监测是指用观测仪器和设备对水工建筑物及地基有代表性的点位进行的水平方向位移量的量测。

中国规定水平位移的方向向下游为正，向上游为负；向左岸为正，向右岸为负。混凝土建筑物的水平位移通常是由于水和温度荷载的作用、坝基不均匀沉降、坝体和坝基的徐变变形、混凝土材料的自身体积增长和其他变化因素等引起。土石建筑物的水平位移主要是由于水荷载的作用、坝体土料的压缩(或固结)、坝基不均匀沉降、土料的冰冻消融等引起。水平位移变化有一定规律性。监测并分析水平位移的规律性，目的在于了解水工建筑物在内、外荷载和地基变形等因素作用下的状态是否正常，为工程安全运行提供依据。

水平位移监测分为表面水平位移监测和内部水平位移监测。

表面水平位移监测是量测水工建筑物和坝基的表面测点或水工建筑物内部结构的表面测点的水平位移，其主要监测设备安装在表面。监测方法有视准线法、引张线法、激光准直法、垂线法、交会法和导线法等。

(1)视准线法。以经过光学测量仪器的视准线建立一个平行或通过坝轴线的固定铅直平面作为基准面，定期观测确定的点位与基准面之间的偏离值的大小，即该点的水平位移。这种方法适用于混凝土建筑物顶部横向水平位移和土石建筑物横向水平位移的观测。视准线法要求在水工建筑物上及其附近分别布置位移标点(测点)、工作基点和校核基点。可采用经纬仪或视准线仪进行观测。

(2)引张线法。利用张紧在两工作基点之间的不锈钢丝作为基准线，测量沿线测点和钢丝之间的相对位移，以确定该点的水平位移。这种方法适用于直线形的混凝土坝，一般设置在水平纵向廊道内。

(3)激光准直法。利用激光束代替通过光学测量仪器的视线进行照准的准直方法。这种方法适用于直线形混凝土坝。

(4)垂线法。以坝体或坝基的铅垂线为基准线，运用坐标仪测定沿线坝体不同高程的点位和铅垂线之间的相对位移。由垂线上不同高程测点的水平位移观测资料可以绘制坝体沿垂线的挠度曲线，这种方法又称为挠度观测，适用于各种类型的混凝土坝，观测准确度高，便于实现集中遥测和自动化，是大坝安全自动监控的主要项目，少数高土石坝也利用垂线法观测坝基水平位移。

内部水平位移监测主要用于土石坝、岩土边坡的观测。将观测仪器、设备埋设在坝体、坝基及近坝库岸的内部或其交界处，用以量测相应测点的水平位移。主要观测仪器有引张线式水平位移计、电测位移计、测斜仪和挠度计等。

土石坝内部水平位移观测布置要和表面水平位移观测以及其他观测项目配合进行，选择有代表性的重点观测断面，如不同高程和不同土料交界面以及可能产生拉应力的部位。根据不同的观测目的、施工方法和埋设部位，选择相应的观测仪器、设备。

10.2.3.2　垂直位移监测

垂直位移监测是指使用观测仪器、设备对水工建筑物及地基有代表性的点位进行垂直位移量的量测。

混凝土闸、坝的垂直位移是由于库水自重和坝体自重引起的地基沉陷、自重作用下的坝体压缩变形、水平裂缝开展、基岩失稳、温度与湿度的变化以及碱性骨料反应等原因形成的。土石坝的垂直位移又称沉降，是由于库水自重和坝体自重引起的地基沉降、自重作用下坝体的压缩变形、孔隙压力消散形成的土料固结、坝体或地基的滑动、坝体的开裂或滑坡、土层的冰冻和消融、筑坝材料或坝基的冲蚀等原因而形成的。

垂直位移监测分为表面垂直位移监测和内部垂直位移监测。

表面垂直位移监测方法有两种：几何水准测量法和液体静力水准测量法。二者都是以起测基点高程为基准，引测建筑物变形前后的测点高程，通过计算求得该点高程变化，即该点的垂直位移。

几何水准测量法适用于各种类型的水工建筑物，简便易行。这种方法采用三级点位、两级控制。三级点位即设置水准基点、起测基点和垂直位移标点（测点）。两级控制即由水准基点校测起测基点，由起测基点观测位移标点。垂直位移测点布置见图 10-1。

（1）水准基点。可采用国家水准网的水准点或国家水准点接测的点位。水准基点的高程以国家水准网的绝对基面起算。在特殊情况下，要假设起测高程，位置应布设在不受库区变形影响的地区，但也不宜相距太远，以免长距离引测降低观测准确度。

（2）起测基点。它是测定垂直位移标点的起始点或终点。为了便于观测、减少传递误差，起测基点力求布置在一纵排垂直位移标点的相近高程上，一般设置在坝顶、廊道和坝基的两端以及两岸坡的相应位置。

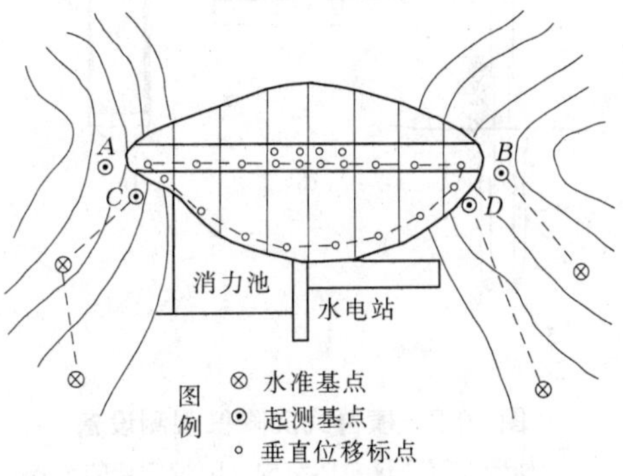

图 10-1　垂直位移测点布置示意图

（3）垂直位移标点。它是设置在坝体、坝基和基岩上的需要观测垂直位移的点位，一般和水平位移标点结合布置。其具体布置应考虑坝型特点、对大坝整体和局部变形能起到控制作用及针对大坝已出现的变形问题等因素。

液体静力水准测量法适用于在有廊道的大坝内进行垂直位移监测，观测精度高，便于实现自动遥测。液体静力水准法要求环境温度变化不大，否则将引起较大误差。观测方法是在测点上布置液体容器，测点之间用水管及气管连通，通过水位计测针或遥测传感器测量液体容器内的水位变化，通过计算求得各测点的位移。由测点布置方法分为两点法测量和多点法测量两种。

内部垂直位移监测又称分层沉降观测，主要用于土石坝内部观测。常用的仪器有横臂式沉降仪、深式标点组、电磁式沉降仪和水管式沉降仪等(参见沉降观测)。

垂直位移监测资料应按规范要求及时整理分析，将观测成果反馈到设计、施工和运行部门，使其发挥应有作用。有条件的应运用数理统计理论及其他有关数学方法、力学理论和水工建筑物设计理论，建立反映变化规律的数学模型，预测垂直位移变化，供运行管理参考。

垂直位移是最早开展普遍设置的观测项目，20 世纪 30 年代已经有精密水准测量、横臂式沉降仪等观测方法，中国在 50 年代已在一些大型水库大坝上应用。经过半个世纪的研究发展，许多高精密的光学测量仪器以及自动化遥测仪器相继出现，使垂直位移监测向自动化和实时安全监测(监控)方向发展。

10.2.3.3　沉降观测

沉降观测是指对土石坝在施工期和竣工后的分层沉降量的测量。它是通过分层界面沉降量测量，来计算该观测层的沉降量(每层沉降量为该层上下两界面同期沉降量之差)，又称分层沉降观测。沉降观测的目的是了解施工期和运用期间坝体沉降量及其变化过程，为施工控制、评价土坝质量、分析坝体内部变形和验证设计提供资料。也可采用沉降观测方法进行土基的沉降观测。

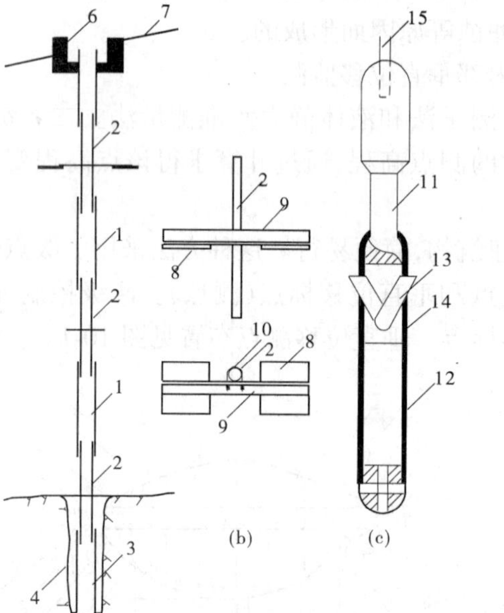

图 10-2　横臂式沉降仪观测设备

(a)横臂式沉降仪总体结构；(b)带横臂的细管立面和平面结构；(c)探测器

1—套管；2—带横臂的细管；3—管座；4—岩石；5—砂浆；6—保护盒；7—坝坡；8—钢板；9—角钢；10—U 形螺栓；11—圆棒；12—套筒；13—弹簧翼片；14—小方孔；15—连接钢尺

(1)横臂式沉降仪。由美国内政部垦务局研制，又称十字臂式沉降仪，是应用较早和较广泛的设备，准确度较高。它由管座、套管、带横臂的细管和保护盒组成(见图 10-2(a)、(b))，在土坝施工中逐节埋设。观测时，用探测器(见图 10-2(c))或其他专用工具自上而下测出各个已埋细管下口至沉降管管顶的距离，换算出各上、下相邻两翼板间的土层沉降量。

(2)电磁式沉降仪。类似不带横臂的沉降管(土坝施工中逐节埋设时，可带横臂或圆盘钢板)，但管材要用硬质塑料管或波纹伸缩管。在细管外或测点处套埋一个永磁性沉降环。钻孔埋设时，在沉降环处配置专用叉簧，将叉簧压入周围土体内。观测时使用带有舌簧开关的探测器，当探测器穿过沉降环磁场时，即产生电磁效应，舌簧开关动作，借以测读距离。另一种是用环形钢板作沉降环，观测时使用装有振荡电路式磁头的探测器。电磁式沉降仪自动化程度高,美国、日本、瑞士等国均已生产使用,中国也已研制并成功用于大坝及土基的沉降观测。

(3)水管式沉降仪。利用连通管原理制成,主要由沉降测头、管路、量测板(观测台)等三部分构成。水管式沉降仪在中国的面板堆石坝中已得到广泛应用。

(4)深式标点组。由埋在坝内不同高程的 2 个或 2 个以上的深式标点组成,如图 10-3 所示。观测时,用精密水准仪测定标杆顶点高程。

(5)混合型多功能设备。一些混合型多功能设备,如水管式沉降仪与引张线式水平位移计相结合或电磁式沉降计与测斜仪共用一根管道便可同时量测某测点的沉降和水平位移量,这有利于监测资料分析,实践中多采用这种方式。

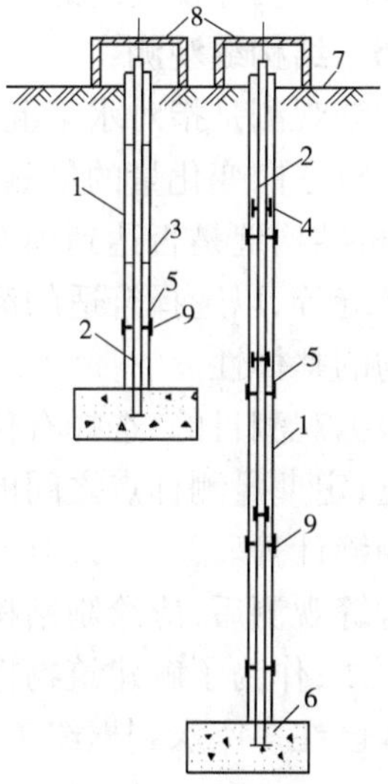

图 10-3　深式标点组组成示意图

1—套管;2—标杆;3—导环;4—管箍;5—软垫圈;6—混凝土底板;7—地面;8—保护盖;9—伸缩性管节

观测时,应同时观测上、下游水位及孔隙水压力和坝面变形。

观测资料应及时计算整理分析,绘制土坝沉降过程线、沉降量沿高程分布图及沉降量等值线图等,结合土坝变形、孔隙水压力、土压力、裂缝等观测资料以及外荷载变化情况进行分析,并与设计对比,判断土坝沉降量是否在正常范围内。必要时,建立沉降与其他相关物理量的数学模型,进行测值预报。

10.2.3.4　裂缝观测

裂缝观测是指对水工建筑物发生的裂缝,进行分布、位置、长度、宽度、深度和缝两侧建筑物相对位移等发展过程的测量,以及通过预埋的设备对水工建筑物可能产生裂缝的部位进行定期的监测。水工建筑物发生裂缝后,整体性受到破坏,在外部荷载和渗流等因素影响下,裂缝可能进一步扩展,甚至导致建筑物失事。进行裂缝观测、分析裂缝成因、判别裂缝性质、预测裂缝的发展趋势、研究并采取合理的处理措施,是保证水工建筑物安全运行的重要措施之一。

(1)土工建筑物裂缝观测。发现表面裂缝后,经分析属于必须进一步弄清情况的,应对全部裂缝区或选择重点及有代表性的典型裂缝进行观测。但对缝宽显著或长度较大的裂缝、深度较深的裂缝、垂直坝轴线的裂缝、明显的垂直错缝、弧形缝、与混凝土建筑物连接部位的裂缝、坝肩基岩陡变部位的裂缝等,则必须及时进行观测。在观测范围内,按建筑物轴线桩号和距轴线距离,划出坐标方格,量出缝的分布位置和长度、宽度、深度。必要时,在裂缝部位埋设土位移计(测缝计),对裂缝进行监测。

(2)混凝土建筑物裂缝观测。对于混凝土建筑物表面裂缝,也应根据情况确定观测范围。裂缝分布位置和长度的量测与土工建筑物的量测方法相同。裂缝深度,除可用细铁丝等简易办法探测外,可采用超声波探伤仪、表面波仪进行探测,也可采用钻孔压气、压水试验等办法。贯穿性裂缝的错距,可选用结构缝观测中的适宜设备进行观测。

10.2.3.5 结构缝观测

结构缝观测是指对水工混凝土(包括浆砌块石)建筑物结构缝的张开宽度或缝两侧混凝土体相对三向变化量的量测。结构缝观测的目的是:①了解缝两侧混凝土体的状态变化,以分析结构缝是否达到预期作用。②观测需要灌浆封堵的结构缝,如重力坝的纵缝和拱坝的横缝等,以选择合适的灌浆时间,控制灌浆压力的大小,并在灌浆后观测灌浆效果和建筑物的整体性。

应根据观测目的,选择有代表性的位置进行结构缝观测,在缝的两侧混凝土表面埋设观测标点,定期量测标点之间的相对位移量。可供选用的观测设备有点式标点、型板式标点以及测缝计等。

结构缝观测后,应绘制结构缝张开宽度(或三向变化量)和混凝土温度、气温综合过程线和相关线,作为了解建筑物性状及是否采取工程措施的依据。

中国已在多座水利枢纽工程上安装、使用了差动电阻式及钢弦式测缝计及自动检测装置。

10.2.3.6 水工建筑物渗流监测

渗流监测是对水工建筑物及其两岸和地基在水头作用下所形成的渗流场内的渗流压力、渗流量和水质的监测和分析。渗流分正常渗流和异常渗流。可能会带来以下危及工程安全的渗流称异常渗流:①集中渗流,或引起管涌或流土。②坝基渗流压力高,坝体不稳定,或坝身浸润线高,引起滑坡。③接触面(或裂缝中)集中渗流,造成集中冲刷。④渗流造成溶蚀。⑤过大的水量损失等。世界上水工建筑物因渗流问题引起破坏或失事的占1/3以上。

渗流监测的目的是:①掌握水工建筑物的渗流变化状况,为维护、处理和安全运用提供依据。②检验防渗与排水设施的效能。③为水利工程的勘测、设计、施工、管理和科学研究工作提供资料。

水工建筑物渗流监测项目通常包括渗透压力监测、浸润线监测、渗流量观测、渗水水质观测、坝基扬压力监测、外水压力监测等。根据工程具体情况确定所需的渗流监测项目,并应同时进行上、下游水位,水温,降雨量及其他必要的水文气象项目的观测。在工程初次蓄水(或挡水、泄水)运用期间以及高水位、上游水位骤变、强震等情况下,应加强渗流监测。

渗流监测资料应及时整理分析,填列统计表,绘制过程线、相关线和变量分布图等,并结合巡视检查成果、隐患探测与变形监测等资料进行全面分析,以判断水工建筑物的工作性态是否存在异常、存在异常的部位及其对工程安全的影响程度与变化趋势等。

世界上许多国家在19世纪就开始进行渗流量监测。1930年后,随着测压管、孔隙水压力计等观测仪器设备的研制成功与应用,渗流监测工作得到了较快的发展。中国在20世纪50年代开始在丰满、官厅、南湾等水库陆续开展各项渗流监测项目。70年代后,逐步采用自记式或集控式等自动化观测仪器设备,并采用自然电场法和放射性同位素示踪法等探测渗流情况。进入90年代,渗流实时自动化观测系统得到迅速推广和应用。中国的丰满、官厅、金兰等许多水库通过渗流监测,及时发现了异常渗流情况,并采取了处理措施，保证了工程安全。中国江西七一水库通过自动化观测系统对大坝浸润线的监控，超量拦蓄了洪水，既保证了工程安全，又取得了防洪减灾效益。

1)渗流量观测

渗流量观测指对水工建筑物及其两岸和地基在水头作用下产生的渗透水量的观测。目的是掌握渗流量的大小和变化情况，分析判断水工建筑物的防渗、排水、反滤设施运行情况是否正常，为分析工程安全运用和采取维护、处理措施提供可靠的依据。观测渗流量最好能量测全部渗流量，如不可能，则可仅观测能汇集到的渗流量。观测布置通常根据渗漏水的出流和汇集条件以及所采用的量测方法，直接在渗出部位量测或将渗水汇集到适当地点进行量测，也可采用分流量和合流量相配合的量测方法，但应避免泄水建筑物的泄水及地面雨水的干扰。

除渗流量可按地下水动态观测的有关方法观测外，一般根据渗流量的大小和汇集情况还可以采取以下几种方法：

(1)容积法。用于渗流量小于 1L/s 的情形，如混凝土局部渗水、闸门裂纹渗水、小孔渗水、裂缝或岩石缝隙渗水等。

(2)量水堰法。适用于渗流量为 1～300L/s，且渗流可汇集到导渗沟或排水沟中的情况。量水堰通常采用薄壁堰，有三角形、梯形及矩形三种类型。三角形堰适用于流量小于 100L/s 的情况。堰上水头可采用水位计(如自记式水位计、跟踪式水位计、超声波水位计、微压式水位计等)量测，也可直接用水尺读数。

(3)测流速法。当渗流量大于 300L/s 或无法设置量水堰时，可通过测量流速来计算流量。如隧洞进口闸门漏水形成的洞底明流、坝后导渗沟(或排水沟)不具备设堰条件等。

2)渗流压力观测

渗流压力观测指对水工建筑物的浸润线及包括两岸、地基、人工防渗和排渗设施等关键部位在内的整个渗流场的渗流压力分布的观测。目的是掌握水工建筑物在运行期间的渗流压力分布情况和变化规律，结合工程地质情况、钻探与试验资料、土的渗透变形资料及其他观测资料，分析有无管涌、流土或接触冲刷等渗透变形或破坏；判断防渗、排水、降压设施是否有效，发现异常渗流情况，及时采取有效处理措施，保证工程安全运用。

测压管水位的观测，可采用测声钟、电测水位计、示数水位计，有条件的可采用遥测水位计或自计水位计等。对于水位超过管口高程的，可在管口安装压力表或各种压差计进行观测。测压管管口高程，在施工期和初次蓄水期应每隔 1～3 个月校测 1 次；在运行期至少每年校测 1 次。

振弦式孔隙水压力计的压力观测，应采用频率接收仪，两次读数误差应不大于 1Hz。有条件的也可采用测量控制单元(MCU)自动采集数据。

观测渗流压力时应同时观测上、下游水位，渗流量，气温，大气压力等其他有关项目。蓄水初期、高水位、上游水位骤变阶段、遇有较大地震或发现异常渗流情况时，均应加强观测。

3)渗水水质观测

渗水水质观测指对水工建筑物及其基础渗水中物质含量及成分的观测分析，包括渗水的温度、透明度观测和化学成分分析。其目的是了解渗水中所含物质的成分和数量以及变化规律，借以判断是否存在管涌，检验是否产生化学溶蚀，以便及时采取处理措施，保证工程安全。管涌和化学溶蚀曾经造成大坝失事，如美国圣弗兰西斯(St. Francis)混凝土重力拱坝建成1年后，由于基础石膏泥质砾岩受水化学作用后迅速流失，致使该坝断裂倾覆；美国阿皮沙帕(Apishapa)碾压土坝由于土料含有胶结材料，浸水2h即溶解6%，在渗水作用下，产生明显的沉降和裂缝，建成2年后溃决。如及时观测发现，采取有效防治措施，可能会避免工程失事。又如中国南湾水库在蓄水初期发现土坝坝基渗水中含有可溶性物质，随即采取延长渗径、减小渗透坡降等措施，在长期观测中，发现溶解程度极其轻微，40多年来工程一直安全运行。

为分析渗水是否已引起机械管涌，常进行渗水透明度观测。用一小片印有汉语拼音字母(5号铅字)的纸，放在透明度观测管底部的外面。观测时，将渗水水样倒入透明度观测管中，倒满后，从管口通过水柱观看印有铅字的纸。打开放水阀，徐徐降低管中水柱，直到看清管底字体时关闭阀门，从管壁刻度上读出管中水柱高，即为渗水透明度。透明度大于30cm，即为清水。测得透明度后，待浑水沉淀再测出含泥量，或根据事先率定的透明度与含泥量关系曲线，查算出渗水中的含泥量。

为了解渗水的化学性质及其对建筑物、基础和下游排水设施有无溶蚀破坏或堵塞作用，应进行渗水化学成分分析。分析工作一般由化验室进行。通常在渗水出口部位采集水样。为进行比较，有时需在建筑物上游取水样。上游取样地点常选择在距建筑物200m以外、水面以下0.2～0.5m的范围，必要时还需按不同水深分层取样。每个水样的采集量与化验项目的多少有关，一般可取2 000mL。取样时，应同时观测水温、透明度，并在现场鉴定颜色、气味、有无沉淀，将结果做好记录，随水样一并送化验室。水样应存放在3～4℃的低温环境中，存放时间一般不宜超过72h，化验项目根据需要确定。

透明度观测一般在目测已感到水质发浑时进行，化学成分分析一般在每年汛前、汛后各1次，水质有较大变化以及入库流量或库水位骤变阶段应增加取样化验次数。

4)扬压力监测

扬压力监测指运用监测仪器和设备对水工建筑物所承受的扬压力进行的量测。水工建筑物投入运行后，监测其扬压力大小和分布，用以核算建筑物的抗滑稳定性，对保证工程安全运行十分重要。同时监测成果还可用来检验防渗和排水措施的效果及扬压力的设计假定。

水工建筑物(如重力坝)扬压力监测布置通常按纵、横两个方向考虑(见图10-4)。

在坝轴线方向设置一个纵向监测断面，其位置在坝基防渗帷幕和主排水设施之间。沿纵向断面每个坝段布设1～2个测点，以监测纵向的扬压力分布及大小。垂直坝轴线方向的横向监测断面应根据坝基地形、地质条件以及渗流特性、坝体结构等不同情况，选择典型坝段进行布设。一般布置4～7个测点，测点布置在截渗设施前后、排水设施前后以及上下游坝面附近等部位。测点间距10m左右，靠上游侧宜小一些，靠下游侧宜大一些，最靠近坝面的测点应距坝面3～10m。当坝基为透水性较大的基岩破碎带或在断层附近时应加密测点。

扬压力观测设备有扬压力测压管、差动电阻式孔隙压力计和钢弦式渗压计三种基本类型。

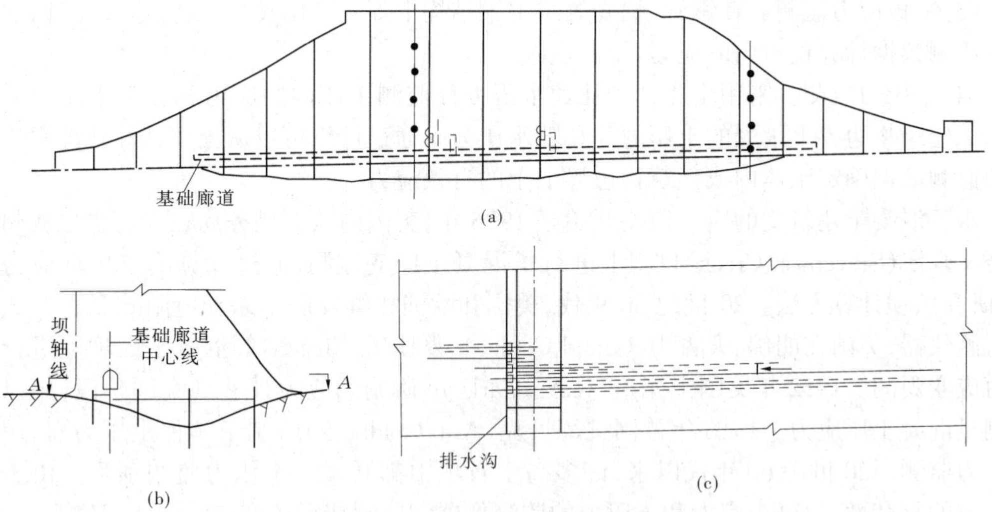

图 10-4　重力坝扬压力监测布置示意图

(a)纵向监测断面;(b)、(c)横向监测断面

20世纪30年代,一些国家已开展混凝土坝的扬压力监测。中国50年代以来兴建的大型混凝土坝都将扬压力作为基本监测项目。扬压力监测的发展趋势是实现监测自动化及数据处理自动化。

5)外水压力监测

外水压力监测指对隧洞或混凝土内的泄水底孔或涵管的外壁及衬砌承受的外水压力进行的监测,其目的是了解外水压力分布及其变化对上述水工结构的影响,也可通过外水压力变化分析管壁或衬砌的开裂和渗漏情况,以判断建筑物的安全状态,并验证设计荷载。观测方法及设备同扬压力监测。

10.2.3.7　水工建筑物应力监测

水工建筑物应力监测指运用监测仪器和设备,对水工建筑物在内、外部荷载和各种因素作用下引起的应力大小、分布及其变化所进行的监测。应力监测的目的主要有:①通过监测了解水工建筑物内部实际应力的大小、方向和分布,以检验建筑物中应力是否超出材料的强度极限,分析判断建筑物产生裂缝及其扩展甚至破坏的可能性,以便及时采取措施,保证工程安全。②将实测成果与设计假定数据对比,以检验设计假定数据、计算方法和施工方法的合理性,为以后设计和施工选取数据和方法提供资料。

应力监测项目包括混凝土应力监测、钢筋应力监测、钢板应力监测和土压力监测。

(1)混凝土应力监测。将应变计和无应力计埋设在混凝土内,用检测设备通过应变计和无应力计测量混凝土应变及混凝土的非应力应变,利用徐变资料和监测数据进行计算,求得测点的混凝土应力。对于已知的压应力区,可以采用应力计直接测量混凝土的压应力。

(2)钢筋应力监测。将钢筋计焊接在受力钢筋上,同时在钢筋周围的混凝土内埋设无应力计和应变计,通过这些仪器的监测数据计算钢筋应力和钢筋与混凝土接触处的混凝土应力。

(3)钢板应力监测。在钢管、蜗壳等水工钢结构上焊接专用夹具,安装小应变计,通过应变监测数据计算钢板内的应力。

(4)土压力监测。采用土压计和孔隙水压力计监测土体内的应力和孔隙水压力或监测水工建筑物边界上承受的土压力和孔隙水压力。通过计算可以从土压计和孔隙水压力计的监测数据确定土体内或建筑物边界上土的有效应力。

水工混凝土建筑物的应力监测开始于 1926 年,美国内政部垦务局在加利福尼亚州的史蒂文森溪(Stevenson Creek)拱坝上进行了混凝土应变监测,通过计算确定拱坝应力分布,研究拱坝计算方法。20 世纪 30 年代,美国和欧洲相继发展了差动电阻式和振弦式两种监测仪器,美国在胡佛、大古力(Grand Coulee)、夏斯塔(Shasta)等混凝土大坝上进行了应力应变观测。1952 年美国卡尔逊(R. W. Carlson)研制的应力计达到实用阶段,用以直接测量混凝土压应力。1916 年德国戈德贝克(A. J. Goldbeck)研制了一种土压力盒,用于土压力监测。20 世纪 60 年代以来,许多高土石坝中都开展了土压力监测项目。由于应力监测的复杂性,混凝土应力和土压力的监测仪器和监测技术还有待进一步研究和提高。

中国水工混凝土应力监测开始于 20 世纪 50 年代中期。60 年代以来兴建的混凝土大坝中一般都开展了应力监测,埋设了国产差阻式仪器;70 年代以来国产差阻式仪器产品形成系列,满足了大坝建设需要。中国土压力监测开始于 60 年代,浙江横山土坝的土压力监测取得了一定成果,国产钢弦式土压力盒在土体应力特别是在边界土应力监测中得到应用。80 年代研制了性能较好的钢弦式、电阻片式土压计,为高土石坝的土应力监测创造了条件。80 年代中期自动化的监测系统和数字式仪表开始在应力监测中应用,提高了监测速度和准确度。90 年代中期,分布式大坝监测自动化系统研制成功并推广应用,进一步为应力监测提供了先进手段。

参 考 文 献

[1] 郭雪莽,温新丽,苏万益,等 . 中国水利概论 . 郑州:黄河水利出版社,1999
[2] 左其亭,窦明,吴泽宁 . 水资源规划与管理 . 北京:中国水利水电出版社,2005
[3] 杨培岭,任树梅,李云开 . 水资源经济 . 北京:中国水利水电出版社,2003
[4] 翁文斌,王忠静,赵建世 . 现代水资源规划——理论、方法和技术 . 北京:清华大学出版社,2004
[5] 田士豪,陈新元 . 水利水电工程概论 . 北京:中国电力出版社,2004
[6] 张敬楼,吴良政 . 水力电力工程概论 . 南京:河海大学出版社,1997
[7] 许宝树 . 水利工程概论 . 第 2 版 . 北京:水利电力出版社,1992
[8] 陈德亮 . 水工建筑物 . 第 3 版 . 北京:中国水利水电出版社,1995
[9] 郭宗闵 . 水工建筑物 . 第 2 版 . 北京:中国水利水电出版社,1995
[10] 祁庆和 . 水工建筑物 . 北京:中国水利水电出版社,1996
[11] 林益才 . 水工建筑物 . 北京:中国水利水电出版社,1996
[12] 孙明权 . 水工建筑物 . 北京:中央广播电视大学出版社,2001
[13] 王树人,董毓新,等. 水电站建筑物. 北京:清华大学出版社,1992
[14] 马善定,汪如泽 . 水电站建筑物 . 北京:中国水利水电出版社,1996
[15] 柳学振,佟名辉 . 治河与防洪 . 北京:水利电力出版社,1991
[16] 吴普特,牛文全,郝红科 . 现代高效节水灌溉设施 . 北京:化学工业出版社,2002
[17] 吴普特,牛文全 . 节水灌溉与自动控制技术 . 北京:化学工业出版社,2002
[18] 樊惠芳 . 农田水利学 . 郑州:黄河水利出版社,2003
[19] 顾慰慈 . 水利水电工程管理 . 北京:中国水利水电出版社,1994
[20] 俞衍升 . 中国水利百科全书 . 水利管理分册 . 北京:中国水利水电出版社,2004
[21] 中华人民共和国水利部 .DJ5108—1999 混凝土重力坝设计规范 . 北京:中国电力出版社,2000
[22] 中华人民共和国水利电力部 . SDJ21—78 混凝土重力坝设计规范 . 北京:水利电力出版社,1978
[23] 中华人民共和国电力工业部 . DL5077—1997 水工建筑物荷载设计规范 . 北京:中国电力出版社,1998
[24] 中华人民共和国水利部 .SL274—2001 碾压式土石坝设计规范 . 北京:中国水利水电出版社,2002
[25] 中华人民共和国水利部 .SL265—2001 水闸设计规范 . 北京:中国水利水电出版社,2001
[26] 中华人民共和国水利部 .SL253—2000 溢洪道设计规范 . 北京:中国水利水电出版社,2000
[27] 中华人民共和国水利部 .SL279—2002 水工隧洞设计规范 . 北京:中国水利水电出版社,2003
[28] 中华人民共和国水利部 .SL252—2000 水利水电工程等级划分及洪水标准 . 北京:中国水利水电出版社,2000
[29] 吴持恭 . 水力学 . 第 2 版 . 北京:高等教育出版社,1982
[30] 陆德民,张叔峰 . 水电站 . 第 3 版 . 北京:中国水利水电出版社,2001
[31] 王世泽 . 水电站建筑物 . 北京:水利电力出版社,1986
[32] 陈家琦,王浩 . 水资源概论 . 北京:中国水利水电出版社,1996
[33] 刘昌明 . 中国 21 世纪水问题方略 . 北京:科学出版社,1998